光学ライブラリー
1

回折と結像の光学

渋谷眞人・大木裕史 ［著］

朝倉書店

まえがき

　幼い頃読んだ天文と気象の図鑑に「ふしぎな光」というページがあって，そこで紹介されているいくつもの光学現象を驚きとともに見たことを懐かしく思い出す．何十年という歳月が過ぎ，光学技術者・研究者としてこの本を書いている著者のひとりとして，それらの光学現象を説明するのはさして難しいことではなくなった．しかし驚異と憧憬の入り混じった気持ちでふしぎな絵をいつまでも眺めていた昔の自分に立ち返るのは，いまだにいたって容易である．

　光は，近年の科学技術の進歩において極めて大きな役割を果たしてきた．光リソグラフィーが実現した半導体 LSI，レーザー走査光学系が実現した CD，DVD などの光ディスクやコンフォーカル顕微鏡．他にも枚挙に暇がないが，いずれの技術においても基礎となっているのは難解な光学ではない．昔からある光の回折理論と，その上に築かれた光学結像技術である．伝統的な分野だからこそ幾多の優れた成書も世に存在する．それでもなお，著者らが本書を書くことを思い立ったのは，我々自身が光学技術の現場において，いまだ十分な説明が与えられていない多くの問題に直面してきたからである．そしてこれらの問題に答えつつ，回折と結像の光学全体を見直すことに大きな意義を感じたからでもある．そのような意味で，本書はこれまでの類書とはかなり趣を異にするものになった．

　まず 1, 2 章においては，スカラー回折理論の導入からフーリエ結像論に至るまでの過程において，従来とは異なる新たな説明を採用した．また，フーリエ結像論の根底をなす正弦条件についても独自の説明を加えた．3 章では，光学に関わる多くの人々の関心事である収差の取り扱いについて紙面を割き，できるだけ具体的な説明を試みた．4 章ではベクトル回折理論とその結像光学への

展開・応用をまとめて述べたが，これも本書独自の内容となっている．さらに5章ではさまざまな分野で提案されている超解像技術の主だったものを紹介し，それらの特徴と原理について解説した．本文中での詳細な理解が必須でない部分についてはすべて巻末の付録にまとめ，読者の便宜を図った．

　このように，全編にわたり従来の類書とは一線を画した内容となった．本書の目的とするところは，より合理的かつ実際的で理解しやすい本にすることであり，この目論見がうまくいってくれていることを切に願うものである．なお，1,2章とそれに関連する付録を渋谷，3,4章とそれに関連する付録を大木が主に執筆した．5章は渋谷・大木の合作であるが，主に前半を渋谷，後半を大木が担当した．

　末筆ながら，本書の刊行を実現していただいた朝倉書店に改めて深く感謝の意を表したい．また，読者各位からは忌憚のないご意見をお待ちしている．本書がささやかでも読者各位の理解の助けとなれば，著者としてこの上の喜びはない．

　2005年10月

大木裕史，渋谷眞人

目　　次

1. 回折の基礎 ……………………………………………………………… 1
   1.1 波動の表記法 ……………………………………………………… 2
   1.2 回折積分と点像分布 ……………………………………………… 3
      1.2.1 フランホーファー回折と焦点面の分布 ………………… 4
      1.2.2 光学系で生成された球面収束波からの回折による点像分布 ‥ 9
   1.3 キルヒホッフ回折積分とスカラー結像理論 …………………… 14
      1.3.1 キルヒホッフ回折積分 …………………………………… 14
      1.3.2 平面波展開による回折の表現 …………………………… 17
      1.3.3 平面波展開とスカラー結像理論 ………………………… 20

2. スカラー回折理論における結像 ……………………………………… 25
   2.1 アッベの結像理論と正弦条件 …………………………………… 26
      2.1.1 アッベの結像理論 ………………………………………… 26
      2.1.2 アッベの正弦条件 ………………………………………… 28
      2.1.3 軸外物点のアイソプラナチック条件 …………………… 32
      2.1.4 Herchel の条件 …………………………………………… 33
   2.2 コヒーレント結像 ………………………………………………… 35
      2.2.1 垂直入射照明の場合 ……………………………………… 35
      2.2.2 斜め照明の場合 …………………………………………… 40
      2.2.3 軸外物点の場合 …………………………………………… 42
   2.3 部分コヒーレント結像 …………………………………………… 43
      2.3.1 インコヒーレント光源と準単色光 ……………………… 43

 2.3.2 van Cittert–Zernike の定理 ･････････････････････････ 45
 2.3.3 平面波の伝搬に基づく部分コヒーレント結像の式 ････････ 47
 2.3.4 相互強度に基づいた結像の式 ･･････････････････････････ 51
2.4 インコヒーレント結像 ･････････････････････････････････････ 51
 2.4.1 インコヒーレント結像と OTF ･････････････････････････ 51
 2.4.2 インフォメーションボリューム ･･･････････････････････ 55
2.5 臨界照明とケーラー照明，照明系に要求される収差 ････････････ 57
 2.5.1 臨界照明とケーラー照明 ･･････････････････････････････ 57
 2.5.2 照明のアイソプラナチック条件 ･･･････････････････････ 60
2.6 光源のコヒーレンス ･･･････････････････････････････････････ 61
2.7 フレネルナンバー ･･･ 64
2.8 EPSF ･･ 68
 2.8.1 EPSF の導入と結像公式の導出 ･･･････････････････････ 69
 2.8.2 位相差顕微鏡の像再生 ････････････････････････････････ 71
2.9 走査型結像光学系 ･･･ 73
 2.9.1 タイプ I ･･ 75
 2.9.2 タイプ II ･･ 78
2.10 像のサンプリング ･･････････････････････････････････････ 84

3. 収差の考慮 89

3.1 波 面 収 差 ･･･ 89
3.2 波面収差の計算方法 ･･･････････････････････････････････････ 90
 3.2.1 光路長計算による方法 ････････････････････････････････ 90
 3.2.2 横収差から求める方法 ････････････････････････････････ 93
3.3 Zernike 多項式による波面収差の表現法 ･･････････････････････ 94
3.4 波面収差の計測方法 ･･････････････････････････････････････ 103
 3.4.1 干渉計による方法 ･･･････････････････････････････････ 103
 3.4.2 シャック–ハルトマン法による方法 ･･････････････････････ 105
 3.4.3 位相回復による方法 ･････････････････････････････････ 106
 3.4.4 格子像を用いる方法 ･････････････････････････････････ 107

3.5　偏光特性を考慮した結像 ･････････････････････････････ 108

4. ベクトル回折理論における結像 ･････････････････････････ 112
　　4.1　スカラー回折理論の限界 ･････････････････････････････ 112
　　4.2　物体面におけるベクトル回折 ･････････････････････････ 116
　　4.3　像面におけるベクトル回折 ･･･････････････････････････ 121
　　4.4　レーザー走査光学系におけるベクトル回折理論を用いた結像 ･･･ 131
　　4.5　ベクトル回折理論における補正 ･･･････････････････････ 133
　　4.6　スカラー回折理論における補正 ･･･････････････････････ 139

5. 光学的超解像 ･･･ 144
　　5.1　超解像の定義と分類 ･･･････････････････････････････ 144
　　5.2　コントラスト向上技術 ･････････････････････････････ 146
　　　　5.2.1　斜入射照明法 ･････････････････････････････ 146
　　　　5.2.2　位相シフトマスク ･････････････････････････ 149
　　　　5.2.3　光ディスクの分野でのコントラスト向上技術 ･･･････ 151
　　5.3　共焦点走査光学系 ･････････････････････････････････ 152
　　5.4　近接場光の応用 ･･･････････････････････････････････ 156
　　5.5　物体の非線形応答を用いた超解像 ･････････････････････ 161
　　5.6　光の量子的な性質を用いた超解像技術 ･････････････････ 164

付　録 ･･･ 171
　　A.　光波の記述法 ･････････････････････････････････････ 171
　　B.　スカラー結像理論におけるインクリネーションファクターの整合性
　　　　･･ 172
　　　　B.1　相反定理と点像分布の相似性 ･･･････････････････ 172
　　　　B.2　物像の対称性(相似性)とインクリネーションファクター ････ 173
　　　　B.3　平面波展開におけるインクリネーションファクター ･･･････ 175
　　　　B.4　フレネル回折とインクリネーションファクター ････････ 176
　　C.　$f\sin\theta$ レンズ ･････････････････････････････････････ 179

D.	微小光束の関係式	181
E.	輝度不変の法則	183
	E.1　輝度不変の法則	183
	E.2　$\cos^4$ 則	186
	E.3　照度と開口数	187
F.	フーリエ変換の諸性質	188
	F.1　ガウス分布のフーリエ変換	188
	F.2　フーリエ変換の合成積の定理	189
	F.3　デルタ関数のフーリエ変換表示	190
	F.4　comb 関数のフーリエ変換	191
G.	幾何光学的 OTF	192
H.	ガウスビームの伝搬公式	195
I.	点像強度と波面収差二乗平均	199
J.	デフォーカス収差関数の導出と焦点深度	200
K.	物体と像面の位置が移動したときの収差	203
L.	薄膜の収差	205
M.	RCW 法による厳密な回折計算	207
N.	FDTD 法による厳密な回折計算	211
O.	ベクトル回折による結像計算の具体例	215
P.	3 次元結像	218
Q.	量子計数確率	221

索　引 …… 223

1
回 折 の 基 礎

　光学系による結像の取り扱いは，幾何光学的な手法と波動光学的な手法に大きく分けることができる．光は波であるので回折するが，幾何光学的な取り扱いは波長が無限に短いと仮定した議論であり，回折現象はまったく考慮されていない．光学系の結像においては，物体，光学系の絞りで回折が起こり，像面には回折現象を反映した像が作られる．また，光は電磁波であり，正しくは電場と磁場を考慮したベクトル波として回折現象を扱わなければならない．しかしながら，通常の光学系の結像はスカラー波として扱っても十分に解析することが可能であり，むしろスカラー波による解析は光学系の基本的性質を見通しよく理解する上で重要である．本章では，スカラー波としての回折現象の基本的な扱い方を議論する．

　1.1 節では波動の表記法について述べる．波動を表すときの時間項と空間項の正負の符号には任意性があり，本書における定義を述べる．また，波は正弦波で表されるが，複素表示して表すことの妥当性，有効性についてふれる．

　回折理論の基礎を述べてから光学系における具体的な回折積分を示すのが，通常の論理の組み立てであるが，最初に光学系の具体的な回折計算を示した方がイメージを作りやすく，理解しやすいと考え，1.2 節でホイヘンス–フレネル (Huygens–Fresnel) の原理に基づきスカラー波回折積分および結像の基礎について述べる．その後 1.3 節において，古典的なキルヒホッフ (Kirchhoff) のスカラー回折理論の問題点を論じ，本書で考える平面波展開によるスカラー結像理論について述べる．

1.1 波動の表記法

　光の波動を扱うにあたって，波動の表記をどうするかを簡単に述べておく．波長を λ，振動数を ν，角振動数を ω，波数を $k \equiv 2\pi/\lambda$ で表す．場所 r，時刻 t における波動 U を次式のように複素指数関数で表すことにする[*1)]．

$$U(\boldsymbol{r},t) = U(\boldsymbol{r}) \exp(-i\omega t) \tag{1.1}$$

簡単のため振幅が 1 で波数ベクトル $\boldsymbol{k}$ の単色平面波を考えてみると次式で表される．

$$U(\boldsymbol{r},t) = \exp\{-i(\omega t - \boldsymbol{k}\boldsymbol{r})\} \tag{1.2}$$

ここで指数関数の肩の符号は物理的には任意であるが，本書を通じてこの式のように定める．位置 r にあると位相が kr 遅れるので，$\exp(i\boldsymbol{k}\boldsymbol{r})$ が乗じられる．

　指数関数で表すことで，多くの計算が容易になる．強度は，

$$I(\boldsymbol{r},t) = |U(\boldsymbol{r},t)|^2 = 1 \tag{1.3}$$

となって，実際に測定されない光の振動数での変化は消え，時間平均された値が得られる (付録 A 参照)．もしも，実関数である cos や sin で表した場合には，$I(\boldsymbol{r},t) = \cos^2(\omega t - \boldsymbol{k}\boldsymbol{r}) = (1/2)\{1 + \cos(2\omega t - 2\boldsymbol{k}\boldsymbol{r})\}$ となり，測定できない振動数での変動項が残ってしまい，測定される時間平均の値を得るためには，さらに操作が必要となる．

　図 1.1 に示すように，波長の異なる 2 つの平面波間の干渉を観測した場合には，

$$\begin{aligned} I(\boldsymbol{r},t) &= |U_1(\boldsymbol{r},t,\omega_1,\boldsymbol{k_1}) + U_2(\boldsymbol{r},t,\omega_2,\boldsymbol{k_2})|^2 \\ &= 2 + 2\cos\{(\omega_1 - \omega_2)t - (\boldsymbol{k_1}\boldsymbol{r} - \boldsymbol{k_2}\boldsymbol{r})\} \end{aligned} \tag{1.4}$$

となって，観測面上の任意の位置での強度変動には異なる振動数間の干渉項 (唸り，ビート) が残る．2 つの振動数の差が小さければこの項は測定され，干渉測

[*1)] 複素数で表すことの初等的なわかりやすい説明が，Feynman[1)] に解析的方法として書かれてある．

1.2 回折積分と点像分布

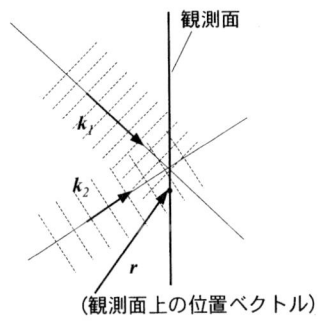

図 1.1 異なる波長間の干渉

長などに利用されている．また，図 1.1 の場合，観測面上全体の干渉縞は時間とともに上下方向に動くことになる．このように光の振動を複素数で表すことは実際の観測に即している．検出器の応答時間に比べて振動数が高いときには，基本的にこの唸りの項は時間平均されてしまう．結像を扱う多くの場合はこのような状況になっており，特別に注意が必要でない限り唸りの項を考慮する必要はない．

また，2 章で述べる光学系の波面収差のように，光路長の変動を扱う場合にも非常に有効である．ある光路を 2 つの光路に分解して考えた場合，複素数で表しておくと，次式に示すようにそれぞれの光路 L_1, L_2 に関しての指数関数の積で全体の光路 $L = L_1 + L_2$ の影響が表されて計算が容易である．

$$\exp(ikL) = \exp(ikL_1) \cdot \exp(ikL_2) \tag{1.5}$$

しかしながら，正弦関数ではこのように積の形にすることはできない．

1.2　回折積分と点像分布

光学系によって作られる点像分布を求めてみる．1.2.1 項では開口で回折された波面が無限遠方に作る回折パターン（フランホーファー (Fraunhofer) 回折）がレンズの焦点面に集光すると考えて点像分布を導く．1.2.2 項では平面波がレンズによって収束球面波になり，球面波からの回折によって点像分布が作られると考えてみる．

1.2.1 フランホーファー回折と焦点面の分布

ホイヘンス–フレネルの原理は，図 1.2 に示すように，波面の各点からの 2 次波の重ね合わせによって，それらの干渉効果として，任意の時刻あるいは任意の場所での波の大きさが求まるというものである．光学系では物体および絞り (開口) で回折が生じるが，ここでは基本的な場合として，図 1.3 に示すように平面開口に垂直に平面波が入射した場合に θ, ϕ 方向 (平面の法線方向となす角度が θ である) に回折された波の無限遠方での光の振幅がどのように表されるか考えてみる．レンズの像側焦点位置は物体側からは無限遠方に見えるので，後で示すように，無限遠方の分布からレンズの焦点面上に作られる点像分布を求

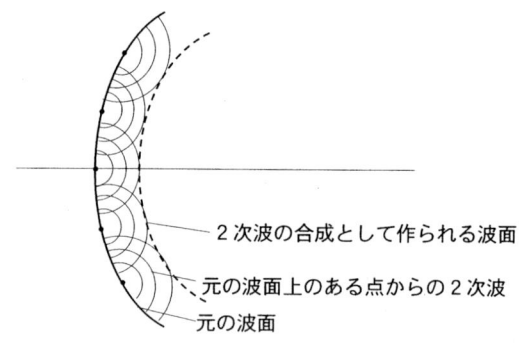

図 1.2　ホイヘンス–フレネルの原理

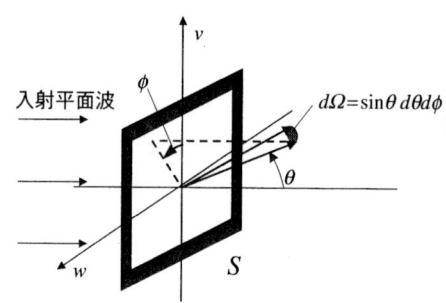

図 1.3　平面開口による回折
平面開口に垂直に入射した平面波から，法線に対して角度 θ の方向の立体角 $d\Omega$ 内に回折される振幅の大きさを考える．

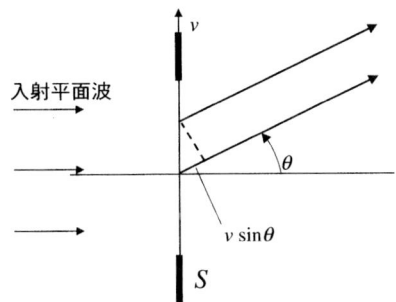

図 1.4 1次元開口での位相の変化

めることができる.

平面開口上の原点 $(v,w) = (0,0)$ から θ, ϕ 方向に回折された2次波を基準としたときの,点 (v,w) からの2次波の位相は,$k(v\cos\phi + w\sin\phi)\cdot\sin\theta$ だけ進むことになる.図 1.4 には,簡単のため 1 次元開口としての位相の変化を示す.また,2次波の大きさはその進行方向が波面法線となす角 θ の関数と考えられ,その大きさの効果をインクリネーションファクター(傾斜係数)$K(\theta)$ として考慮する.よって θ, ϕ 方向の単位立体角に射出する光の振幅の大きさ $U(\theta, \phi)$ は,

$$U(\theta, \phi) = C \iint_S dvdw K(\theta) G(v,w) \exp\{-ik(v\cos\phi + w\sin\phi)\cdot\sin\theta\} \tag{1.6}$$

と表される[*1].ここで,$G(v,w)$ は開口の振幅透過率を示す[*2].積分範囲の S は開口内を積分するという意味である.この無限遠方での光の振幅を与えるものがフランホーファー回折である.完全に無限遠方でなくても,観測点までの距離が十分に大きくて図 1.5 に示すように開口の中心から観測点までの距離 OB と開口の周辺から観測点までの距離 AB の差が波長に比べて十分に小さければ,

---

[*1)] 単位立体角あたりの放射を考えていることを明確にするために,

$$U(\theta, \phi)\sin\theta d\theta d\phi = C \iint dvdw K(\theta) G(v,w) \exp\{-ik(v\cos\phi + w\sin\phi)\cdot\sin\theta\}\sin\theta d\theta d\phi$$

と両辺に $d\Omega = \sin\theta d\theta d\phi$ を明記することも考えられる.冗長に思われるかもしれないが,このような記述は黒体輻射量を放射光の単位周波数あたりで考えていることを明確にするときにも用いられている[2).

[*2)] ここでは,瞳座標 v, w は実座標を表しているが,2章以降のレンズ系の結像を議論するときには,回折波の方向余弦そのものを瞳座標とし ξ, η で表す.

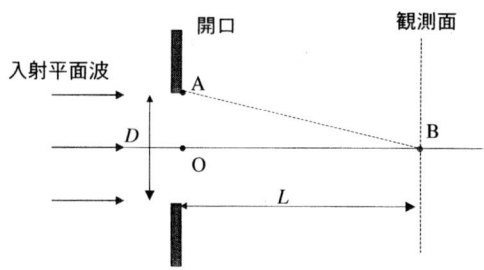

図 1.5 フランホーファー領域

実質的に無限遠方と等価と考えられ，上式が適用できる．その条件は

$$\lambda \gg \sqrt{L^2 + \left(\frac{D}{2}\right)^2} - L \approx \frac{D^2}{8L} \quad (\because L \gg D) \tag{1.7}$$

と表される．この式を満たす L の範囲をフランホーファー領域と呼ぶ．

図 1.6 に示すように，開口の直後に焦点距離 f のレンズを置いた場合の焦点面上での分布を考える[*1]．開口が波長に比べて十分に大きいとすると，回折角 θ が十分に小さくなるので，$K(\theta)$ およびレンズの射影関係にはよらないことになるが，一般的に $K(\theta) = \sqrt{\cos\theta}$ とおくことができる (1.3 節の議論からスカラー回折理論においてこの仮定が妥当であることがわかる)．また，数式が容易に整理できるように射影関係は $f\sin\theta$ レンズ[*2]として以下の議論をすすめる．

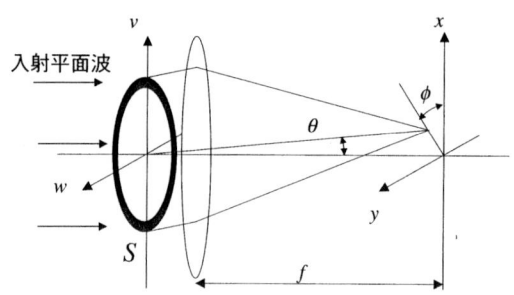

図 1.6 開口直後のレンズによる点像

[*1] 後述するように，フレネルナンバーを考慮すると，開口がレンズの前側焦点位置にあるときが理想であり (フレネルナンバーが無限大)，特に焦点面前後の 3 次元分布を計算するときに重要である．
[*2] レンズ光軸に対して角度 θ 傾いて入射した光線の像面 (無限遠方の物体のときには焦点面) での

1.2 回折積分と点像分布

すなわち，
$$x = f\sin\theta\cos\phi, \quad y = f\sin\theta\sin\phi \tag{1.8}$$

であり，
$$\begin{aligned}dxdy &= \frac{\partial(x,y)}{\partial(\theta,\phi)}d\theta d\phi = f^2 \begin{vmatrix} \cos\theta\cos\phi & -\sin\theta\sin\phi \\ \cos\theta\sin\phi & \sin\theta\cos\phi \end{vmatrix} d\theta d\phi \\ &= f^2 \cos\theta\sin\theta d\theta d\phi \end{aligned} \tag{1.9}$$

となる．

スカラー波の強度が伝搬するエネルギーを表しているとして，エネルギー保存則から，焦点面上の振幅分布 $U_f(x,y)$ と $U(\theta,\phi)$ の関係を求める．強度は振幅の絶対値の二乗なので，以下のような関係がある．

$$|U_f(x,y)|^2 dxdy = C^2 |U(\theta,\phi)|^2 \sin\theta d\theta d\phi \tag{1.10}$$

式 (1.6),(1.9),(1.10) および $K(\theta) = \sqrt{\cos\theta}$ の関係より，$U_f(x,y)$ は

$$\begin{aligned}U_f(x,y) &= \frac{C}{f\sqrt{\cos\theta}}U(\theta,\phi) \\ &= C\frac{1}{f\sqrt{\cos\theta}} \iint_S dvdw K(\theta)G(v,w)\exp\left\{-ik\left(v\cdot\frac{x}{f} + w\cdot\frac{y}{f}\right)\right\} \\ &= C\frac{1}{f} \iint_S dvdw G(v,w)\exp\left\{-ik\left(v\cdot\frac{x}{f} + w\cdot\frac{y}{f}\right)\right\} \end{aligned} \tag{1.11}$$

と表すことができる．

さらに，エネルギー保存則から，比例定数 C を求める．エネルギーが保存するということは開口面上の強度の積分値と，焦点面上の強度の積分値とが等しいということなので[*1]，

結像高さ y がどのような関数で表されるかを示すのが射影関係である．$f\sin\theta$ レンズでは，焦点面上で結像する高さ $y = f\sin\theta$ である．
[*1] 以下の議論はフーリエ変換の Parseval の定理に相当するものである．

$$\iint_{-\infty}^{\infty} dxdy |U_f(x,y)|^2$$
$$= \iint_{-\infty}^{\infty} dxdy \left(\frac{C}{f}\right)^2 \iint_S dv_1 dw_1 G(v_1,w_1) \exp\left\{-ik\left(v_1\cdot\frac{x}{f}+w_1\cdot\frac{y}{f}\right)\right\}$$
$$\times \iint_S dv_2 dw_2 \, G^*(v_2,w_2) \exp\left\{ik\left(v_2\cdot\frac{x}{f}+w_2\cdot\frac{y}{f}\right)\right\}$$
$$= \left(\frac{C}{f}\right)^2 \iiiint_S dv_1 dw_1 dv_2 dw_2 \, G(v_1,w_1) G^*(v_2,w_2)$$
$$\times \iint_{-\infty}^{\infty} dxdy \exp\left\{-ik\left[(v_1-v_2)\cdot\frac{x}{f}+(w_1-w_2)\cdot\frac{y}{f}\right]\right\} \tag{1.12}$$

となる．ここでデルタ関数が

$$\delta(\xi_1-\xi_2) = \frac{a}{2\pi}\int_{-\infty}^{\infty} \exp\{iax(\xi_1-\xi_2)\}dx$$
$$= \frac{a}{2\pi}\int_{-\infty}^{\infty} \exp\{-iax(\xi_1-\xi_2)\}dx \tag{1.13}$$

と表されることを用いると (付録 F 参照),

$$\iint_{-\infty}^{\infty} |U_f(x,y)|^2 dxdy = \left(\frac{C}{f}\right)^2 (\lambda f)^2 \iiiint_S dv_1 dw_1 dv_2 dw_2$$
$$\times G(v_1,w_1) G^*(v_2,w_2) \delta(v_1-v_2)\delta(w_1-w_2)$$
$$= (C\lambda)^2 \iint_S dvdw |G(v,w)|^2 = \iint_S dvdw |G(v,w)|^2 \tag{1.14}$$

となる．よって，$C=1/\lambda$ となり，式 (1.11) は次のように書き直される．

$$U_f(x,y) = \frac{1}{\lambda f}\iint_S dvdw \, G(v,w) \exp\left\{-ik\left(v\cdot\frac{x}{f}+w\cdot\frac{y}{f}\right)\right\} \tag{1.15}$$

ただし，厳密には C の位相項の任意性は残っている．さらに入ってくる全光束 (全エネルギー) を E，レンズの面積を S とすると，$G=\sqrt{E/S}$ であり，

$$U_f(x,y) = \frac{1}{\lambda f}\sqrt{\frac{E}{S}}\iint_S dvdw \exp\left\{-ik\left(v\cdot\frac{x}{f}+w\cdot\frac{y}{f}\right)\right\} \tag{1.16}$$

と書かれる．収差がないときの中心強度 $I_f^\star$ は

$$I_f^\star = \frac{ES}{\lambda^2 f^2} \tag{1.17}$$

となる．直径 D の円形開口の場合には，$S = (\pi/4)D^2$ であり，F ナンバー $F = f/D$ を用いて

$$I_f^\star = \frac{\pi E}{4\lambda^2 F^2} \tag{1.18}$$

と表される．

式 (1.16) に基づき，縦 a，横 b の矩形開口および直径 D の円形開口のときの回折パターンが以下のように計算される．

$$\begin{aligned}
U_f(x,y) &= \frac{1}{\lambda f}\sqrt{\frac{E}{S}} \int_{-a/2}^{a/2} dv \int_{-b/2}^{b/2} dw \exp\left\{-i\frac{2\pi(vx+wy)}{\lambda f}\right\} \\
&= \frac{1}{\lambda f}\sqrt{ES}\ \frac{\sin(\pi ax/\lambda f)}{\pi ax/\lambda f}\ \frac{\sin(\pi by/\lambda f)}{\pi by/\lambda f}
\end{aligned} \tag{1.19}$$

$$\begin{aligned}
U_f(x,y) &= \frac{1}{\lambda f}\sqrt{\frac{E}{S}} \int_0^{D/2} \rho d\rho \int_0^{2\pi} d\phi \exp\left\{-i\frac{2\pi\rho[(\cos\phi)x+(\sin\phi)y]}{\lambda f}\right\} \\
&= \frac{1}{\lambda f}\sqrt{ES}\ \frac{2J_1\left\{\dfrac{2\pi(D/2)}{\lambda f}\sqrt{x^2+y^2}\right\}}{\dfrac{2\pi(D/2)}{\lambda f}\sqrt{x^2+y^2}}
\end{aligned} \tag{1.20}$$

なお，円形開口のときには $\rho\cos\phi = v$，$\rho\sin\phi = w$ と変数変換をした．

1.2.2 光学系で生成された球面収束波からの回折による点像分布

前項では，平面の絞りで回折された光波がレンズによって集光されたと考えたわけであるが，図 1.7 に示すように，レンズによって入射平面波が半径が焦点距離 f である球面波に変換されて射出し，さらにホイヘンス–フレネルの原理によって球面波上の各点からの 2 次波が重ね合わされて，点像が作られると考えることもできる (図 1.7 と図 1.3 で同じ記号 θ, ϕ を異なる意味で用いているが，あまり使われていない他の記号を用いるとかえって混乱すると考え，同じ記号を用いている)．実質的に光が集光する点像の大きさに比べて，各点から

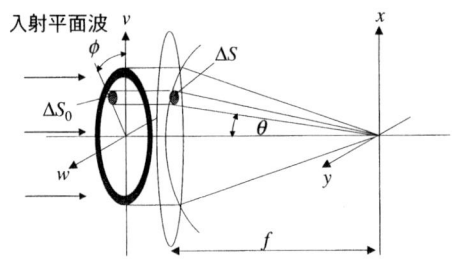
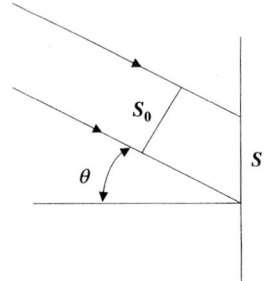

図 1.7 球面波からの 2 次波の干渉としての点像

図 1.8 冬の効果
斜めに入射した平面の断面積 S_0 は入射面で $S = S_0/\cos\theta_0$ となる．よって有効な振幅は $\sqrt{\cos\theta}$ 倍となる．

の 2 次波の点像近傍における曲率半径は十分に大きいので，2 次波を平面波と近似できる[*1]．また，球面波上の各点からの 2 次球面波の振幅は点像までの距離 f に反比例して減衰すると考える．さらに，レンズ系は一般に次式で表される正弦条件 (2.1 節参照．通常のカメラレンズや顕微鏡ではほぼ完全に満足している) を満足している．

$$\sqrt{v^2 + w^2} = f\sin\theta \tag{1.21}$$

よって，入射平面波から収束球面波になるときに微小面積要素が ΔS_0 から ΔS へ $1/\cos\theta$ 倍に増えるので (図 1.7 参照)，エネルギー保存則を考えて，球面波上の振幅に $\sqrt{\cos\theta}$ が乗じられる．同じく，図 1.8 に示すように，像面に入射するときに斜めに入る平面波の観測面上での拡がりは，S_0 から S へと $1/\cos\theta$ 倍となる．エネルギー保存則より，像面上の単位面積に入るエネルギーが $\cos\theta$ 倍になると考えられるので，振幅に $\sqrt{\cos\theta}$ が乗じられる．これは冬になると太陽高度が低くなるために，地表の単位面積あたりに受ける太陽光が弱くなることとまったく同じであるので，以後冬の効果と呼ぶことにする[3]．以上の考察に基づき焦点面上の点像分布は次式で表される．

[*1] フレネルナンバーが大きいときに妥当な近似．

1.2 回折積分と点像分布

$$U_f(x,y) = C\sqrt{\frac{E}{S}} \iint f^2 \sin\theta d\theta d\phi \sqrt{\cos\theta}\sqrt{\cos\theta}$$
$$\times \frac{\exp\{-ik\sin\theta[(\cos\phi)x + (\sin\phi)y]\}}{f} \quad (1.22)$$
$$= C\sqrt{\frac{E}{S}}\frac{1}{f} \iint_S dvdw \exp\left(-ik\frac{vx+wy}{f}\right)$$

ここで，以下の関係を用いた．

$$f\sin\theta\cos\phi = v, \quad f\sin\theta\sin\phi = w \quad (1.23)$$

$$dvdw = \frac{\partial(v,w)}{\partial(\theta,\phi)}d\theta d\phi = f^2 \begin{vmatrix} \cos\theta\cos\phi & -\sin\theta\sin\phi \\ \cos\theta\sin\phi & \sin\theta\cos\phi \end{vmatrix} d\theta d\phi \quad (1.24)$$
$$= f^2\cos\theta\sin\theta d\theta d\phi$$

このように，式 (1.22) には最終的な結果としてインクリネーションファクターはあらわには表れてこない．また，C を除いて式 (1.16) と式 (1.22) とが同じになることから，スカラー回折理論で求まる強度が，伝搬するエネルギーに対応するという考えは整合性が取れているといえる[*1]．

冬の効果というのは，受光面 (像面) でのインクリネーションファクターと呼ぶことができる．このような議論は伝統的な教科書ではほとんどなされていないが，これを考慮することで，スカラー結像理論が整合性よくかつ対称性よく記述できることになる (1.3 節および付録 B 参照)．

式 (1.22) の被積分関数は波数ベクトル $k\left(-v/f, -w/f, \sqrt{1-v^2/f^2-w^2/f^2}\right)$ をもつ平面波を表している．エネルギー保存則より $C=1/\lambda$ と置き換えて，光軸方向も考慮した 3 次元分布は

$$U_f(x,y,z) = \frac{1}{\lambda f}\sqrt{\frac{E}{S}} \iint_S dvdw \exp\left\{ik\left(-\frac{v}{f}x - \frac{w}{f}y + \sqrt{1-\frac{v^2}{f^2}-\frac{w^2}{f^2}}\cdot z\right)\right\} \quad (1.25)$$

と表される．

さらに $-v/f = \xi, -w/f = \eta$ と変数変換し，直径 D の円形瞳とすると，

[*1] ポインティングベクトル (=エネルギー流) とスカラー波の強度が対応することから，スカラー理論が正当であるということが，Born and Wolf[4] に示されている．

式 (1.25) は次のように書き表せる.

$$U_f(x,y) = \frac{f}{\lambda}\sqrt{\frac{E}{S}} \iint_{\xi^2+\eta^2<a^2} d\xi d\eta \exp\left\{ik\left(\xi x + \eta y + \sqrt{1-\xi^2-\eta^2}\cdot z\right)\right\} \tag{1.26}$$

ここで,a は開口数 (Numerical Aperture, NA) で,光軸上の像点から射出瞳 (像側から見たときの絞りの像) を見たときの開き角 (半角) の正弦に像空間の屈折率 n' を乗じたものである.レンズは正弦条件を満足していると仮定しているので,$a = (D/2)/f$(図 2.1 に示すように,本書では,主点から焦点までの距離を像空間の屈折率 n' で割った値を焦点距離と定義するので,n' を考慮してもこのままでよい) である.ξ, η は射出瞳の座標となっている.1.3.3 項で詳しく述べるが,本書ではこのように光線の方向余弦を瞳座標とする.

式 (1.26) の指数関数の肩の z に関する項は焦点面からずれたときの効果を示しておりデフォーカス収差と呼ばれる.この項を瞳座標 ξ, η の 2 次式で近似した場合には次式となる.

$$\begin{aligned}U_f(x,y) =& \frac{f}{\lambda}\sqrt{\frac{E}{S}} \exp(ikz) \iint_{\xi^2+\eta^2<a^2} d\xi d\eta \\ &\times \exp\left\{ik\left[\xi x + \eta y - \frac{1}{2}(\xi^2+\eta^2)z\right]\right\}\end{aligned} \tag{1.27}$$

さらに像面座標 x,y を λ/a で規格化し,z 座標を λ/a^2 で規格化し,瞳座標を瞳周辺で 1 となるように規格化する.すなわち $x' = ax/\lambda, y' = ay/\lambda, z' = a^2 z/\lambda$ と規格化し,$\xi' = \xi/a, \eta' = \eta/a$ と規格化する.(ξ', η') 座標上での振幅分布 $U_f'(x',y')$ と $U_f(x,y)$ の間にはエネルギー保存則より次の関係が成り立つ.

$$|U_f'(x',y')|^2 dx'dy' = |U_f(x,y)|^2 dxdy \tag{1.28}$$

よって,

$$\begin{aligned}U_f'(x',y') =& U_f(x,y)\sqrt{\frac{\partial(x,y)}{\partial(x',y')}} \\ =& \sqrt{\frac{E}{\pi}} \exp\left(i2\pi \frac{z'}{a^2}\right) \iint_{\xi'^2+\eta'^2<1} d\xi' d\eta' \\ &\times \exp\left\{i2\pi\left[\xi' x' + \eta' y' - \frac{1}{2}\left(\xi'^2+\eta'^2\right)z'\right]\right\}\end{aligned} \tag{1.29}$$

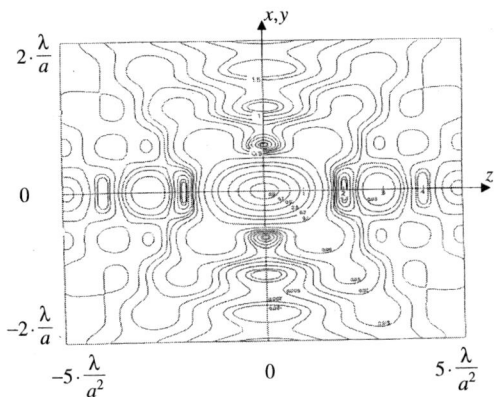

図 1.9 デフォーカス収差を瞳座標の 2 次関数近似した点像強度分布
縦軸は解像力に相当する λ/a で，光軸方向は焦点深度に相当する λ/a^2 で規格化することで，λ，開口数 a には依存しない分布が得られる．ただし，開口数が大きくなると不十分な近似である．

となる．規格化座標を用いると，3 次元強度分布形状は開口数や波長には依存しないことになる．式 (1.29) によって計算した，光軸を含む断面内での点像強度分布を図 1.9 に示す．

伝統的な教科書では，式 (1.29) のように指数関数の肩の中の平方根を近似しフレネル回折として議論しているが，開口数が大きいときには正しくなく，式 (1.26) によって議論しなければならず (付録 J 参照)，規格化座標を用いても，開口数，波長によって 3 次元分布形状は異なってしまう．従来フレネル近似がなされた 1 つの理由は Lommel 関数[5] による数値計算ができるというメリットがあったからと考えられる．現在では，式 (1.25) の単純な数値積分はパソコンで容易に行えるという意味でも，フレネル近似を行う意味はない．

1.3 キルヒホッフ回折積分とスカラー結像理論

1.3.1 キルヒホッフ回折積分

キルヒホッフ (Kirchhoff) の回折理論は，多くの教科書に詳しく書かれてあるので[6~8]，その導出についての詳細は他書にゆずり，ここでは概要を示すだけにとどめる．また，キルヒホッフの回折積分を具体的な境界条件で解こうとするとどうしてもなんらかの矛盾を生じてしまうことを示す．

スカラー波 $U(x,y,z)\exp(-i\omega t)$ の自由空間中の伝搬は次式で示される Helmholtz 方程式で表される．

$$(\nabla^2 + k^2)U = 0 \tag{1.30}$$

$U(x,y,z)$ と同じように式 (1.30) を満足する別の関数として $V(x,y,z)$ を考える．図 1.10 に示すように，点 P を囲む適当な閉空間を考え，その表面 S 上の点 (x,y,z) から点 P までの距離を $s(x,y,z)$ とし，$V(x,y,z) = \exp(iks)/s$ とする．また，点 P を中心とする半径 ε の微小球面を考え，点 P の振幅 $U(\mathrm{P})$ として半径 ε を無限小にしたときの球面 Ω 上の U の平均を考えることにする．Green の定理より $U(\mathrm{P})$ は以下のように表される．ここで n の偏微分 $\partial/\partial n$ は表面 S での内側に向いた法線方向の偏微分である．

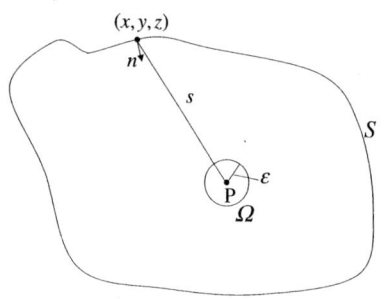

図 1.10 キルヒホッフ回折積分の基礎

1.3 キルヒホッフ回折積分とスカラー結像理論

$$\begin{aligned}
U(P) &\equiv \lim_{\varepsilon \to 0} \frac{1}{4\pi} \iint_\Omega U \exp(ik\varepsilon) d\Omega \\
&= \frac{1}{4\pi} \iint_S \left\{ U \frac{\partial V}{\partial n} - V \frac{\partial U}{\partial n} \right\} dS \\
&= \frac{1}{4\pi} \iint_S \left\{ U \frac{\partial}{\partial n} \left(\frac{\exp(iks)}{s} \right) - \frac{\exp(iks)}{s} \frac{\partial U}{\partial n} \right\} dS
\end{aligned} \quad (1.31)$$

この式は単色光の場において厳密に成り立つ式である.

図 1.11 に示すような開口で，点光源からの光 $U(x,y,z) = \exp(ikr)/r$ が回折されたときの点 P での振幅 $U(P)$ を具体的に求めてみる．この式を解くためには，境界条件を定めなければならない．スクリーンがないときとあるときとでは開口部ではまったく変わらないが，スクリーンの上 (P のある側) では $U = 0$ かつ $\partial U/\partial n = 0$ を仮定して，キルヒホッフは以下の式を導いた．

$$\begin{aligned}
U(\mathrm{P}) &= \frac{1}{4\pi} \iint_S \left\{ U \frac{\partial}{\partial n} \left(\frac{\exp(iks)}{s} \right) - \frac{\exp(iks)}{s} \frac{\partial U}{\partial n} \right\} dS \\
&= \frac{-i}{2\lambda} \iint_S \{\cos(n,r) - \cos(n,s)\} \frac{\exp\{ik(r+s)\}}{rs} dS
\end{aligned} \quad (1.32)$$

開口 S が波長程度に小さい場合には，S 内の各点からの回折された光の間では常に強め合う干渉が生じる．このため式 (1.32) からわかるようにスクリーンの裏側に光が回り込むことになり，裏側での振幅 U が 0 にならない．これはキルヒホッフが用いた境界条件 $U = 0$ と矛盾している[*1)]．言い換えれば，キルヒ

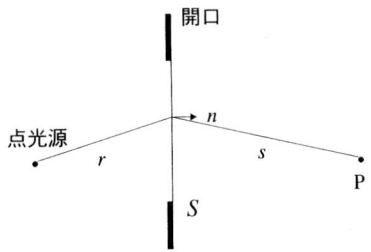

図 1.11 具体的な開口でのキルヒホッフ回折積分

[*1)] 波動方程式の境界条件として有限な範囲で $U = 0$ かつ $\partial U/\partial n = 0$ を与えると，解は領域内で恒等的に $U = 0$ となる[9)]．キルヒホッフの与えた境界条件は，数学の問題として基本的に矛盾をはらんでいるのである．

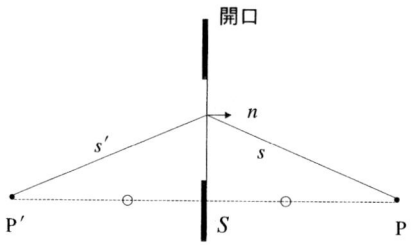

図 1.12 ゾンマーフェルトの近似
関数 V として,開口をはさんで対称な位置にも極をもつ関数とすることで,開口面での変分の項を消去する.

ホッフの解が成立するのは,開口部の大きさが波長に比べて十分に大きいときだけである.

ゾンマーフェルト (Sommerfeld) は関数 V(Green 関数) をうまく設定することで,$\partial U/\partial n$ の項を排除し,U の項だけで開口上の積分を行えばよいことを,平面開口の場合に示した[8]. 図 1.12 に示すように,スクリーンに対して面対称な位置に点 P′ を考える.任意の点から点 P′ までの距離を $s'(x,y,z)$ とし,$V(x,y,z) = \exp(iks)/s - \exp(iks')/s'$ とすれば,開口面上で $V=0$ である.また点 P の近傍では s' は有限の値にとどまるが,s は 0 に収束するから,$V(x,y,z) = \exp(iks)/s - \exp(iks')/s' \cong \exp(iks)/s$ と見なすことができる.よって式 (1.31) の中段の式より,

$$U(\mathrm{P}) = \frac{-i}{\lambda} \iint_S \frac{\exp(ikr)}{r} \cos(n,s) \frac{\exp(iks)}{s} dS \quad (1.33)$$

が得られる[*1].

式 (1.31) で,発光点と受光点の関係を逆にしたときを考えてみる.回折積分が開口上だけの積分でよいと仮定すれば,単位の大きさのエネルギーを放射する光源を置いたときに他方が受けるエネルギーは発光点と受光点を逆にしても

[*1] ゾンマーフェルトは特殊な場合についてマックスウェル方程式に基づいた厳密な回折計算をしている[10].

同じであることがわかる．これは相反定理として知られている関係である[*1)]．
式 (1.31) に適当な境界条件を仮定して解いた式 (1.32) においても相反定理が成り立つ．しかし，発光点と受光点を入れ換えたときの $\cos(n, s)$ の非対称性を考えると，式 (1.33) からは相反定理は成り立たない．

このように，式 (1.31) を解く場合に，その境界条件あるいは関数 V の設定によって，異なった結果を得る．物体として波長程度の細かなものを扱うことを考えるとキルヒホッフによる近似は自己矛盾を示し，ゾンマーフェルトによる近似にも相反定理がなりたたないという不都合がある．

1.3.2 平面波展開による回折の表現

前節で示したように，スカラー回折積分を具体的に解こうとすると矛盾が生じるが，そもそも本来，光は電磁波であってベクトル的に扱わなければならず，スカラー理論はあくまで近似的あるいは便宜的なものである．スカラー理論で綿密な議論をしても，それほど実り多いものではない．むしろ，スカラー理論は実際の光学系の性質を見通しよくかつ整合性よく表せ，さらにベクトル理論の近似としての位置付けが明確であることが重要である．本節では，平面物体における回折を平面波展開で表す方法を述べる．

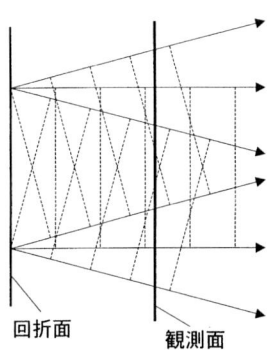

図 1.13 平面波展開の基本

[*1)] さらに光学系によって作られる像がアイソプラナチック (像点の拡がり程度ずれた他の像点の形状が元の像点の形状と同じである) であれば，物像の関係を逆にしたときの点像分布が相似になるという重要な帰結を得ることができる．付録 B.1 参照．

図 1.13 には，ある平面物体からの回折が無数の平面波の重ね合わせとなることが模式的に示されている (各平面波は無限に拡がっていなければならないが，表記の関係上，図では有限な拡がりとして書いてある)．観測面上の回折波の大きさは，物体面上の各点からの球面回折波の重ね合わせで考えることもできるが，この図のように平面波の重ね合わせと考えることができる．これら2つの考え方は等価である．

フーリエ変換によって平面波展開することになるが，その物理的意味を明確にしなければ適切な数学的処理が行われない．物体の振幅透過率を $U(x,y)$ とすると，この振幅分布のフーリエ変換 $\tilde{U}(\xi,\eta)$ は

$$\tilde{U}(\xi,\eta)d\xi d\eta = \left(\frac{k}{2\pi}\right)^2 \iint U(x,y)\exp\{-ik(\xi x + \eta y)\}dxdyd\xi d\eta \quad (1.34)$$

と表される[*1)]．$\tilde{U}(\xi,\eta)$ はあくまで物体透過直後の振幅分布の1つのフーリエ成分を表している．また，式 (1.6) で述べたように，式 (1.34) は $d\xi d\eta$ 方向の無限遠方での振幅に相当している．すなわち，図 1.14(a) に示すように，この1つのフーリエ成分は，伝搬方向の方向余弦が (ξ,η) である1つの平面波として伝搬していくことになる．

上記議論の中にはあらわにはインクリネーションファクターが入ってこないが，実は物体面でのインクリネーションファクターとして $\sqrt{\cos\theta}$ を考えていることが以下のように示される．物体面として点物体を考えてみる．面物体の微小極限としての点物体はデルタ関数で表される[*2)]．式 (1.13) で $a = k$ とし，式 (1.34) に代入すると，デルタ関数 $\delta(x,y)$ のフーリエ変換は

$$\tilde{U}(\xi,\eta)d\xi d\eta = \left(\frac{k}{2\pi}\right)^2 \iint_{-\infty}^{\infty} \delta(x,y)\exp\{-ik(\xi x + \eta y)\}dxdyd\xi d\eta$$

$$= \left(\frac{k}{2\pi}\right)^2 \iint_{-\infty}^{\infty} \left(\frac{k}{2\pi}\right)^2 \iint_{-\infty}^{\infty} \exp\{ik(\xi' x + \eta' y)\}d\xi' d\eta'$$

[*1)] 両辺にあえて $d\xi d\eta$ を書くことで，単位フーリエ空間 $d\xi d\eta$ 内の振幅分布であることを明確にした．

[*2)] デルタ関数として表されるということは，面物体の微小極限を考えており，微小な球体を考えているわけではない．付録 B.2 参照．

$$\times \exp\{-ik(\xi x + \eta y)\} dx dy d\xi d\eta$$
$$= \left(\frac{k}{2\pi}\right)^2 \iint_{-\infty}^{\infty} \delta(\xi' - \xi)\delta(\eta' - \eta) d\xi' d\eta' d\xi d\eta \quad (1.35)$$
$$= \left(\frac{k}{2\pi}\right)^2 d\xi d\eta$$

となってフーリエ座標 (ξ, η) 上で一様な分布となる．式の変形の過程で改めて式 (1.13) を用いている．フーリエ座標 (ξ, η) は平面波の進行方向の方向余弦であるので，無限遠方の球面上での振幅分布とフーリエ座標上の分布の関係を考えてみる．図 1.14(b) からわかるように，フーリエ座標上の単位面積に対して球面上の単位面積は $1/\cos\theta$ 倍となる．式 (1.35) で示されたようにフーリエ座標上での振幅分布は一様であるから，球面上での単位面積あたりの振幅はエネルギー保存則より $\sqrt{\cos\theta}$ に比例することになる．これは，物体面での回折に際してインクリネーションファクターとして $\sqrt{\cos\theta}$ が考慮されていることを示している[*1]．

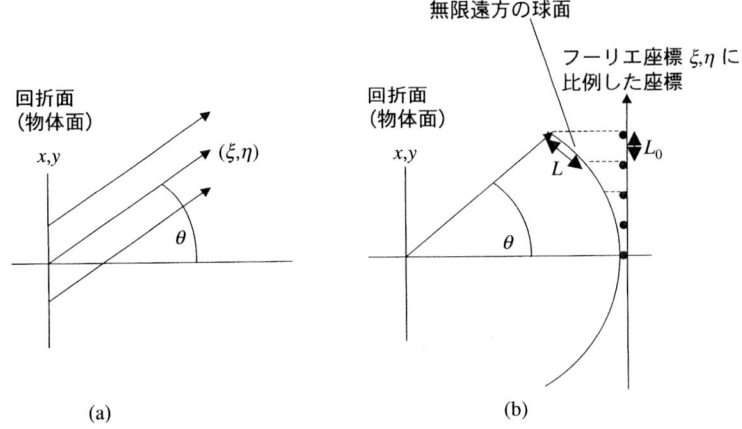

図 1.14 スカラー回折の基本
(a) は平面で回折された ξ, η 方向に進む平面波を示す．(b) は等間隔のフーリエ座標 (方向余弦座標) を球面に投影したときの様子を模式的に示す．

[*1] 単位立体角あたりの放射量を議論するからインクリネーションファクター $\sqrt{\cos\theta}$ が現れているということができる．単位立体角あたりに放射する量を議論するのは伝統的な教科書に準じているし，直感的にも違和感が少ないが，場所の座標に共役な物理量である運動量を座標として放射

1.3.3 平面波展開とスカラー結像理論

前節で，回折を平面波展開で考える方法を述べた．本節ではこの方法に基づき，光学系の結像をどのように扱うかを述べる．より厳密な数学的な取り扱いについては，2.2 節で議論する．

理想的な結像光学系は，図 1.15 に示すように，物体面，前側レンズ，絞り面，後側レンズそして像面という配置であり，さらに物体面は前側レンズの前側焦点の位置に，絞りは前側レンズの後側焦点の位置かつ後側レンズの前側焦点の位置に，そして像面は後側レンズの後側焦点の位置にある[*1]．物体面上の各点が像面上の対応する位置に点像を結ぶが，これは以下のように平面波の伝搬として捉えることもできる．さまざまな方向から物体は照明されるが，簡単のため光軸に平行に進む平面波によって照明されたとする．物体面の回折によって生じた平面波は前側レンズを通過後に絞り面上に集光する．さらに後側レンズを通過後ふたたび平面波として像面上を照射する．これらの平面波間の干渉として像強度分布が作られる．このような像形成の考え方をアッベ (Abbe) の結像理論と呼ぶ．

実際の結像光学系では，入射側 (物体側) の平面波の方向余弦 (フーリエ座標) と，射出側 (像側) の平面波の方向余弦 (フーリエ座標) がほぼ完全に比例している．もしそうでないと，物体透過率の空間周波数ごとに結像倍率が異なるので，収差が発生することになる．これは正弦条件と呼ばれるものであり，正弦条件が成立しているときにはこれらの方向余弦が比例する．アッベの結像理論，正弦条件については 2.1 節でより詳細に議論する．

結像倍率を β，入射する平面波の方向余弦を ξ, η，射出する平面波の方向余弦を ξ', η' とすると

量を表す方が，物理法則の対称性からは適当といえる．波数ベクトルがこの運動量に対応し，波数ベクトルの像面内成分 (光軸に垂直な成分) は $k(\xi, \eta)$ である．式 (1.34) では単位フーリエ空間 $d\xi d\eta$(回折角の正弦を座標と取る) への放射を考えているが，これはまさに波数ベクトルを座標に取っていることを示している．このため，数式上インクリネーションファクターは不要となっているということができる．あるいは，$d\xi d\eta$ は単位放射立体角 $\cos\theta d\Omega$ に一致するので，単位放射立体角あたりの放射量を考えるとインクリネーションファクターは現れないということができる．

[*1] このような光学系を f–f の光学系と呼ぶ．

1.3 キルヒホッフ回折積分とスカラー結像理論

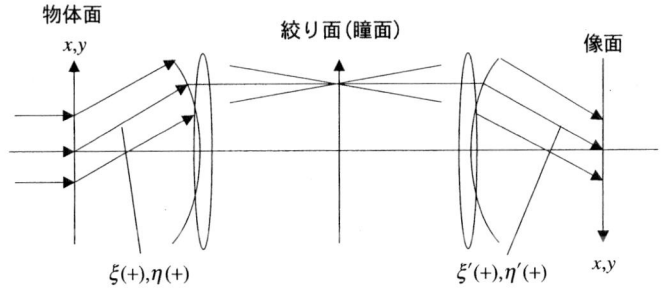

図 1.15 理想的な光学系の配置

$$\beta = -\frac{\xi}{\xi'} = -\frac{\eta}{\eta'} \tag{1.36}$$

の関係が成り立つ．図 1.15 に記してあるように像の向きを結像倍率の符号に合わせており，それに伴って方向余弦の符号も変わっている (図 1.15 の場合には，物体側では右上方向に進むときが正であるが，像側では右下方向に進むときが正となっている．また，本書における座標軸の向き (符号) の取り方については 2.2.1 項で詳細に述べる)．式 (1.34) で表された物体透過直後の振幅分布の 1 つのフーリエ成分 $\tilde{U}(\xi,\eta)$ は平面波として像面上に伝達し，そのまま像面上の振幅分布の 1 つのフーリエ成分 $\tilde{U}'(\xi',\eta')$ となる．すなわち，

$$\tilde{U}(\xi,\eta) \implies \tilde{U}'\left(-\frac{\xi}{\beta}, -\frac{\eta}{\beta}\right) = \tilde{U}'(\xi',\eta') \tag{1.37}$$

となっており，これらのフーリエ成分 $\tilde{U}'(\xi',\eta')$ の和として像面上の振幅が決まる．式 (1.34) および式 (1.37) で示されるように，回折平面波の伝搬による結像の考え方の中には，受光のインクリネーションファクターはあらわには出てこない．

ここで，結像倍率を考慮して，物体と像を入れ換えてみる．伝達するフーリエ成分は同じであるので，物体と像を入れ換えたときの像は相似となる．付録 B.1 に示してあるが，相反定理と正弦条件から物像を逆にしたときの点像分布が相似になることが導かれる．逆にいえば，相似性が満足していることは，相反定理が成り立っていることを示している．

前側レンズの焦点距離を f_1，後側レンズの焦点距離を f_2 とすると，

$$\beta = -\frac{f_2}{f_1} \tag{1.38}$$

となる．さらに式 (1.36) と式 (1.38) より

$$f_1\xi = f_2\xi', \quad f_1\eta = f_2\eta' \tag{1.39}$$

を得る．この式は，入射側の光線が物点を中心とした半径 f_1 の球面と交わる位置の光軸からの高さが，射出側光線が像点を中心とする半径 f_2 の球面と交わる位置の光軸からの高さが一致することを示している．

そこで，入射側レンズの焦点距離と入射平面波の方向余弦との積で与えられる高さに平面波が集光するという，仮想的あるいは理想的な絞り面を考えることにする．このような理想的な絞り面をもつ光学系は設計できるかは別として原理的には存在可能である．実際の光学系には必ずしも理想的な絞り面は存在しないが，物体と像の間に正弦条件が満足されていれば，理想的な絞り面がある光学系と，物体から像への結像については等価である．それゆえ理想的な絞り面を考えて問題はない．

前側レンズによって作られた絞り面の像が入射瞳であり，言い換えれば物体側から見える絞りが入射瞳である．後側レンズによって作られた絞り面の像が射出瞳である．一般に，物点を中心として半径が物点から入射瞳までの距離である球面を入射参照球面と呼ぶ．同様に射出参照球面も定義される．図 1.15 のような理想的な光学系では絞りが前側レンズおよび後側レンズの焦点の位置にあるので，入射瞳，射出瞳とも無限遠方に (無収差で) 作られ，参照球面半径も無限大となる[*1]．

回折平面波はその方向余弦 (フーリエ座標) に比例した高さで理想的な絞り面上に集光することになり，物体振幅透過率のフーリエ成分に比例した大きさの振幅が作られる．図 1.14 での議論と同様に，入射参照球面上にはフーリエ成分に比例した大きさの振幅が作られるわけではない．本書を通じて，瞳座標を回折平面波の進行方向の方向余弦と定義する．そうすると，入射瞳上の振幅分布 (あるいは強度分布) は，入射参照球面を光軸に垂直な平面に射影したときの分

[*1] 3.2 節で述べるが，実際に収差を計算するためには，必ずしもこのとおりである必要はなく，図 1.15 に示されている球面を参照球面としても，ほとんどの場合問題ない．

布を表すことになる*1).

　点物体の結像で考えても以下のようにインクリネーションファクターはあらわには出てこない．物体として平面の微小極限としての点物体であるデルタ関数を考える．結像は物体から入射瞳面への回折，射出瞳面から像への回折と 2 段階に分けて考えることができる．図 1.15 に示す光学系において，瞳面上の光軸からの高さと瞳座標 (ξ, η) は比例しているので，式 (1.35) および図 1.14(b) からわかるように，入射瞳 (平) 面上に一様な分布の波面が生じることになる．ここには射出のインクリネーションファクターはあらわには出てこない．射出瞳 (平) 面にも一様な分布が作られる．つぎに，射出瞳面上の一様な波面による点像の形成を考える．図 1.7 を用いて説明したように，射出瞳面から収束球面波に変換されるときの振幅および面積の変化とともに，像面に入射するときの冬の効果である受光のインクリネーションファクター $\sqrt{\cos\theta}$ を考えることで，式 (1.22) に示したようにインクリネーションファクターは現れない．

　このように，スカラー結像理論では，物体面での回折はフーリエ変換によって平面波に展開し，各平面波が光学系の絞り面に集光し，改めて平面波として像面を照射し，像面上振幅分布の対応するフーリエ成分を形成すると考える．あるいは，物体の振幅透過率のフーリエ変換によって表される回折分布を瞳面に生じ，この分布が改めて回折をしてフーリエ変換によって表される像振幅分布が作られると考えることができる．この場合，数学的な表現にはインクリネーションファクターは現れてこないが，物理的な意味としては，物体面での回折でインクリネーションファクター $\sqrt{\cos\theta}$ が考慮され，また像面上に入射するときには同じく受光のインクリネーションファクター $\sqrt{\cos\theta}$ が考慮されている．以上の考え方は，物体側あるいは像側の開口数が小さいときの近似ではなく，開口数の大きいときにも成立する．また，物体面と像面とで同一のインクリネーションファクターを考慮することで相反定理が成り立つことが証明される．付録 B に，相反定理およびインクリネーションファクターの整合性についてのいくつかの議論をまとめてある．

---

　*1)　入射参照球面上に物体振幅透過率のフーリエ成分が作られるという記述を見かけることがあるが，間違いである．

文　　献

1) R. P. Feynman(富山小太郎訳):「光熱波動」, ファインマン物理学, 第 2 巻, 岩波書店 (1968), 4.5 節.
2) 朝永振一郎：量子力学, 第 1 巻, みすず書房 (1952), 第 1 章 (4.2) 式, (7.2) 式.
3) 大木裕史：光学, 21-8(1992), 560–567.
4) M. Born and E. Wolf (草川　徹・横田英嗣訳)：光学の原理, 第 II 巻, 東海大学出版会 (1977), 8.4 節.
5) M. Born and E. Wolf (草川　徹・横田英嗣訳)：光学の原理, 第 II 巻, 東海大学出版会 (1977), 8.8 節.
6) M. Born and E. Wolf (草川　徹・横田英嗣訳)：光学の原理, 第 II 巻, 東海大学出版会 (1977), 8.3 節.
7) 鶴田匡夫：応用光学 I, 培風館 (1990), 3.1 節.
8) A. Sommerfeld(瀬谷正雄・波岡　武訳)：光学, 講談社 (1969), 34-C 節.
9) A. Sommerfeld(瀬谷正雄・波岡　武訳)：光学, 講談社 (1969), 34 節, p.212.
10) A. Sommerfeld(瀬谷正雄・波岡　武訳)：光学, 講談社 (1969), 38 節.

2

スカラー回折理論における結像

　本章では，光学系による結像の一般論をスカラー回折理論に基づき展開する．基本的にアイソプラナチックであること (点像それ自身の拡がりを十分に含む範囲内での物点移動に対して，点像分布形状が不変であること) を前提として，結像理論は構築されている．アイソプラナチックであることよりフーリエ変換の合成積 (コンボリューション) の定理が適用でき，フーリエ変換が重要な働きをする．それゆえフーリエ結像論とも呼ばれる．

　アイソプラナチックであるためには正弦条件が成り立つ必要がある．正弦条件はアッベ (Abbe) が顕微鏡の対物レンズの設計に際して発見したものである．この条件は収差設計に関したものであると狭く理解されている向きもあるが，それは大きな誤りである．正弦条件は結像の本質を示しており，これを理解せずに結像光学系を議論することは不可能である．平面波間の干渉によって像が作られると考えるアッベの結像論に基づき正弦条件を導く．

　光学系による結像の基本的な性質を，まず回折平面波の伝搬に基づいて説明し，その後に点像に基づく考え方を示す．

　本書における，物体面，像面，瞳面，光源面の座標について注意しておく．ほとんどの教科書ではどの座標軸も同一方向を正としているが，本書を通じて，物体と像面の結像関係，光源と瞳の結像関係に合わせて，座標軸の方向を決めている．このように規約することで，物体から瞳への回折現象，瞳から物体への回折現象を同等に扱ったときに，コンボリューション (合成積) の表現が通常の形式で表される．

　そのほかに，他書ではあまりふれていない以下の項目について言及する．照

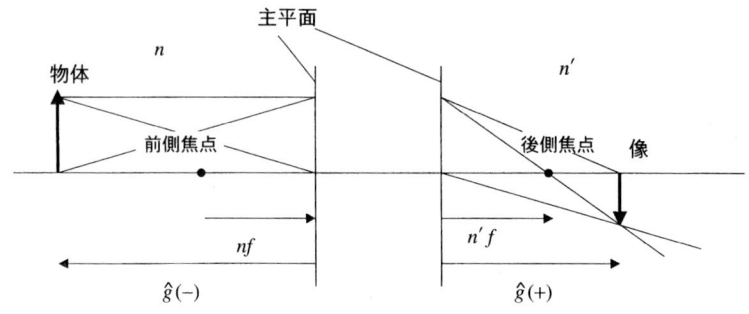

図 2.1 完全結像
ガウス光学による作図では 3 次元的に無収差に結像する.

明方式 (臨界照明, ケーラー照明) による照明性能の差, 照明光学系のもつ収差の影響, 光源面内に干渉性がある場合の取り扱い, フレネルナンバー, 有効点像振幅分布という概念による弱回折近似の表現, 共焦点型の走査型光学系を含めた走査型光学系の結像理論, イメージセンサの結像特性である.

2.1 アッベの結像理論と正弦条件

ガウス光学による結像は, 図 2.1 に示すように, 焦点, 主点, 主平面を用いて光路が決定される. 図の中の (+) というのは図の場合の配置でそのパラメーターが正であることを示している. また, 焦点距離は主点から焦点までの距離をその空間の屈折率で割った値と定義する. 縦方向 (光軸方向) 倍率と横方向 (光軸に垂直な方向) 倍率とは必ずしも一致しないが, 直線は直線に結像され, 3 次元的に完全な結像を得ることができる. これを完全結像と呼ぶ (3 次元的な相似関係も成り立つ場合に完全結像と呼ぶこともあるが, 本書の定義では相似性は要求しないこととする). しかしながら, 完全結像は多くの場合成立しないことが, 以下に示すアッベの正弦条件から導かれる.

2.1.1 アッベの結像理論

1.3.3 節でふれたように, 光学系による結像はアッベの結像理論で考えることができる.

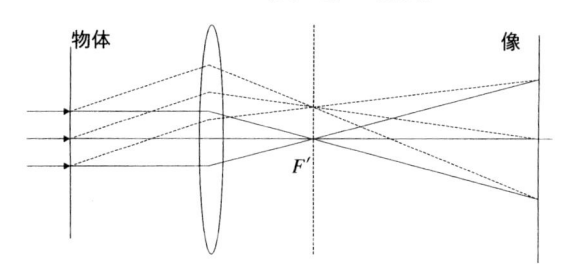

図 2.2 アッベの結像理論
物体で回折された平面回折波が像面上で重ね合わされて，それらの干渉として像が作られる．

　光学結像の基本は，物体面上の1点から出射した光がレンズによって像面上の1点にふたたび収斂することにある．これが普通の考え方であるが，別の見方もできる．図 2.2 に示すように，物体面に入射した照明光が物体によって回折し，多くの回折光(回折平面波)を生じる[*1]．これらの回折光は像面上でふたたび一堂に会し，そこで多くの干渉縞を形成する．物体の像は，実はこの多数の干渉縞が重なり合ったものである，と考えるのである．この考え方をアッベの結像理論という．図 2.2 では像面上では平面波とはなっていないが，実際に考慮するべき像面の範囲は十分に狭いので，平面波として扱って問題はない[*2]．

　光学像を点の集まりでなく干渉縞の集まりと考えたこの理論は，結像の理解において，点から点への結像による説明よりはるかに優れている．たとえば，照明光の状態が変化した場合に，点から点の結像説明では像も同時に変化することが容易には説明できないが，アッベの結像理論では，照明が変化すれば物体から像面に伝達される回折光の次数範囲が変わるのであるから，像が照明に依存することを自然に理解することができる (2.2, 2.3 節参照)．また，像面に形成される干渉縞の周期を考えれば，高い分解能を得るために開口数の大きなレンズが必須であることも容易に理解できる．

[*1] この図ではレンズの後側焦点面上に結ぶとしているが，実際の光線を考えるときには，絞り位置，入射瞳位置を考えなくてはならない．また一般に入射瞳から射出瞳への結像は非点収差を発生する[2]．

[*2] 平面波として扱ってよい条件は 2.7 節で議論する．

2.1.2 アッベの正弦条件

アッベの結像理論に基づき，点像分布がその近傍 (点像自身の拡がりを十分含む範囲) の点像分布と同一である条件を導くことができる[1]*[1]．この条件が満たされているとき，アイソプラナチック (不遊) であるという．図 2.3 に示すように，互いに近傍にある 2 つの像点 (s_1, t_1), (s_2, t_2) の点像振幅分布 ASF(Amplitude Spread Function) を $\mathrm{ASF}_1(x-s_1, y-t_1)$, $\mathrm{ASF}_2(x-s_2, y-t_2)$ としたときに，アイソプラナチックならば

$$\mathrm{ASF}_1(x,y) = \mathrm{ASF}_2(x,y) \tag{2.1}$$

と書かれる．この式が成り立つためには以下に述べる正弦条件が成り立たなければならない．

図 2.4 に示すように，物体として周期 P で極めて小さい開口が並んでいる格子を考え，各開口の像を考えてみる．この格子を光軸に平行に照明すると，直接光 (0 次回折光) は真直ぐに進むが，1 次回折光は $\sin\theta = (\lambda/n)/P$ の方向に回折される．像側では，0 次回折光は光軸に沿って進み，1 次回折光は角度 θ' をもって進んでくる．このときに 2 光束干渉で作られるパターンのピッチ P' は $P' = (\lambda/n')/|\sin\theta'|$ となる．球面収差がなく光軸上の微小開口からの光線が幾何光学的に 1 点に結像しているときに，隣の微小開口もまた無収差に結像するためには，0 次回折光と 1 次回折光とによる結像倍率 P'/P と，0 次回折光と m 次回折光とによる結像倍率 ($P/m = (\lambda/n)/\sin\theta_m$ と $P'/m = (\lambda/n')/\sin\theta'_m$ の比) とが一致しなければならない．もし，一致しなければ，図 2.5 に示すよ

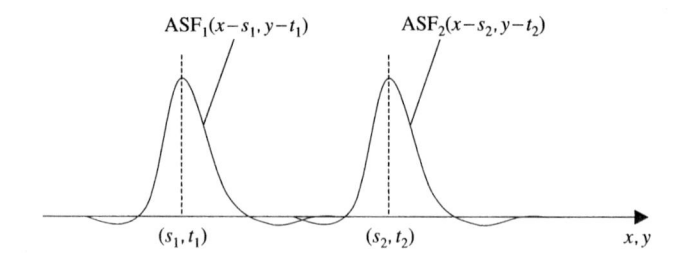

図 2.3 アイソプラナチックな像点の様子

---

*[1] 球面収差のある場合の正弦条件は瞳の湾曲を考慮して導くことができる[2]．

2.1 アッベの結像理論と正弦条件

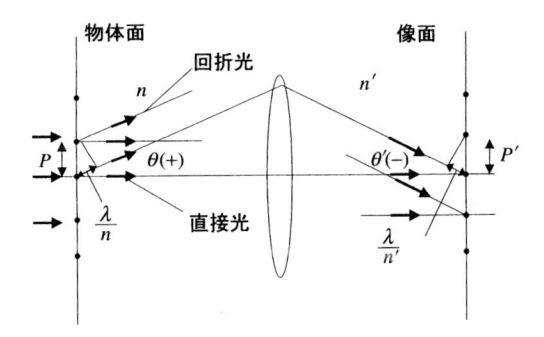

図 2.4 アッベの正弦条件

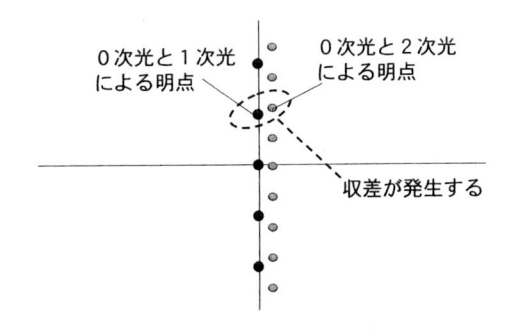

図 2.5 アッベの正弦条件が満たされないときの像の様子

うに，回折次数が変わることによって明るくなる位置がずれてくるからである．よってすべての 0 次回折光と m 次回折光との干渉による結像倍率が近軸倍率 β に等しいときに光軸上およびその近傍の像点が無収差で結像することになる．あらためて光軸上物点からの任意の光線が光軸となす角度を θ, θ' とおくと，この条件は符号を考慮して，

$$\beta = \frac{n \sin \theta}{n' \sin \theta'} \tag{2.2}$$

と書き表せる．これをアッベの正弦条件と呼ぶ．軸上像点がアイソプラナチック，すなわち式 (2.1) が成立するためには正弦条件を満足しなければならない[*1]．

近軸倍率 β を入射側主平面から物体までの距離 $\hat{g}$ と射出側主平面からガウス

[*1] ある像点で無収差であり，かつアイソプラナチックであるときにアプラナチックという．球面収差がなく正弦条件を満足している軸上像点はアプラナチックである．

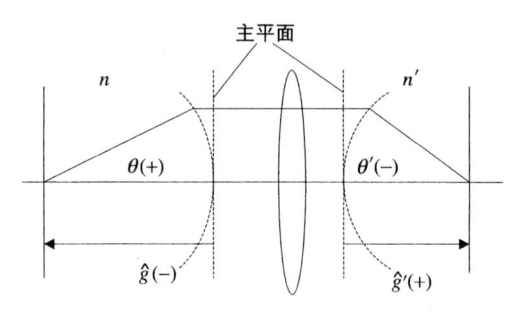

図 2.6 Apollon の円
アッベの正弦条件が成立しているときの物体空間光線と像空間光線の関係.

像面までの距離 $\hat{g}'$ とによって表すと正弦条件は次式で表される.

$$\beta = \frac{\hat{g}'/n'}{\hat{g}/n} = \frac{n\sin\theta}{n'\sin\theta'} \tag{2.3}$$

よって正弦条件は図 2.6 のように示すことができる. 物点を中心とした半径 $\hat{g}$ の円と像点を中心とした半径 $\hat{g}'$ の円を考えると, 軸上物点からの光線がこれらの 2 つの円と交わる位置の光軸からの高さが一致している. この円を Apollon の円とも呼ぶ[*1]. さらに物体側開口数 $a = |n\sin\theta|$ および像側開口数 $a' = |n'\sin\theta'|$ を用いて表すと,

$$|\beta| = \frac{a}{a'} \tag{2.4}$$

となる.

レンズの口径が D であり, 物体距離 L が無限遠方のときには, 図 2.7 に示すように $\sin\theta = (D/2)/L$ となる. また, 像は焦点面上に作られるので, $\beta = -f/(L/n)$ と書ける. これらを式 (2.3) に代入して,

$$\frac{D}{2} = fn'|\sin\theta'| = fa' \tag{2.5}$$

となる. これが物体が無限遠方にあるときの正弦条件である. 正弦条件は, カ

[*1] この球面を主平面と同等に考えるのは危険である. 有限の開口を考えると, 入射瞳も射出瞳も湾曲している. 瞳位置と主点位置が一致したときに球欠光線 (sagittal 光線) についての瞳は Apollon の円上に載るが, 子午面内光線 (meridional 光線) の瞳は異なる[2].

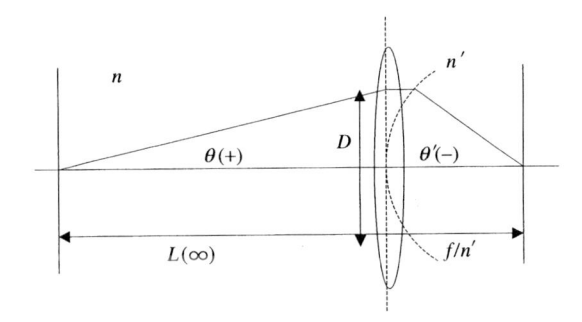

図 2.7 物体が無限遠方にあるときの正弦条件

メラレンズ，顕微鏡対物レンズなどのよく収差の補正されたレンズではほぼ完全に成り立っており，式 (2.5) より導かれる $F \equiv f/D = 1/(2a')$ は開口数 a' が小さいときの近似ではない．

　光線の自由度という観点から，アッベの正弦条件の意味するところは次のように述べることができる．平面物体が平面にスティグマチック (stigmatic，物体の1点からの光線が像の1点に鮮鋭に結ぶ) に結像するときには，光線は対応する物点を通るだけでなく，その方向も一意的に決まってしまうのである．光

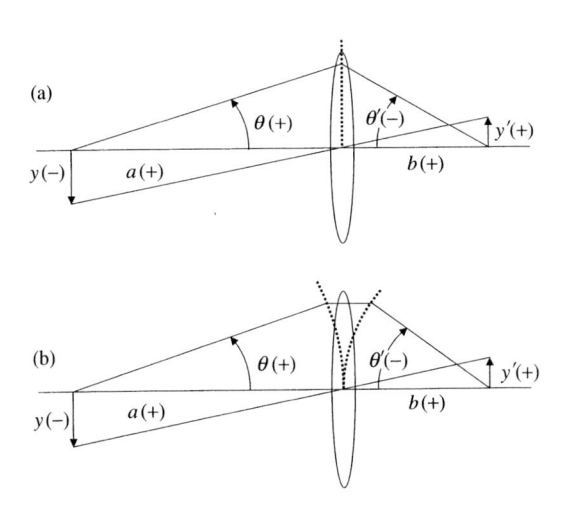

図 2.8 完全結像の光路図，およびアッベの正弦条件が成立したときの光路図

軸上像点の場合には光軸に対してなす角の正弦が決まってしまうのである．

アッベの正弦条件は，完全結像 (3次元無収差結像) とは矛盾することになる．図 2.8 には，完全結像の場合の光路図と，アッベの正弦条件を満足したときの光路図が示されている．完全結像の場合には軸上物点からの光線の傾きと，この光線が像点に向かう傾きとの関係が

$$\beta = \frac{n\tan\theta}{n'\tan\theta'} \tag{2.6}$$

となるが，これは明らかにアッベの正弦条件，式 (2.2) と矛盾する[*1]．ただし倍率が $|\beta| = |n/n'|$ のときには矛盾はない[*2]．

2.1.3 軸外物点のアイソプラナチック条件

軸外物点についても同様の関係が成り立つ[1]．2光束干渉の開き角によって，作られるパターンのピッチが決まるという考え方を援用する．軸外の像点の場合には，物空間における主光線の光軸となす角の正弦と考えている光線と光軸とのなす角の正弦との差と，像空間におけるそれとの比が軸外の結像倍率に一致しなければならないので，図 2.9 を参照して次式に示すような関係が成り立つことがわかる．

$$\beta = \frac{n(\sin\theta - \sin\theta_0)}{n'(\sin\theta' - \sin\theta'_0)} \tag{2.7}$$

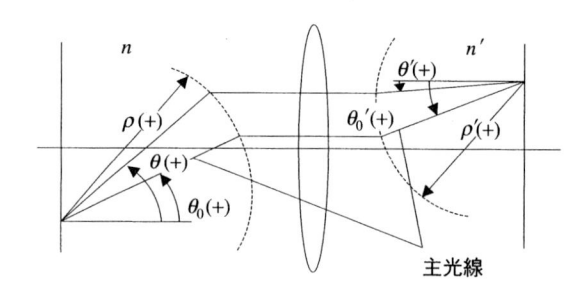

図 2.9 軸外物点の不遊条件の幾何学的関係

[*1] 光線の傾きが小さいと $\sin\theta = \tan\theta$ なので，ガウス光学の作図法は正しいが，有限の角度をもった光線では正しくない．しかしながら，正しくないことを知った上で活用するならば，レンズ設計，特にレンズシステム設計を行う上でなくてはならない非常に有効な表記法である．

[*2] 波長の変化に比例した結像倍率のときである．

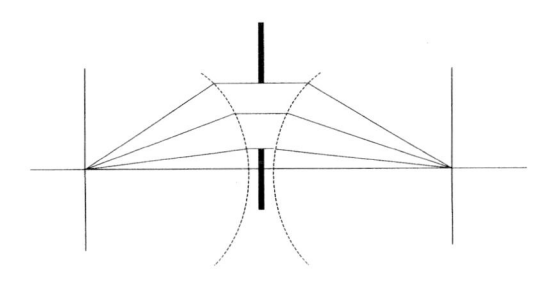

図 2.10 軸上での瞳偏心
軸外物点の結像は，軸上物点で瞳が偏心した状態と等価．

ここで，下付きの添え字 0 は主光線を意味する．図 2.9 に示すように，適当な半径の円を考えることにより，入射光線と円の交点と射出光線と円の交点と，この 2 つの交点を結ぶ直線が光軸に平行になるようにできる．このときの 2 つの半径 ρ, ρ' は $|\rho'/\rho| = |(n'/n)\beta|$ となっている．主光線の傾きは，アイソプラナチック条件には制約されない[*1]．図 2.10 に示すように，軸外の場合は軸上で瞳 (絞り) がシフトした場合と同等であると考えられる．

アッベの正弦条件は有限の開き角についての条件であるが，2 つの光線の開き角が無限小のときには収差が発生しないので常に成立する関係式を得ることができる．式 (2.7) における倍率 β は，付録 D に示す Helmholtz–Lagrange の不変式で求めた主光線周りの微小光束の結像倍率を用いることが適切である．

2.1.4 Herchel の条件

アッベの正弦条件は像面内でアイソプラナチックな条件であるが，光軸方向に像点が移動したときにアイソプラナチックである条件が Herchel の条件である．この条件を正弦条件と同様の考え方から以下のように導くことができる．図 2.11 に示すように，光軸を含む平面物体を考え，光軸方向に周期をなす回折格子があるとする．この物体面からの 2 つの回折平面波を考える．1 つは光軸方向に進み，もう 1 つは光軸と角度 θ を成して進む．2 つの光線 (平面波それぞれの進行方向) が物体面法線となす角の正弦同士の差と，同様に像面 (これも光軸を含む平面) におけるこれらの光線のなす角の正弦同士の差を考える．す

[*1] このことは，瞳の球面収差が物体結像の収差にはまったく関係していないことを意味している．

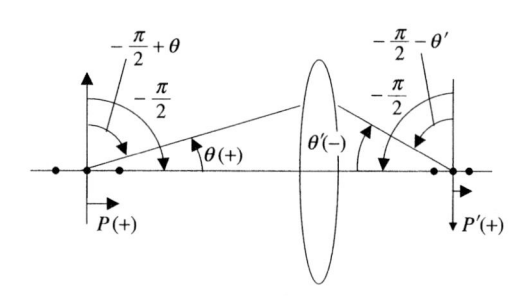

図 2.11 Herchel の条件を導くためのパラメターの設定
光軸上物点が光軸方向に動いても収差が発生しない条件が
Herchel の条件である.

べての光線について，これらの差の比が結像の縦倍率 α となっていれば，光軸に沿った物体がアイソプラナチックに結像する．すなわち，

$$\begin{aligned}\alpha &= -\frac{n\{\sin(-\pi/2) - \sin(-\pi/2 + \theta)\}}{n'\{\sin(-\pi/2) - \sin(-\pi/2 - \theta')\}} \\ &= \frac{n\sin^2(\theta/2)}{n'\sin^2(\theta'/2)}\end{aligned} \quad (2.8)$$

となる．ただし，物点が光軸方向を正 (右方向) に動いたときに，像点が正 (右方向) に動くときに倍率が正となるように符号を配慮してある．θ が小さいときには横倍率 β によって

$$\alpha = \frac{n'}{n}\beta^2 \quad (2.9)$$

となる．よって Herchel の条件 (2.8) 式は

$$\beta^2 = \left[\frac{n\sin(\theta/2)}{n'\sin(\theta'/2)}\right]^2 \quad (2.10)$$

と書き表せる．

正弦条件 (2.2) 式と Herchel の条件 (2.10) 式を比較すると，両立するのは $|\theta| = |\theta'|$ のとき，すなわち $|\beta| = n/n'$ のときに限る．これは付録 K の結果と一致する．すべての空間で無収差に結像するには，この倍率の条件がすべての物点で成り立たなければならないので，アフォーカル光学系 (望遠系) であってかつ結像倍率 β が $|\beta| = |n/n'|$ と表されるときに限る．ほとんどの場合，正弦

条件のために物体移動によって収差が発生するが、これは設計が不完全なためではなく原理的なものなのである.

2.2 コヒーレント結像

2.2.1 垂直入射照明の場合

無限に小さな光源で照明された場合には、物体上の任意の2点間の位相差は常に一定であるので、物体はコヒーレントに照明されているという。このときの結像をコヒーレント結像という.

1.3.3項に述べたが、理想的な光学系というのは、物体と絞りの関係がそれらの間の光学系(前側レンズ)の前側焦点と後側焦点にあり、絞りと像との関係がそれらの間の光学系(後側レンズ)の前側焦点と後側焦点にある。さらに絞り面上の集光位置が入射平面波の方向余弦 ξ, η に比例している。絞りを物体側から見た像が入射瞳であり、また絞りを像側から見た像が射出瞳であり、理想的な場合には入射出瞳位置は無限遠方に作られる。実際の光学系は必ずしもこのようにはなっていない。しかし、ほとんどの光学系では物体から像への結像において正弦条件が満足され、物体と入射瞳の距離、射出瞳と像の距離が十分に大きいので、平面波展開によるアッベの結像理論が当てはまり、理想的な光学系に準じて議論しても問題ない[*1)*2)]. 物点を中心とし半径が物点から入射瞳までの距離である球面が入射参照球面であり、同様に射出参照球面も定義される。入射瞳座標、射出瞳座標とも回折波の進行方向の方向余弦、あるいは光線の方向余弦で表す[*3)*4)].

[*1)] 2.7節で議論するが、フレネルナンバーの小さい場合には問題となる.

[*2)] 絞り面上の集光位置が入射平面波の方向余弦 ξ, η に比例するには物体と絞りの間の光学系は $f\sin\theta$ レンズ (フーリエ変換レンズ) でなければならない (付録 C 参照). しかし、物体–絞り間のレンズと絞り–像間のレンズとで射影関係が相殺されて最終的に物体–像間の結像において正弦条件が満足していれば十分であり、フーリエ変換レンズである必要はない。そのときにも前側レンズと後側レンズがフーリエ変換レンズであると想定して、仮想の理想的な瞳があるとして結像理論を組み立てることに問題はない.

[*3)] 収差論では物体の結像と瞳の結像を数学的に対等に扱うために、瞳座標を光線の方向余弦 (正弦) ではなく正接とするものもあるが、正弦条件から明らかなように正弦で扱うのが物理的な意味としては適切である。Schwarzschild の収差論では正弦が用いられており、Hopkins の提唱した cannonical cordinate もそうである[4)].

[*4)] 屈折率を考慮した場合には方向余弦に屈折率 n を乗じることとし $(\xi^2+\eta^2+\zeta^2=n^2)$、波数

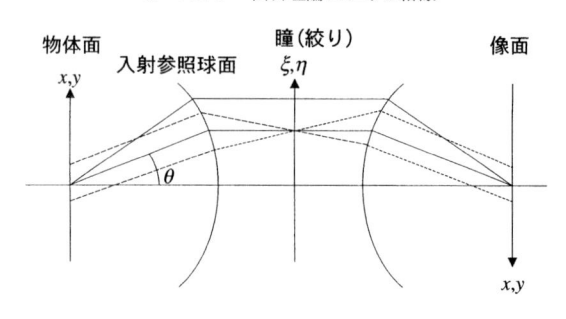

物体面・入射参照球面・瞳(絞り) ξ,η・像面

図 2.12 コヒーレント結像

なお，瞳座標の符号については，入射瞳から射出瞳への結像倍率に合わせることとする．さらに，本書では基本的な考え方を理解することを重視し，式が煩雑になるのを避けるため，物体から像への結像倍率 $\beta = -1$，および入射瞳から射出瞳への結像倍率 1 を仮定して議論を進める．倍率を考慮しなければならないときには，その旨を明記する．

物体が光軸に平行に進む平面波で垂直入射照明されている場合を考える．図 2.12 に示すように，回折された平面波は絞り面上に集光する．物体振幅透過率を $o(x,y)$ とすると，物体上の点 (x,y) から (ξ,η) 方向に進む波は，物体面上の原点 $(0,0)$ からの波を基準として位相が $k(\xi x + \eta y)$ だけ進む．よって入射瞳面上の振幅 $\tilde{o}(\xi,\eta)$ は次式のように $o(x,y)$ のフーリエ変換 $\tilde{o}(\xi,\eta)$ で表されることになる．

$$\tilde{o}(\xi,\eta)d\xi d\eta = C\iint_{-\infty}^{\infty} dxdy\, o(x,y)\exp\{-ik(\xi x + \eta y)\}d\xi d\eta \qquad (2.11)$$

瞳座標 ξ,η は，回折波の進行方向の方向余弦を表すので，ここでいう入射瞳面上の振幅分布は，入射参照球面を光軸に垂直な平面に射影したときの分布を表している (図 1.14 参照)．単位瞳座標あたりの振幅を考えていることを明確にするため，式 (2.11) では両辺に $d\xi d\eta$ を明記した．

空間周波数が ν_x, ν_y である物体振幅透過率の成分 $\exp\{i2\pi(\nu_x x + \nu_y y)\}$ によって回折された光の瞳座標は，$\xi \equiv \sin\theta_x = \lambda\nu_x, \eta \equiv \sin\theta_y = \lambda\nu_y$ であり，

ベクトル k は真空中の波長で考えることにする．このような換算法は開口数 (NA) の中に屈折率を含ませる表記法と合致する．また，光線方向の単位ベクトルを屈折率倍したものを光線ベクトルと呼ぶこともある．

実際式 (2.11) より

$$\begin{aligned}
\tilde{o}(\xi,\eta) &= C \iint_{-\infty}^{\infty} dxdy \, \exp\{i2\pi(\nu_x x + \nu_y y)\} \exp\{-ik(\xi x + \eta y)\} \\
&= C \frac{1}{\lambda^2} \delta(\xi - \lambda\nu_x) \cdot \delta(\eta - \lambda\nu_y)
\end{aligned} \quad (2.12)$$

となる[*1]．ここで式 (1.13) を用いた．

入射瞳から射出瞳への振幅の間の変換は単に

$$\tilde{o}'(\xi,\eta) = \tilde{o}(\xi,\eta) \quad (2.13)$$

と表される．もしも瞳間の倍率を考慮しなければならないときには 2 つの変数 ξ,η と ξ',η' を用いることになる．

瞳面から像面への変換もまったく同様に考えればよい．理想的な絞り面に分布 $\tilde{o}(\xi,\eta)$ が生じたとし，絞り面から像面の間のレンズの焦点距離を f として絞り面上の実寸 $(f\xi, f\eta)$，絞り面での回折の方向余弦 $(x/f, y/f)$ を考慮し，式 (2.11) に準じて，像面上の振幅 $U(x,y)$ は

$$\begin{aligned}
U(x,y) &= C \iint_{-\infty}^{\infty} d\xi d\eta \, \tilde{o}(\xi,\eta) \exp\left\{-ik\left[\frac{-x}{f}(f\xi) + \frac{-y}{f}(f\eta)\right]\right\} \\
&= C \iint_{-\infty}^{\infty} d\xi d\eta \, \tilde{o}(\xi,\eta) \exp\{-ik[(-x)\xi + (-y)\eta]\} \\
&= C \iint_{-\infty}^{\infty} d\xi d\eta \, \tilde{o}(\xi,\eta) \exp\{ik(\xi x + \eta y)\}
\end{aligned} \quad (2.14)$$

となる．物体から入射瞳へのフーリエ変換および射出瞳から像へのフーリエ変換はまったく同等の物理的意味をもっているので，上式 1 行目の右辺においてフーリエ変換の指数関数の肩の符号は同じに取ってあり，逆フーリエ変換とはしていない．ただし，本書では，物体から像への結像倍率 $\beta = -1$ であることに合わせて，像面の座標の方向は物体面の座標の方向と逆向き (符号が反対) としている．結果的に，3 行目右辺のように，形式上逆フーリエ変換で表される．もしも像面座標の向きを変えないと，後述する合成積 (コンボリューション)[*2]に

[*1] 複素数で表された物体の振幅透過率の 1 つの成分 $\exp(i\alpha x)$ というのは，物理的なモデルとしては屈折率が無限に大きく頂角が無限に小さい楔 (くさび) に相当する．

[*2] 付録 F.2 参照．

よる結像の表記において，変数の符号が通常の数学的表記とは異なってしまう．このような座標の向き (符号) の設定は，本書の特徴であり，多くの書物とは異なる．

なお，式 (2.14) は，図 1.7 での方法と同様に射出瞳面上の分布が収束球面波になったと考えても導ける．射出瞳面の微小面積が収束球面波の微小面積に変換されると面積が $1/\cos\theta$ 倍となるので，収束球面波上で考えたときの回折積分への寄与は $1/\cos\theta$ 倍となる．また，このとき収束球面波上の振幅は $\sqrt{\cos\theta}$ 倍となる．さらに像面での受光のインクリネーションファクター $\sqrt{\cos\theta}$ を考えると，これら 3 つのファクターは相殺してしまう．よって，収束球面波からの 2 次波を像点近傍で平面波と近似して，式 (2.14) の 2 行目の表現がすぐに得られる．

物体面から像面への変換 (結像) を考えるにあたり収差を考慮する．理想的な波面は像点を中心とする球面波になり，この球面を参照球面と呼ぶ．実際の波面の参照球面に対する先進遅延として波面収差 $W(\xi,\eta)$ を考える．図 2.13 に示すように波面が参照球面よりも遅れるときを正と，本書では定める．物点から像点までの光路長が長くなるときに波面収差が正になるということもできる．ここで，参照球面の半径 R は，像面から射出瞳までの距離にとるのが自然であるが，横収差に比べて十分に大きければどのような値でもよい[*1]．さらに，次式で表される瞳関数 $G(\xi,\eta)$ を定義する．

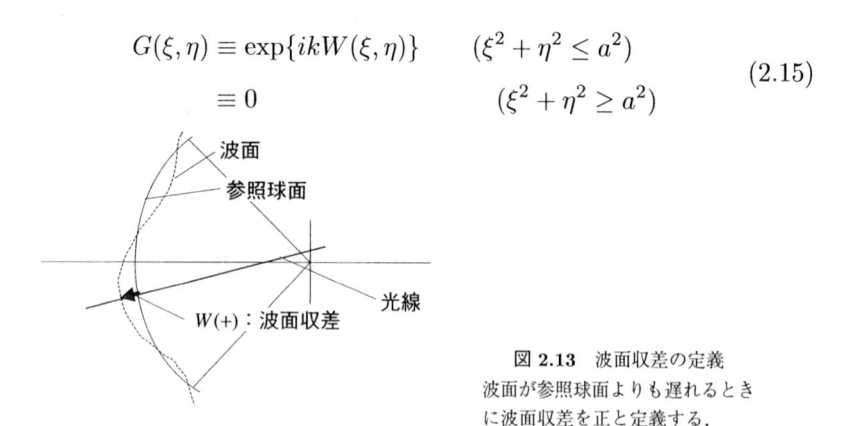

$$G(\xi,\eta) \equiv \exp\{ikW(\xi,\eta)\} \quad (\xi^2+\eta^2 \leq a^2) \\ \equiv 0 \quad (\xi^2+\eta^2 \geq a^2) \tag{2.15}$$

図 2.13 波面収差の定義
波面が参照球面よりも遅れるときに波面収差を正と定義する．

[*1] 波面収差と横収差の関係は 3.2 節および付録 G を参照．

ここで a は開口数 (Numerical Aperture, NA) である.

入射瞳の振幅 $\tilde{o}(\xi,\eta)$ が,射出瞳の振幅 $\tilde{o}'(\xi,\eta)$ に次のように変換される.

$$\tilde{o}'(\xi,\eta) = G(\xi,\eta)\tilde{o}(\xi,\eta) \tag{2.16}$$

この式は,物体と光学系によって作られた像の空間周波数成分の間に線形な関係が成り立つこと,すなわち,光学系の瞳関数が線形フィルターとして作用することを示している.また,物体振幅透過率の空間周波数成分のカットオフ周波数 ν_c は瞳関数で決まり,$\nu_c = a/\lambda$ である (光軸に平行に進む照明光がちょうど瞳の端に向かうときである).

式 (2.14) に,式 (2.11) および式 (2.16) を代入して整理すると,

$$\begin{aligned}
U(x,y) &= C \iint_{-\infty}^{\infty} d\xi d\eta\, \tilde{o}(\xi,\eta) G(\xi,\eta) \exp\{ik(\xi x + \eta y)\} \\
&= C \iint_{-\infty}^{\infty} d\xi d\eta \iint_{-\infty}^{\infty} ds dt\, o(s,t) \exp\{-ik(\xi s + \eta t)\} \\
&\quad \times G(\xi,\eta) \exp\{i(\xi x + \eta y)\} \\
&= C \iint_{-\infty}^{\infty} ds dt\, o(s,t) \iint_{-\infty}^{\infty} d\xi d\eta \\
&\quad \times G(\xi,\eta) \exp\{ik[\xi(x-s) + \eta(y-t)]\} \\
&= C \iint_{-\infty}^{\infty} ds dt\, o(s,t) \mathrm{ASF}(x-s, y-t)
\end{aligned} \tag{2.17}$$

となり,コンボリューション (合成積) による表記を得る[*1].

ここで,物体面の座標を s, t として,像面座標 x, y と区別した.ASF(Amplitude Spread Function) は光学系の点像振幅分布であり

$$\mathrm{ASF}(x,y) = C \iint_{-\infty}^{\infty} d\xi d\eta G(\xi,\eta) \exp\{ik(\xi x + \eta y)\} \tag{2.18}$$

と表され,さらに逆変換によって

$$G(\xi,\eta) = C \iint_{-\infty}^{\infty} dx dy \mathrm{ASF}(x,y) \exp\{-ik(\xi x + \eta y)\} \tag{2.19}$$

[*1] もしも,像面座標の符号を反転しておかないと,$\mathrm{ASF}(x+s, y+t)$ という違和感のある表記になってしまう.

と表される．

コンボリューションで表せるということは，点像振幅分布 ASF$(x-s, y-t)$ が式 (2.1) で示されたアイソプラナチック条件を満足していることを意味している．すなわち正弦条件を満足した光学系において，平面波の重ね合わせで結像を考えることで，点像振幅分布がアイソプラナチックであることが導かれた．

このように，光学系による伝達は式 (2.17) に示すように点像を基本としても，また式 (2.14) あるいは式 (2.17) の第 1 行に示すように平面波を基本としても考えることができ，それらは等価である．双方の観点から解析できるならば，光学系を深く理解でき，また新たな光学系を開発するにあたり多くの知見を得ることができる．

ここまでは単波長での結像を考えているが，波長分布がある場合には，波長分布を考慮して各波長による結像を加え合わせれば (積分すれば) よい．

2.2.2 斜め照明の場合

図 2.14 には，照明が光軸に平行でない場合 (斜めコヒーレント照明) が示されている．理想的な照明系は，コンデンサーレンズの前側焦点に光源があり，後側焦点に物体がある．さらに，光源は理想的な結像レンズの絞り面と共役となる[*1]．光源を表す座標 ξ_s, η_s は，物体からの見かけの光源位置の方向余弦とし，その正負の向きは結像レンズ絞り面との共役関係を考えて決める．光軸から離れた光源上の 1 点からの光はコンデンサーレンズを透過後に平面波となっ

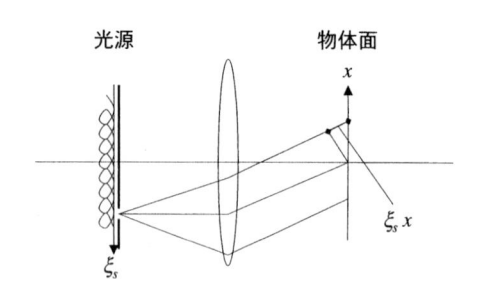

図 2.14 斜め照明の図

[*1] 実際の光学系において理想光学系に準じるためには，光源と結像レンズの絞り面が共役であることが要求される．

て物体を照明する．斜めの照明の場合，物体位置 x,y は光軸上の物点に対して，$k(\xi_s x + \eta_s y)$ だけ位相が遅れて照明される．すなわち，物体振幅透過率に $\exp\{ik(\xi_s x + \eta_s y)\}$ が乗じられることになる．議論が混乱しないように入射瞳面上での振幅分布を新たな関数 $\bar{U}(\xi,\eta,\xi_s,\eta_s)$ で表すと

$$\bar{U}(\xi,\eta,\xi_s,\eta_s) = C \iint_{-\infty}^{\infty} dxdy\, o(x,y)\exp\{ik(\xi_s x + \eta_s y)\}\exp\{-ik(\xi x + \eta y)\}$$
$$= C\,\tilde{o}(\xi - \xi_s, \eta - \eta_s)$$
(2.20)

となる．さらに，射出瞳面での振幅分布 $\bar{U}'(\xi,\eta,\xi_s,\eta_s)$ は

$$\bar{U}'(\xi,\eta,\xi_s,\eta_s) = G(\xi,\eta)\cdot\bar{U}(\xi,\eta) = C\cdot G(\xi,\eta)\cdot\tilde{o}(\xi-\xi_s,\eta-\eta_s) \quad (2.21)$$

となる．よって像面上の振幅は，斜め照明であることを明確にするために $U(x,y,\xi_s,\eta_s)$ と表して，

$$U(x,y,\xi_s,\eta_s) = C\iint_{-\infty}^{\infty} d\xi d\eta\, \tilde{o}(\xi-\xi_s,\eta-\eta_s)G(\xi,\eta)\exp\{ik(\xi x + \eta y)\}$$
(2.22)

あるいは $\xi - \xi_s$ を ξ と置き換えて

$$U(x,y,\xi_s,\eta_s) = C\iint_{-\infty}^{\infty} d\xi d\eta\, \tilde{o}(\xi,\eta)G(\xi+\xi_s,\eta+\eta_s)$$
$$\times \exp\{ik[(\xi+\xi_s)x + (\eta+\eta_s)y]\}$$
(2.23)

と表される．さらに式 (2.11) を式 (2.22) に代入して，式 (2.18) を用いて整理すると，

$$U(x,y,\xi_s,\eta_s) = C\iint d\xi d\eta \iint_{-\infty}^{\infty} dsdt\, o(s,t)\exp\{-ik[(\xi-\xi_s)s + (\eta-\eta_s)t]\}$$
$$\times G(\xi,\eta)\exp\{ik(\xi x + \eta y)\}$$
$$= C\iint_{-\infty}^{\infty} dsdt\, o(s,t)\mathrm{ASF}(x-s,y-t)\exp\{ik(\xi_s s + \eta_s t)\}$$
(2.24)

と点像振幅分布 ASF を用いて表すことができる．

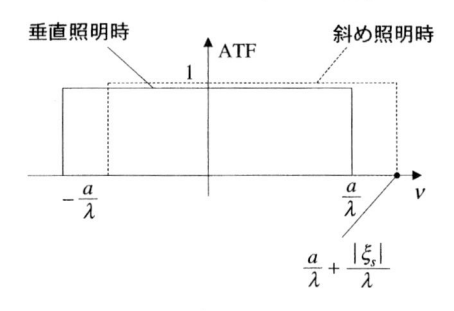

図 2.15 コヒーレント結像の伝達特性

式 (2.21) より，線形フィルターとしての光学系の伝搬作用を考えることができる．物体の振幅透過率の空間周波数 $(\nu_x, \nu_y) = (\xi/\lambda, \eta/\lambda)$ の成分の伝達を表す関数を ATF(Amplitude Transfer Function) と呼び，これは

$$\mathrm{ATF}(\nu_x, \nu_y) = G(\nu_x \lambda + \xi_s, \nu_y \lambda + \eta_s) \tag{2.25}$$

と表される．図 2.15 には，光軸に平行な照明の場合および斜め照明の場合の ATF が示されている．すでに述べたように，光軸に平行な照明の場合のカットオフ周波数は a/λ であるが，斜め照明の場合には，空間周波数の正または負の 1 方向だけであるがカットオフ周波数が高くなり，簡単のため x 方向だけで書けば $a/\lambda + |\xi_s|/\lambda$ となる．この場合に考えているのは，物体の強度ではなく振幅透過率の周波数成分であることを改めて注意しておく．

2.2.3 軸外物点の場合

軸外物点の場合には 2.1.3 項で述べた，軸外物点のアイソプラナチック条件 (不遊条件) の関係をもとに定式化できる．注意しなければならないのは，あくまで波面の進む方向 (=光線) の方向余弦で瞳座標を考えなければならないということである．また，この場合，一般には主光線の入射瞳座標と射出瞳座標は異なる．

ここで，瞳座標の平行移動を行い，主光線 (傾きが θ_0) が瞳座標の原点を通るようにする表記もある[4]．瞳座標を $\xi = \sin\theta - \sin\theta_0$ というように置き換えればよい．この場合，入射瞳と射出瞳の原点が対応するので，瞳座標間の換算が

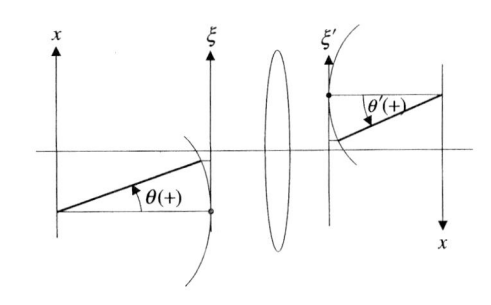

図 2.16 軸外物点の瞳座標
原則はこの図に示すように，光軸に平行な光線を瞳座標の原点とする．

わかりやすくなる．スカラー結像理論では瞳座標の平行移動の影響は全体に位相項が現れるだけであり，積分の外に出せ，強度分布には影響しないからである．しかしながら，デフォーカスの収差を考えると，絶対的な光線の傾きの正弦を瞳座標として扱わなければならないので，このような座標変換は適当ではない．さらに，ベクトル理論では光の振動方向そのものを考えなくてはならず，光線の傾きそのものが重要であるので，このような平行移動をしてはいけない．

従来の教科書の中には軸外の点像振幅分布を求めるときに，瞳座標も像空間座標も座標軸の1つを主光線として光軸に対して傾いた直交座標で取り扱っているものがあるが，これは間違いである．瞳座標の平行移動を許したとしても，瞳座標軸，像面座標軸とも光軸に平行な軸およびそれに直交する軸によって表されなければならない[*1]．

2.3 部分コヒーレント結像

2.3.1 インコヒーレント光源と準単色光

実際の結像光学系でコヒーレント照明が使われていることはほとんどない．図2.17に示すように，多くの光学系では，有限な大きさをもつインコヒーレント光源によって物体が(ケーラー)照明される[*2]．インコヒーレント光源とは光源上の異なる点からの光の間では干渉しない光源である．光源に波長分布があ

[*1] ただし，理想像面を意図的に球面上に取った場合には，それに合わせて座標軸の向きを決めることが有効な場合もある．完全な球状レンズで絞りがその中心にある場合や，像面湾曲補正していないSchmidt光学系がその例である．

[*2] この図のように，基本的に照明光学系の前側焦点面に光源があり，後側焦点面に物体面(被照射面)がある照明方式をケーラー照明という．D. Köhlerは発明者の名前．

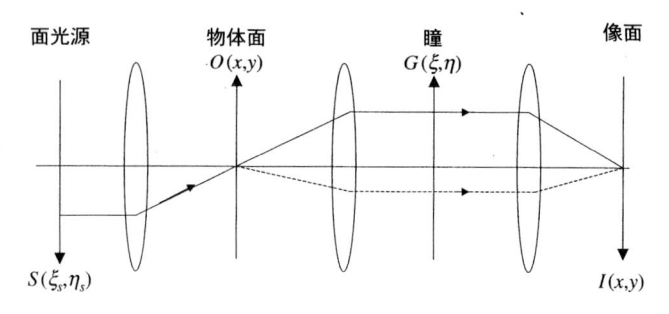

図 2.17 部分的コヒーレント結像光学系の基本構成

る場合には，単波長についての結像を波長分布を考慮して積分すればよい．ここで，異なる光源からの光が同一波長ならば干渉する (干渉が見える) ので[18]，インコヒーレント光源という仮定と矛盾が生じる．そこで準単色光という概念を導入する．

準単色光は波長分布 $\Delta\nu$ が十分に狭い光 ($\Delta\nu \ll \nu$) である．光源上の任意の 2 つの点からの光の間の干渉を考える．この波長分布内の各波長 (単色光) については異なる 2 点からの光の間で干渉するが，分布内での別の波長間の干渉を考えると波長ごとに相対位相差がランダムに変わる．よって分布全体としてはこの 2 点からの光の間では干渉しない (干渉現象が見られない)[*1]．一方，光源上の任意の 1 点から，(像点の拡がりの範囲内での) 像面上の任意の 1 点までの複数の光路を考える．これらの光路間に光路長差 L があっても十分に干渉すると考えて結像理論が組みたてられるので，準単色光の条件として少なくとも

$$L \ll L_c = \frac{\lambda^2}{\Delta\lambda} = \frac{C}{\Delta\nu} \tag{2.26}$$

を満足しなければならない[5,6]．ここで，C は光速度，L_c は準単色光の可干渉距離，$\Delta\lambda$ は準単色光の波長分布幅である[*2][*3]．

[*1] 干渉しないという表現よりも，干渉が何らかの平均効果で観測されない (見られない) と表現する方が一般に適切である．フーリエ分光器を考えればわかるであろう．

[*2] ここで，L_c は 1 つの光子がもつ波連の長さと考えることもできるが，この考え方は注意が必要である．というのは，分光器を通せば波長分布幅 $\Delta\lambda$ はいくらでも小さくでき，すなわち L_c はいくらでも長くできるからである．$\Delta\lambda$ あるいは L_c は 1 つ 1 つの光子に付与される物理量ではなく，光子の集団に対して与えられる物理量である．

[*3] 単波長の光において波動を複素数表現することが便利なことはすでに述べたが，波長分布がある

2.3.2 van Cittert–Zernike の定理

物体上の任意の 2 点を考える．有限の大きさの光源で照明された場合，光源のどの点から照明されたかによってこの 2 点を照明する位相差が，そしてこの 2 点から出てくる光の位相差が変動する．それゆえ，この 2 点からの光は完全に干渉するわけではないので，部分コヒーレント照明されていると呼び，さらにこの照明された物体の結像を部分コヒーレント結像と呼ぶ[*1]．

ここで，照明による物体上の 2 点間の干渉性を表すものとして，相互強度という概念を導入する．図 2.17 に示すように，照明光学系の前側焦点面にあるインコヒーレント光源によって物体が照明されている．光源の各点からの光は物体を平面波で照明する．ここで，照明光源の分布を $S(\xi_s, \eta_s)$ とする．光源を表す座標 (ξ_s, η_s) は，物体から光源を見たときの方向余弦である．また，光源と結像光学系の瞳とは共役になるように配置されるので，それに合わせて図では下向きを正としてある．方向余弦を用いることで物体面 (被照射面) での受光のインクリネーションファクターが式の上に現れてこない．

被照射面上の相互強度 $K(s_1 - s_2, t_1 - t_2)$ は次式で定義される．

$$K(s_1 - s_2, t_1 - t_2) \equiv \iint_{-\infty}^{\infty} d\xi_s d\eta_s S(\xi_s, \eta_s) \exp\{ik[\xi_s(s_1 - s_2) + \eta_s(t_1 - t_2)]\} \tag{2.27}$$

被積分関数の中の指数関数の項は，光源上の 1 点からの平面波によって生じる物体面上の位相差を振幅として表したものである．相互強度はこれに光源強度を乗じて積分したものである．より一般には，$U(x_1, y_1, \xi_s, \eta_s)$ を照明光源上の点 (ξ_s, η_s) に単位の大きさの光源があったときに点 (x_1, y_1) に作られる複素振幅であるとして，次式で表される．

$$K(x_1, x_2, y_1, y_2) \equiv \iint_{-\infty}^{\infty} d\xi_s d\eta_s\, S(\xi_s, \eta_s) U(x_1, y_1, \xi_s, \eta_s) U(x_2, y_2, \xi_s, \eta_s)^* \tag{2.28}$$

これらの式の積分範囲は $-\infty$ から ∞ としてある．ξ_s, η_s は方向余弦であるから絶対値が 1 を超えることはできないが，その制約 (条件) は $S(\xi_s, \eta_s)$ の中に

ときにも同様に便利である．このときに，解析的シグナルの数学的な基礎を詳細に議論している教科書もあるが，光学系による結像を考える限り，単に波長についての積分を考えるだけで十分に議論できる．

[*1] 部分的コヒーレント結像，部分 (的) コヒーレント照明下の結像とも呼ぶ．

含まれている．

相互強度を強度で規格化したものは複素コヒーレンス度と呼ばれ次式で定義される．

$$\mu(x_1 - x_2, y_1 - y_2) \equiv \frac{K(x_1 - x_2, y_1 - y_2)}{\sqrt{|K(x_1, y_1)| \cdot |K(x_2, y_2)|}} \quad (2.29)$$

照明されている場合には，光源 $S(\xi_s, \eta_s)$ を用いて

$$\mu(x_1 - x_2, y_1 - y_2) = \frac{\iint_{-\infty}^{\infty} d\xi_s d\eta_s S(\xi_s, \eta_s) \exp\{ik[\xi_s(x_1 - x_2) + \eta_s(y_1 - y_2)]\}}{\iint_{-\infty}^{\infty} d\xi_s d\eta_s S(\xi_s, \eta_s)} \quad (2.30)$$

となる．このように複素コヒーレンス度は光源形状のフーリエ変換で表される．この関係は van Cittert–Zernike の定理と呼ばれる[*1)]．光源形状のフーリエ変換で与えられるということは，照明の開口数 a が与えられたときの複素コヒーレンス度は，同じ開口数で作られる点像振幅分布と同じである．

複素コヒーレンス度を表す式 (2.30) を図的に説明する．図 2.18 に示すように，光源上各点からの照明による被照射面上の 2 点間の位相差 ϕ は複素平面上の単位円上の 1 点に対応する．複素コヒーレンス度はこれらの光源上各点から

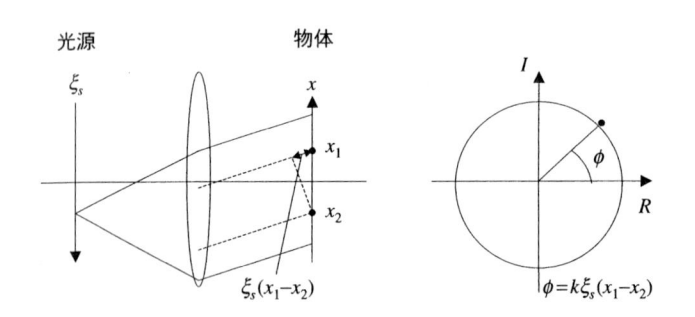

図 2.18 複素コヒーレンス度
光源上の各点からの照明による 2 点間の位相差による複素振幅の比を平均したものである．

[*1)] 通常は van Cittert–Zernike の定理はレンズ系を介さずにインコヒーレント面光源と適当な距離はなれた被照面との関係として説明されるが，光源面座標のフーリエ変換というのは大きな面光源の場合には近似となってしまう．実際の光学系ではほとんどの場合にレンズ系 (コンデンサーレンズ) を介して照明しており，大きな開口数においても正しくフーリエ変換で複素コヒーレンス度は与えられる．

の位相差項 $\exp(i\phi)$ に光源強度の重みをつけた平均値である.被照射面上の 2 点間の距離が大きいと,光源上を走査したときに $\exp(i\phi)$ は単位円上を何周も回ることになる.よって平均値は原点にほとんど一致し,すなわち複素コヒーレンス度は 0 となる.すなわち照明されている 2 点の振幅は完全に相関がなく,このようなときこの 2 点間はインコヒーレントであるという.一方,照明の開口数は 1 を超えないので $\xi \leq 1$ であるから,波長に比べて十分に近い 2 点間の位相差 ϕ はほとんどつかない.よって光源上を走査しても $\exp(i\phi)$ は単位円上の $(1,0)$ の付近にとどまることになり,複素コヒーレンス度はほぼ 1,すなわちコヒーレントとなる.

実際には ξ_s, η_s が 1 を超えると $S(\xi_s, \eta_s)$ は 0 であるが,数学的に光源が無限に大きい極限を考えてみる.$S(\xi_s, \eta_s)$ が無限に拡がるため複素コヒーレンス度はデルタ関数となり,物体上の任意の 2 点は完全にインコヒーレントになる.このときの照明をインコヒーレント照明という.

$$\mu(x_1 - x_2, y_1 - y_2) = \delta(x_1 - x_2, y_1 - y_2) \tag{2.31}$$

2.3.3 平面波の伝搬に基づく部分コヒーレント結像の式

部分コヒーレント結像は通常の教科書では,前項で導入した相互強度と点像振幅分布関数をもとに議論されるが,ここでは相互強度の概念は用いずに平面波の伝搬という考えで部分コヒーレント結像の式を導出する.次項で,それを変形することで,相互強度を用いた式を導く[*1)].

部分コヒーレント照明下における像強度分布は,図 2.17 における光源上の各点からの照明光によって作られた強度分布 $|U(x, y, \xi_s, \eta_s)|^2$ に光源強度分布 $S(\xi_s, \eta_s)$ を乗じて積分すればよい[*2)].

$$I(x,y) = C \iint_{-\infty}^{\infty} d\xi_s d\eta_s \, S(\xi_s, \eta_s) |U(x, y, \xi_s, \eta_s)|^2 \tag{2.32}$$

式 (2.23) を代入して

[*1)] 初めての方は,両方の表現にこだわることなく,どちらか一方の考え方にまず慣れればよいであろう.

[*2)] ここではケーラー照明を暗黙に仮定しているが,後述するように臨界照明とケーラー照明は本質的な差はまったくないので,臨界照明もまったく同じように扱うことができる.

$$\begin{aligned}
I(x,y) = C &\iint_{-\infty}^{\infty} d\xi_s d\eta_s\, S(\xi_s,\eta_s) \\
&\times \iint_{-\infty}^{\infty} d\xi_1 d\eta_1\, \tilde{o}(\xi_1,\eta_1) G(\xi_1+\xi_s,\eta_1+\eta_s) \\
&\times \exp\{ik[(\xi_1+\xi_s)x+(\eta_1+\eta_s)y]\} \\
&\times \iint_{-\infty}^{\infty} d\xi_2 d\eta_2\, \tilde{o}^*(\xi_2,\eta_2) G^*(\xi_2+\xi_s,\eta_2+\eta_s) \\
&\times \exp\{-ik[(\xi_2+\xi_s)x+(\eta_2+\eta_s)y]\} \\
= C &\iint_{-\infty}^{\infty} d\xi_s d\eta_s\, S(\xi_s,\eta_s) \iiiint_{-\infty}^{\infty} d\xi_1 d\eta_1 d\xi_2 d\eta_2 \\
&\times \tilde{o}(\xi_1,\eta_1)\tilde{o}^*(\xi_2,\eta_2) G(\xi_1+\xi_s,\eta_1+\eta_s) G^*(\xi_2+\xi_s,\eta_2+\eta_s) \\
&\times \exp\{ik[(\xi_1-\xi_2)x+(\eta_1-\eta_2)y]\}
\end{aligned}$$
(2.33)

となる.式(2.32)または式(2.33)によって,実際の光学系の解析や評価は十分に行える.

式(2.33)は,物体の振幅透過率の2つの周波数成分(ξ_1,η_1)と(ξ_2,η_2)によって作られた平面波が像面上で干渉してパターンを作り,それらの和として像強度分布が表されることを示している.このことをより明らかにするために,Transmission Cross Coefficient(TCC,相互透過係数)という概念を導入する.TCC は次式の R で定義される.

$$R(\xi_1,\eta_1,\xi_2,\eta_2) \equiv \iint_{-\infty}^{\infty} d\xi_s d\eta_s\, S(\xi_s,\eta_s) G(\xi_1+\xi_s,\eta_1+\eta_s) G^*(\xi_2+\xi_s,\eta_2+\eta_s)$$
(2.34)

ここで,TCC の重要な性質として,次の関係が成り立つことがわかる.

$$R(\xi_1,\eta_1,\xi_2,\eta_2) = R^*(\xi_2,\eta_2,\xi_1,\eta_1) \tag{2.35}$$

TCC は2つの空間周波数成分によって作られる正弦波パターンの利得を表している.TCC を用いて式(2.33)は以下のように書き表される.

$$\begin{aligned}
I(x,y) = C \iiiint_{-\infty}^{\infty} &d\xi_1 d\eta_1 d\xi_2 d\eta_2\, \tilde{o}(\xi_1,\eta_1)\,\tilde{o}^*(\xi_2,\eta_2) \\
&\times R(\xi_1,\eta_1,\xi_2,\eta_2) \exp\{ik[(\xi_1-\xi_2)x+(\eta_1-\eta_2)y]\}
\end{aligned}$$
(2.36)

2.3 部分コヒーレント結像

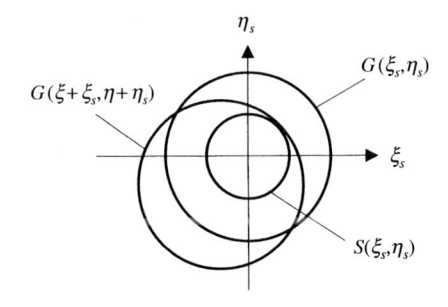

図 2.19 TCC の積分
3 つの円の共通部分の積分となる.

TCC の概念は弱回折近似を考えるときに特に有用である．弱回折近似とは，物体振幅透過率の空間周波数成分の中で，周波数 0 の成分に比べてそれ以外の成分が十分に小さい場合の回折を扱うときの近似である[*1]．直接光 (0 次光) が回折光に比べて十分に大きいので，回折光間の干渉を無視する近似である．それゆえ，この場合の像面強度分布は，式 (2.36) より

$$I(x,y) = C \iint_{-\infty}^{\infty} d\xi d\eta \, \mathrm{Re}\{\tilde{o}(\xi,\eta)\,\tilde{o}^*(0,0) R(\xi,\eta,0,0) \exp\left[ik(\xi x + \eta y)\right]\} \tag{2.37}$$

と表される．光源，結像レンズの瞳が光軸を中心とする円である場合には，$R(\xi,\eta,0,0)$ は図 2.19 の 3 つの関数 (瞳関数，瞳関数を平行移動した関数，光源強度分布) の共通部分について，これら 3 つの関数の積を積分することになる．無収差であれば，単にこの共通部分の面積に比例することになる．周波数 0 のときを 1 と規格化した値を部分コヒーレント結像の OTF(Optical Transfer Function) と呼び，次式で表される．

$$\mathrm{OTF}_{\mathrm{pc}}(\nu_x,\nu_y) = \frac{R(\xi,\eta,0,0)}{R(0,0,0,0)} \tag{2.38}$$

添え字 pc は部分的コヒーレント (partially coherent) を示す．図 2.20 には部分的コヒーレント $\mathrm{OTF}_{\mathrm{pc}}$ の 1 次元表示が示されている．ここで，照明の開口数 a_s と結像レンズの開口数 a の比を記号 σ で表す[*2]．

[*1] 散乱理論との類似から，1 次の Born 近似と呼ばれることもある．
[*2] 半導体製造用露光装置業界では，この値を coherence factor, partially coherence, あるいは単に σ 値と呼ぶ．

$$\sigma \equiv \frac{a_s}{a} \tag{2.39}$$

複素コヒーレンス度は2点間の干渉性を表し，光源分布形状 S のフーリエ変換となっている．一方，結像レンズの点像振幅分布 ASF は結像レンズの瞳 (関数) のフーリエ変換で表される．すなわち，σ は照明光学系による干渉性領域の大きさと，結像レンズの分解能の大きさの比を表している．結像レンズの点像振幅分布の大きさと照明光学系のコヒーレント領域の比を光学系の特性を表すパラメターとすることは非常に適切である．$\sigma = 0$ のときは，物体全面が1つの平面波で照らされることになり，コヒーレント照明となる．一方，結像レンズの開口数に比べて照明の開口数が大きければ，van Cittert–Zernike の定理より結像レンズが分解できる2点は近似的にインコヒーレントであると考えられる．よって，通常は $\sigma > 1$ の場合をインコヒーレント照明と見なす．また，σ が有限 $(0 < \sigma < 1)$ のときを部分コヒーレント照明と呼んでいる．実際，部分コヒーレント OTF は σ が1を超えると次節に示すインコヒーレント OTFに一致する．厳密にインコヒーレントに照明するには，数学的には $\sigma = \infty$ としなければならないが，照明の開口数は物体空間の屈折率 n を超えることはできないので，物体上の2点の間隔が波長程度に近くなった場合には2点はインコヒーレントにはならず，厳密な意味でインコヒーレントに照明することはできない．

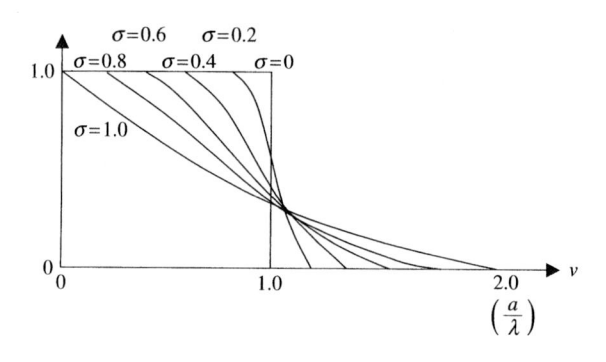

図 2.20 部分コヒーレント OTF

2.3.4 相互強度に基づいた結像の式

前項では平面波を基本として結像の式を議論してきたが，ここからは点像分布を基本とした結像の式を考えてみる．式 (2.33) に式 (2.11) と式 (2.19) を代入し，さらにデルタ関数の性質である式 (1.13) を用いると

$$I(x,y) = C \iint_{-\infty}^{\infty} d\xi_s d\eta_s \, S(\xi_s, \eta_s) \exp\{ik[\xi_s(s_1 - s_2) + \eta_s(t_1 - t_2)]\}$$
$$\times \iiiint_{-\infty}^{\infty} ds_1 dt_1 ds_2 dt_2 \, o(s_1, t_1) o^*(s_2, t_2)$$
$$\times \mathrm{ASF}(x - s_1, y - t_1) \mathrm{ASF}^*(x - s_2, y - t_2) \tag{2.40}$$

と表すことができる．さらに相互強度の式 (2.27) を用いてこの式 (2.40) を以下のように書き表すことができる．

$$I(x,y) = C \iiiint_{-\infty}^{\infty} ds_1 dt_1 ds_2 dt_2 \, K(s_1 - s_2, t_1 - t_2) o(s_1, t_1) o^*(s_2, t_2)$$
$$\times \mathrm{ASF}(x - s_1, y - t_1) \mathrm{ASF}^*(x - s_2, y - t_2) \tag{2.41}$$

式 (2.32),(2.33),(2.36) および式 (2.41) は等価である．対象とする光学系によって適切な表現を選ぶことも重要であるが，また同じ光学系を異なる表現で解析することで多くの知見を得られる．

2.4 インコヒーレント結像

2.4.1 インコヒーレント結像と OTF

インコヒーレント照明された場合には式 (2.31) が成立し，複素コヒーレンス度とともに相互強度も同様にデルタ関数で表される．よって部分コヒーレントの結像式 (2.41) は次のように書き表される．

$$I(x,y) = C \iint_{-\infty}^{\infty} dsdt \cdot |o(s,t)|^2 \cdot |\mathrm{ASF}(x-s, y-t)|^2 \tag{2.42}$$

さらに

$$I_0(s,t) \equiv |o(s,t)|^2, \qquad \mathrm{PSF}(x,y) \equiv |\mathrm{ASF}(x,y)|^2 \qquad (2.43)$$

とおくと，

$$I(x,y) = C \iint_{-\infty}^{\infty} dsdt\, I_0(s,t)\cdot\mathrm{PSF}(x-s, y-t) \qquad (2.44)$$

と書き表される．これがインコヒーレント結像の基本式である[*1)]．ここで，PSF は点像強度分布関数 (Point Spread Function) と呼ばれる．このようにコンボリューションで表されるのは，PSF がアイソプラナチックであることが前提である[*2)]．

いま，物体面上および像面上の空間周波数を ν_x, ν_y として，I_0, I, PSF のフーリエ変換を $\tilde{I}_0, \tilde{I}, \widetilde{\mathrm{PSF}}$ と表すと，

$$\begin{aligned}
\tilde{I}_0(\nu_x, \nu_y) &= C \iint_{-\infty}^{\infty} dxdy\, I_0(x,y) \exp\{-i2\pi(\nu_x x + \nu_y y)\} \\
\tilde{I}(\nu_x, \nu_y) &= C \iint_{-\infty}^{\infty} dxdy\, I(x,y) \exp\{-i2\pi(\nu_x x + \nu_y y)\} \qquad (2.45) \\
\widetilde{\mathrm{PSF}}(\nu_x, \nu_y) &= C \iint_{-\infty}^{\infty} dxdy\, \mathrm{PSF}(x,y) \exp\{-i2\pi(\nu_x x + \nu_y y)\}
\end{aligned}$$

となる．フーリエ変換の合成積の定理 (付録 F 参照) および式 (2.44) より，

$$\tilde{I}(\nu_x, \nu_y) = C\tilde{I}_0(\nu_x, \nu_y)\cdot\widetilde{\mathrm{PSF}}(\nu_x, \nu_y) \qquad (2.46)$$

が導かれる．ここで，点像強度分布のフーリエ変換 $\widetilde{\mathrm{PSF}}(\nu_x, \nu_y)$ を $\widetilde{\mathrm{PSF}}(0,0)$ で規格化したものを OTF(Optical Transfer Function) として導入する．上式の両辺をそれぞれ $(\nu_x, \nu_y) = (0,0)$ における値で規格化すると

$$\begin{aligned}
\frac{\tilde{I}(\nu_x, \nu_y)}{\tilde{I}(0,0)} &= \frac{\widetilde{\mathrm{PSF}}(\nu_x, \nu_y)}{\widetilde{\mathrm{PSF}}(0,0)} \cdot \frac{\tilde{I}_0(\nu_x, \nu_y)}{\tilde{I}_0(0,0)} \\
&= \mathrm{OTF}(\nu_x, \nu_y) \cdot \frac{\tilde{I}_0(\nu_x, \nu_y)}{\tilde{I}_0(0,0)}
\end{aligned} \qquad (2.47)$$

[*1)] 部分コヒーレントの極限として導出したこの式は，完全拡散的な輝度特性 (輝度が方向によらない) をもつインコヒーレントに発光している物体の結像を表す式である．

[*2)] いままでの議論は正弦条件が成り立つことを前提で進めてきたので像はアイソプラナチックである．それゆえ，上式のように像強度分布と PSF とのコンボリューションで表されることになっている．

となる．このように，インコヒーレント結像では OTF が線形フィルターとして作用し，物体強度分布の空間周波数成分が光学系を伝達することがわかる．

式 (2.18),(2.43),(2.45) およびフーリエ変換の合成積の定理より，$\widetilde{\mathrm{PSF}}$ およびそれを規格化した OTF は以下に示すように瞳関数の自己相関で与えられることがわかる．

$$\begin{aligned}
\mathrm{OTF}(\nu_x, \nu_y) &= C \iint_{-\infty}^{\infty} dxdy \exp\{-i2\pi(\nu_x x + \nu_y y)\} \mathrm{ASF}(x,y) \, \mathrm{ASF}^*(x,y) \\
&= C \iint_{-\infty}^{\infty} dxdy \exp\{-i2\pi(\nu_x x + \nu_y y)\} \\
&\quad \times \iint_{-\infty}^{\infty} d\xi_1 d\eta_1 \, G(\xi_1, \eta_1) \exp\{ik(\xi_1 x + \eta_1 y)\} \\
&\quad \times \iint_{-\infty}^{\infty} d\xi_2 d\eta_2 \, G^*(\xi_2, \eta_2) \exp\{-ik(\xi_2 x + \eta_2 y)\} \\
&= C \iint_{-\infty}^{\infty} d\xi_1 d\eta_1 \, G(\xi_1, \eta_1) \iint_{-\infty}^{\infty} d\xi_2 d\eta_2 \, G^*(\xi_2, \eta_2) \\
&\quad \times \delta\left(-\nu_x + \frac{\xi_1}{\lambda} - \frac{\xi_2}{\lambda}\right) \delta\left(-\nu_y + \frac{\eta_1}{\lambda} - \frac{\eta_2}{\lambda}\right) \\
&= \frac{1}{\pi a^2} \iint_{-\infty}^{\infty} d\xi_1 d\eta_1 \, G(\xi_1, \eta_1) G^*(\xi_1 - \lambda \nu_x, \eta_1 - \lambda \nu_y)
\end{aligned} \tag{2.48}$$

ここで，最後の行で，瞳の面積 πa^2 で規格化を行った．また，常に

$$\mathrm{OTF}(\nu_x, \nu_y) = \mathrm{OTF}^*(-\nu_x, -\nu_y) \tag{2.49}$$

である．無収差の円形開口の場合の OTF は 2 つの開口の重なりの面積を規格化したものであり，1 次元表示すると図 2.21 のようになる．カットオフ周波数 (遮断周波数) は $\nu_c = 2a/\lambda$ となる．この図のように，多くの場合に OTF は 1 次元表示される．また，多くの実際の OTF 測定は線像強度分布 (Line Spread Function, LSF) を測定してフーリエ変換している．y 方向に延びた線像の x 方向の強度分布 $\mathrm{LSF}(x)$ を次式のように考える．

$$\mathrm{LSF}(x) = C \int_{-\infty}^{\infty} dy \, \mathrm{PSF}(x, y) \tag{2.50}$$

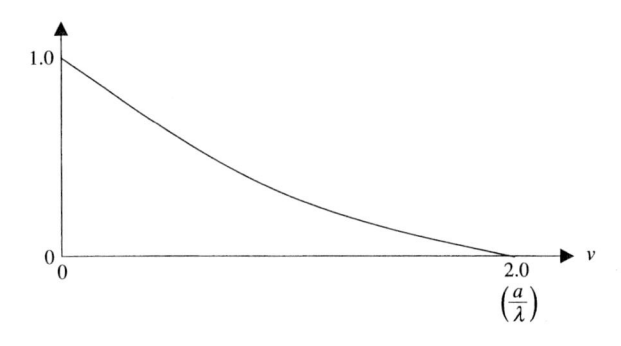

図 2.21 インコヒーレント OTF 曲線

このフーリエ変換を求めると,

$$
\begin{aligned}
\widetilde{\mathrm{LSF}}(\nu_x) &= C \int_{-\infty}^{\infty} dx\, \mathrm{LSF}(x) \exp\left(-i 2\pi \nu_x x\right) \\
&= C \iint_{-\infty}^{\infty} dx dy\, \mathrm{PSF}(x, y) \exp\left(-i 2\pi \nu_x x\right) \\
&= \widetilde{\mathrm{PSF}}(\nu_x, 0)
\end{aligned}
\tag{2.51}
$$

となり, PSF の 1 方向のフーリエ変換 (他方向の周波数は 0) で求めたものと一致する.

OTF は一般に複素数であり, その絶対値を MTF(Modulation Transfer Function), 位相を PTF(Phase Transfer Function) とよぶ.

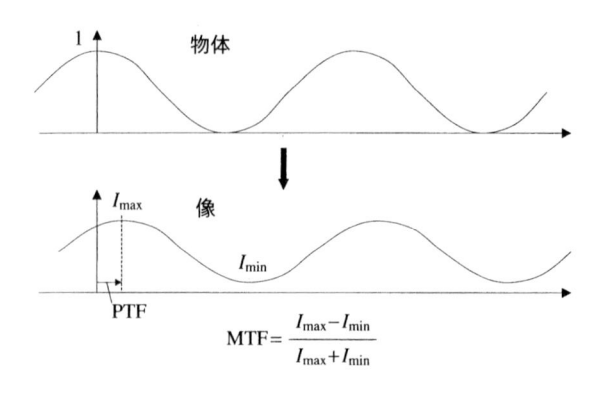

図 2.22 正弦波物体の伝達

$$\mathrm{OTF}(\nu_x, \nu_y) = \mathrm{MTF}(\nu_x, \nu_y) \cdot \exp\{i\mathrm{PTF}(\nu_x, \nu_y)\} \tag{2.52}$$

位相変化が生じるので，物体強度分布を cos と sin で表すと，これらが独立に光学系を伝達するわけではない．図 2.22 に示すように，MTF は正弦波物体のコントラストと像のコントラストの比を，PTF はピッチが無限のときの正弦波像の位置を基準としたときの像の横ずれを表す．

2.4.2 インフォメーションボリューム

OTF は収差があったり，デフォーカスしたりすると劣化する．このときには伝達するべき情報が失われると考えられ，OTF を空間周波数で積分したものはインフォメーションボリューム (Information volume, I_V) と呼ばれる[8]．I_V は，

$$\begin{aligned}
I_V &= \iint_{-\infty}^{\infty} d\nu_x d\nu_y\, \mathrm{OTF}(\nu_x, \nu_y) \\
&= \frac{\iint_{-\infty}^{\infty} d\nu_x d\nu_y \iint_{-\infty}^{\infty} dxdy \exp\{-i2\pi(\nu_x x + \nu_y y)\} \mathrm{ASF}(x,y)\, \mathrm{ASF}^*(x,y)}{\iint_{-\infty}^{\infty} dxdy\, \mathrm{ASF}(x,y)\, \mathrm{ASF}^*(x,y)} \\
&= \frac{I(0,0)}{\iint_{-\infty}^{\infty} dxdy\, I(x,y)}
\end{aligned} \tag{2.53}$$

となる．ここで，$I(x,y)$ は点像強度分布であり，I_V は点像の参照球面中心強度 $I(0,0)$ を点像全エネルギーで割ったものになる．式の変形において，デルタ関数の性質である式 (1.13) を使った．

無収差時のインフォメーションボリューム (I_{V0}) で規格化した場合には，参照球面中心強度 $I(0,0)$ を無収差の中心強度 I_0 で規格化したストレール (Strehl) 強度 I_{strehl} として知られているものに一致する (付録 I 参照)．

$$I_{\mathrm{strehl}} = \frac{I(0,0)}{I_0} = \frac{I_V}{I_{V0}} \tag{2.54}$$

古典的な教科書ではストレール強度が 0.8 以上あれば近似的に無収差であると書かれている．これはマレシャル (Marechal) の基準 (criterion) と呼ばれ，光学装置の予備設計において非常に有効であるが，この基準には明確な意味があ

るわけではない．実際の光学装置を開発する際には，最終的に必要な性能より光学系の製造後に要求される仕様を決めなければならない．装置の目的により，マレシャルの基準では不十分な場合も多く存在する．また，従来の光学顕微鏡でも単色の設計上のストレル強度はかなり高い値である．

I_V は開口数の異なる光学系の性能比較に有用である[9]．無収差の I_V はカットオフ周波数の二乗に比例する．また，いわゆる焦点深度 $n\lambda/(2a^2)$ はストレル強度が 0.8 となるところと定義されるので，ストレル強度はデフォーカスの関数として次式で近似できる (付録 J 参照)[*1]．

$$I_{\text{strehl}} = 1 - 0.2\left\{\frac{d}{n\lambda/(2a^2)}\right\}^2 \tag{2.55}$$

ここで a は開口数，d はデフォーカス量を示す．式 (1.18) より，無収差時の中心強度を入射全エネルギーで規格化したものは，開口数 a の二乗に比例し，波長 λ の二乗に反比例する．あるいは OTF のカットオフ周波数は a/λ に比例する．よって，デフォーカスを考えたときの I_V は次式で表される (付録 J 参照)．

$$I_V = I_{V0} \cdot I_{\text{strehl}} = C \cdot \frac{a^2}{\lambda^2} \cdot \left\{1 - 0.2\left(\frac{d}{n\lambda/(2a^2)}\right)^2\right\} \tag{2.56}$$

開口数が大きくなると焦点深度が減少するというのが一般の常識であるが，I_V で光学性能評価をする場合にはやや異なる．異なる開口数の深度を I_V で比較する場合には，開口数が大きくなることによるベストフォーカスでの I_{V0} の増加の影響を考えなくてはならないからである．開口数が $a + \Delta a$ になったときに，元の開口数 a における焦点深度端での I_V と同じ I_V となるデフォーカス量を $d + \Delta d$ とすると

$$0.8\frac{a^2}{\lambda^2} = \frac{(a+\Delta a)^2}{\lambda^2} \cdot \left\{1 - 0.2\left[\frac{d+\Delta d}{n\lambda/[2(a+\Delta a)^2]}\right]^2\right\} \tag{2.57}$$

が成り立つ．これを Δa, Δd が小さいとし，また $d = n\lambda/(2a^2)$ を用いて整理すると

[*1] 開口数 a の二乗で近似せずに厳密に計算すると，開口数が大きくなるとさらに深度は狭くなる．ステッパーレンズや DVD ピックアップでベストフォーカスでのストレル強度が厳しくなる 1 つの理由はここにある．

$$\frac{\Delta d}{d} = 2\frac{\Delta a}{a} \tag{2.58}$$

となる．開口数が微小量 Δa 大きくなったときの焦点深度を，元の開口数でのインフォメーションボリュームを基準にして考えると，開口数の増大に伴って深度は Δd 増加するといえる．

2.5 臨界照明とケーラー照明，照明系に要求される収差

前節までの解析においては，光源面と物体面はコンデンサーレンズを介して互いにフーリエ変換の関係にあることを前提として話を進めてきた．実際に使われている照明方式は，ほとんどすべての場合においてこの方式(ケーラー照明)である．これに対して，臨界照明があり，図 2.23 に示すように光源面と物体面とが共役になっているものである[*1]．臨界照明では光源面上での照度ムラがそのまま物体面上の照度ムラとなるため，光学製品において使われることはまずないと考えてよいが，光源の大きさ・光源特性・レンズ全長などのパラメーターの制約，レンズ構成の簡易化などのために治工具などで用いることはある．ここでは，臨界照明の場合の空間的コヒーレンスについて議論する[*2)5, 10, 11]

2.5.1 臨界照明とケーラー照明

臨界照明はインコヒーレント照明であると勘違いしやすいが，臨界照明も光源上の各点の像が回折で拡がっていることからわかるように，照明系の開口数で決まるコヒーレンスを物体面上でもつことになる．図 2.23 に示すように，臨界照明の場合，ある瞬間にはインコヒーレントな面光源のある点からの光が物体面を照明し，次の瞬間にはまた別の点からの光が照明していると考えられる．物体上の任意の 2 点 $A(x_1, y_1), B(x_2, y_2)$ を考えてみる．ある瞬間は光源上の 1 点 (x_s, y_s) からの光によってコンデンサーレンズ(照明光学系)の射出瞳に拡がった波面が作られ，ホイヘンスの原理によってその波面上の各点から生じた

[*1)] レンズ系を介して物体と像の関係になっているとき，共役 (conjugate) になっているという．
[*2)] 臨界照明の方が効率がよいという記述がたまにみられるが間違いである．輝度不変の法則(付録E)からわかるように効率という点では臨界照明とケーラー照明での差異はまったくない．照明ムラが発生するという臨界照明の欠点以外は，両照明方式の原理的な差異はない．

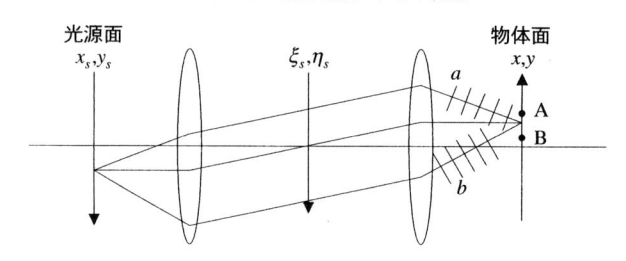

図 2.23 臨界照明

さまざまな平面波で2点A,Bが照明されることになる．それらの平面波の1つ a を考えると，その平面波の傾き（方向余弦）に比例して，2点A,Bを照明する位相差が変化する．つぎに，光源上の1点からの光の中の2つの平面波 a, b が点Aを照明する様子を考えてみる．a, b 間の位相差はコンデンサーレンズの波面収差で決まるが，次の瞬間には別の光源上の点からの光で作られる平面波 a', b' で照明される．ここで，a と a'，b と b' とは同じ方向余弦の平面波を考えている．この2つの平面波間（a, b 間および a', b' 間）の点Aにおける位相差は光源上の点のずれに伴って変化する．光源上のさまざまな点からの照明を考えると，この2つの平面波間の位相はランダムとなる[*1]．すなわち，コンデンサーレンズ射出瞳にある光源からケーラー照明されていることとまったく等価となる．

以上のことをより数学的に議論してみる．瞬間瞬間は光源上の1点からの光がその共役な物体面に点像振幅分布 ASF_s を作り，それらの和（平均）が物体面上の相互強度であるとして計算すると，以下のように臨界照明がケーラー照明と等価であることが示される．

物体面上の2点 (x_1, y_1) と (x_2, y_2) の相互強度 $K(x_1 - x_2, y_1 - y_2)$ は，光源が無限に拡がっていると仮定してコンデンサーレンズの点像振幅分布関数 $\mathrm{ASF}_s(x, y)$，瞳関数 $G(\xi, \eta)$ によって，

[*1] またそれゆえ，波面収差は影響しない．

$$\begin{aligned}
&K(x_1 - x_2, y_1 - y_2) \\
&= C \iint_{-\infty}^{\infty} \mathrm{ASF}_s(x_1 - x_s, y_1 - y_s) \cdot \mathrm{ASF}_s^*(x_2 - x_s, y_2 - y_s) dx_s dy_s \\
&= C \iint_{-\infty}^{\infty} dx_s dy_s \iiiint_{-\infty}^{\infty} d\xi_{s_1} d\eta_{s_1} d\xi_{s_2} d\eta_{s_2} \\
&\quad \times G(\xi_{s_1}, \eta_{s_1}) \exp\{ik[\xi_{s_1}(x_1 - x_s) + \eta_{s_1}(y_1 - y_s)]\} \\
&\quad \times G^*(\xi_{s_2}, d\eta_{s_2}) \exp\{-ik[\xi_{s_2}(x_2 - x_s) + \eta_{s_2}(y_2 - y_s)]\} \\
&= C \iiiint_{-\infty}^{\infty} d\xi_{s_1} d\eta_{s_1} d\xi_{s_2} d\eta_{s_2}\, G(\xi_{s_1}, \eta_{s_1}) \exp\{ik(\xi_{s_1} x_1 + \eta_{s_1} y_1)\} \\
&\quad \times G^*(\xi_{s_2}, \eta_{s_2}) \exp\{-ik(\xi_{s_2} x_2 + \eta_{s_2} y_2)\} \cdot \delta(\xi_{s_1} - \xi_{s_2}) \cdot \delta(\eta_{s_1} - \eta_{s_2}) \\
&= C \iint_{-\infty}^{\infty} d\xi_{s_1} d\eta_{s_1}\, G(\xi_{s_1}, \eta_{s_1}) G^*(\xi_{s_1}, \eta_{s_1}) \\
&\quad \times \exp\{ik[\xi_{s_1}(x_1 - x_2) + \eta_{s_1}(y_1 - y_2)]\} \\
&= C \iint_{-\infty}^{\infty} d\xi_{s_1} d\eta_{s_1}\, |G(\xi_{s_1}, \eta_{s_1})|^2 \exp\{ik[\xi_{s_1}(x_1 - x_2) + (\eta_{s_1}(y_1 - y_2)]\}
\end{aligned}$$
(2.59)

と表される[*1]．ここで，3行目から4行目に移るときに，光源が無限に拡がっていると仮定し，デルタ関数の性質 (1.13) 式を用いている．光源の結像における点像振幅分布の実効的な拡がりに比べて，光源サイズが十分に大きければ，無限に拡がっていると近似してもまったく問題ない．この式から，明らかに射出瞳面上の光源 $|G|^2$ によってケーラー照明されている状況と等価であることがわかる．ただし，実際にはほとんどないが臨界照明において光源サイズが非常に小さく，幾何光学的な光源像の大きさがコンデンサーレンズの開口数で決まる点像分布と同じか小さい場合には，開口数で決まるケーラー照明と同じとはいえない．

また，波面収差はまったく影響しないこともわかる．コンデンサーレンズに収差があれば点像分布 ASF_s は変化するが，それにもかかわらずコヒーレンスには影響しないのである．このことは，すでに述べた照明の平面波間の位相差

[*1] ここの議論では ASF_s がアイソプラナチックであることが暗黙に仮定されている．

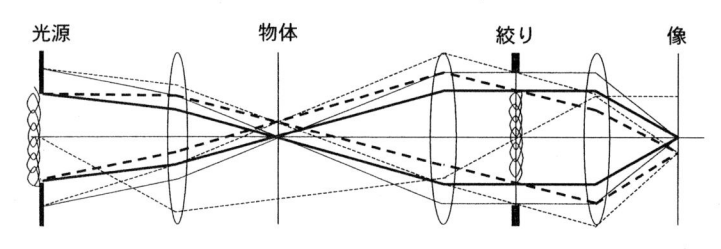

図 2.24 ケーラー照明における光源と結像レンズ絞りの関係

のランダム性より理解できる[*1].

2.5.2 照明のアイソプラナチック条件

前項では，臨界照明とケーラー照明の等価性，および照明系では波面収差が影響ないことについて述べた．ここでは，照明のアイソプラナチック性を満足する条件を考えてみる．

2.3 節で述べたように，物体面上のコヒーレンスは照明系の開口数で決まる．さらに，照明が結像レンズの瞳に対して偏っていると斜め照明といって結像特性が異なってくる．また，付録 E より物体面上の照度も開口数で決まる．ゆえに，開口数が物体面上で一様であって，かつ結像レンズ瞳に対しての偏りも一定であることが必要である．

このように考えると，ケーラー照明の場合には光源が結像レンズ絞り面と共役であることが要求される．図 2.24 にはケーラー照明の光線の様子が示されている (この図では理想的な f–f の配置にはなっていない)．光源が結像レンズ絞り面と共役であれば物体面上のある点およびその近傍の点で，照明条件 (結像光学系瞳内に占める光源の大きさと位置) が同一 (アイソプラナチック) となる．

さらに，半導体露光装置光学系 (ステッパー光学系) のような高精度な光学系では，物体面全面にわたって照度およびコヒーレンスが一様でなければならない．結像光学系が理想的な場合には，入射瞳は無限遠方にあって，物体面の各点からの主光線は光軸に平行である (このように主光線が平行な状況をテレセントリックと呼ぶ)．さらに物体面の各点からみる入射瞳の大きさ (開き角) は一様 (一定) であり，すなわち開口数が物体面内で一様である．それゆえ照明の

[*1] ケーラー照明で波面収差がまったく影響しないことは自明である．

開口数も物体面内で一様かつテレセントリックとなる必要がある．これは付録Cからわかるように，ケーラー照明光学系が $f\sin\theta$ レンズであって，その前側焦点位置に光源があることを要求している．

ステッパーの照明系のように，コヒーレンスおよび照度の一様性(画面内均一性)が厳しく要求される場合には，このような理想的な光学系になっているが，顕微鏡のような場合には，ケーラー照明であっても開口数の一様性はそれほど厳しく成立しているわけではない．

2.6 光源のコヒーレンス

光源としてインコヒーレント面光源を前提として議論してきたが，光源面内の干渉性について考えてみる．

面の微小極限としての点物体はデルタ関数で表され，これによる回折波は瞳面で一様な強度になる．すなわち輝度 B が一定である完全拡散的な放射特性をもつことになる．図 2.25 に示すように，単位面積 ds から単位立体角 $d\Omega$ あたりに放射される光量 dF が，面法線とのなす角 θ の余弦 $\cos\theta$ に比例し，$dF = B\cos\theta\, ds d\Omega$ と表される ($\cos\theta\, d\Omega$ を放射立体角と定義すれば，単位放射立体角あたりに一様な放射となる)．光源面が完全にインコヒーレントなデルタ関数的光源の稠密な集まりであれば，インコヒーレントな完全拡散面光源になる[*1]．

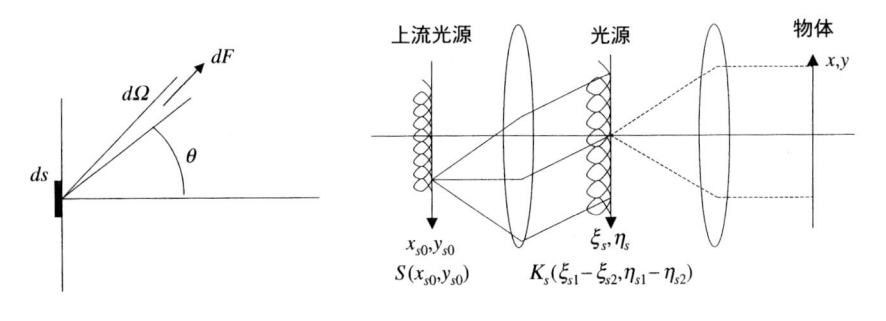

図 2.25　輝度の定義

図 2.26　上流光源による照明

[*1] $\sqrt{\cos\theta}$ のインクリネーションファクターを考慮してスカラー回折理論を構築することは，完全

このことから，輝度特性が完全拡散的でなければ (＝輝度が方向に依存して変化するならば)，稠密なインコヒーレント面光源ではないといえる．極端な例を考えてみる．法線方向にのみ光が放射されるのは平行光で照明された状態であり，これはデルタ関数的な各微小面光源が互いに完全にコヒーレント，それも位相がそろった面光源である．

各微小面光源は互いにコヒーレントであるが，それらの相対位相差が空間的に完全にランダムな場合には完全拡散的 (輝度が方向によらず一様) になりえる．この場合には，すりガラスによる散乱と同じように，いわゆるスペックルパターンを発生し，完全拡散的とはいっても細かなムラのある特性となる．

インコヒーレントではない，相互強度が一様な面光源 (したがって複素コヒーレンス度も一様) というのは，その相互強度を与える大きさと分布をもった別のインコヒーレント面光源によってケーラー照明されていると考えることができる (図 2.26)．これを本書では上流光源と呼ぶことにする．上流光源の座標は，共役である物体面の符号と逆向きになるようにしてある．適当な上流光源 $S_0(x_{s0}, y_{s0})$ によって元の光源位置がケーラー照明され，その面の相互強度が $K_s(\xi_{s1}-\xi_{s2}, \eta_{s1}-\eta_{s2})$ となるとすると，

$$K_s(\xi_{s1}-\xi_{s2}, \eta_{s1}-\eta_{s2}) = C \iint_{-\infty}^{\infty} dx_{s0} dy_{s0}\, S_0(x_{s0}, y_{s0}) \\ \times \exp\{-ik[(\xi_{s1}-\xi_{s2})x_{s0} + (\eta_{s1}-\eta_{s2})y_{s0}]\} \quad (2.60)$$

となる．これを逆フーリエ変換すれば，

$$S_0(x_{s0}, y_{s0}) = C \iint_{-\infty}^{\infty} d\xi_s d\eta_s\, K_s(\xi_s, \eta_s) \exp\{ik(\xi_s x_{s0} + \eta_s y_{s0})\} \quad (2.61)$$

と上流光源分布が決まる．上流光源はインコヒーレント面光源ではあるが，場所によって輝度が変化する (S_0 の空間分布が一様ではなくなる)．

上流光源による物体の照明を考えてみる．元の光源位置には，光源の大きさを制限する絞りが置かれることになる．元の光源の強度分布を $S(\xi_s, \eta_s)$ とすると，上流光源 $S_0(x_{s0}, y_{s0})$ によって，瞳関数が $G_s(\xi_s, \eta_s) = \sqrt{S(\xi_s, \eta_s)}$ であ

拡散面 (ランベルト面) という実態をよく表せることができるという点でも整合性がよい．

2.6 光源のコヒーレンス

る照明光学系で物体が臨界照明されることになる (前節の議論より，照明系の波面収差は結像性能には影響しないので，このように扱って問題ない). 上流光源の空間分布に対応して照度ムラを発生することになる. また，物体面は臨界照明の瞳関数で決まる複素コヒーレンス度をもつ.

上流光源による照明は臨界照明となり，通常のケーラー照明を基本とした結像式に適用するにはふさわしくない. そこで，元の光源をインコヒーレント光源 $S(\xi_s, \eta_s)$ と考え，それによってケーラー照明されているとする. さらに，上流光源照度ムラ $S_0(x_{s0}, y_{s0})$ に相当する強度透過率ムラを，上流光源と共役である物体上に想定して $S_0(x, y)$ とすれば，通常のケーラー照明を基本とした結像式が適用が可能となる.

この考え方が適切であることを，以下に数学的に確認する. 上流光源上の 1 点が物体上に作る点像振幅分布を $\mathrm{ASF}_{s0}(x, y)$ とおくと，

$$\mathrm{ASF}_{s0}(x, y) = C \iint_{-\infty}^{\infty} G_s(\xi_s, \eta_s) \exp\{ik(\xi_s x + \eta_s y)\} d\xi_s d\eta_s \qquad (2.62)$$

と表される. この式を用いて，物体面上 (照明側) の相互強度 $K(x_1, y_1, x_2, y_2)$ を考えてみると，

$$\begin{aligned}
K(x_1, y_1, x_2, y_2) &\equiv C \iint dx_{s0} dy_{s0}\, S_0(x_{s0}, y_{s0}) \mathrm{ASF}_{s0}(x_1, y_1) \mathrm{ASF}_{s0}^*(x_2, y_2) \\
&= C \iint_{-\infty}^{\infty} dx_{s0} dy_{s0}\, S_0(x_{s0}, y_{s0}) \\
&\quad \times \iint_{-\infty}^{\infty} d\xi_{s1} d\eta_{s1}\, G_s(\xi_{s1}, \eta_{s1})\, \exp\{ik[\xi_{s1}(x_1 - x_{s0}) + \eta_{s1}(y_1 - y_{s0})]\} \\
&\quad \times \iint_{-\infty}^{\infty} d\xi_{s2} d\eta_{s2}\, G_s^*(\xi_{s2}, \eta_{s2})\, \exp\{-ik[\xi_{s2}(x_2 - x_{s0}) + \eta_{s2}(y_2 - y_{s0})]\} \\
&= C \iint_{-\infty}^{\infty} d\xi_{s1} d\eta_{s1} \iint_{-\infty}^{\infty} d\xi_{s2} d\eta_{s2}\, G_s(\xi_{s1}, \eta_{s1}) G_s^*(\xi_{s2}, \eta_{s2}) \\
&\quad \times \exp\{ik[(\xi_{s1} x_1 - \xi_{s2} x_2) + (\eta_{s1} y_1 - \eta_{s2} y_2)]\} \\
&\quad \times \iint_{-\infty}^{\infty} dx_{s0} dy_{s0}\, S_0(x_{s0}, y_{s0}) \exp\{-ik[(\xi_{s1} - \xi_{s2}) x_{s0} + (\eta_{s1} - \eta_{s2}) y_{s0}]\}
\end{aligned}$$
$$(2.63)$$

となる. ここで，$S_0(x_{s0}, y_{s0})$ が点像分布範囲に比べて十分大きい範囲で一様

な値と見なせれば，$S_0(x_1, y_1)$ で置き換えることができる (ただし，(x_1, y_1) と (x_2, y_2) は点像振幅分布程度にしか離れていないと仮定しているが，実質的に意味のある $K(x_1, y_1, x_2, y_2)$ の範囲を考えると妥当な近似である). よってデルタ関数の性質より，

$$\iint_{-\infty}^{\infty} dx_{s0} dy_{s0} \, S_0(x_{s0}, y_{s0}) \exp\{-ik[(\xi_{s1} - \xi_{s2})x_{s0} + (\eta_{s1} - \eta_{s2})y_{s0}]\}$$
$$= CS_0(x_1, y_1) \cdot \delta(\xi_{s1} - \xi_{s2}) \delta(\eta_{s1} - \eta_{s2}) \tag{2.64}$$

とおくことができる. 式 (2.64) および $|G_s(\xi_s, \eta_s)|^2 = S(\xi_s, \eta_s)$ を式 (2.63) に代入して，物体面上相互強度は

$$K(x_1, y_1, x_2, y_2) = CS_0(x_1, y_1) \iint_{-\infty}^{\infty} d\xi_s d\eta_s \, S(\xi_s, \eta_s) \\ \times \exp\{ik[(x_1 - x_2)\xi_s + (y_1 - y_2)\eta_s]\} \tag{2.65}$$

となる. この式は，物体上の照明状況が，元の光源強度分布 $S(\xi_s, \eta_s)$ をもつインコヒーレント光源によってケーラー照明され，上流光源強度分布に対応した照度分布をもつことを示している.

インコヒーレントでなく相互強度が一様な光源面によって臨界照明されている場合は，相互強度のフーリエ変換として得られるインコヒーレント光源によってケーラー照明されていると，単に考えればよい.

2.7　フレネルナンバー

最近のように，マイクロレンズが使われるようになり，さらにその微細化が進む昨今の状況では，口径が小さくなったときの結像理論をきちんと理解しておくことが重要である. フレネルナンバーという量を導入する. この値が小さくなると結像特性に大きな変化が生じ，また通常のアイソプラナチックを前提とした結像理論が適用できなくなる. 言い換えれば，フレネルナンバーはフーリエ結像論が適用できるかどうかの目安を与える. まずフレネルナンバーの定義を示し，つぎにフレネルナンバーが小さいときの結像の特徴とフーリエ結像

論との関係を述べる．

また，ガウスビームの伝搬公式において，幾何光学的像点からビームウエスト位置がずれることはよく知られているが，これはフレネルナンバーが小さいからである．これについては付録Hにまとめた[13]．

フレネルナンバーとは同じ口径で同じ焦点距離のフレネルゾーンプレートの，(白黒両方含めた) 輪帯の数である．図 2.27 に示されるように，フレネルゾーンプレートは光を透過する輪帯と遮光する輪帯が交互に配されており，透過する輪帯からの光が焦点 F において強め合うように，輪帯の半径を設定したものである．n 番目の輪帯の半径を r_n とすると，

$$\sqrt{f^2 + r_n^2} - f = \frac{n\lambda}{2}$$
$$r_n \approx \sqrt{nf\lambda} \tag{2.66}$$

と表される．最周辺の輪帯の番号を改めて N としてこれをフレネルナンバーと呼ぶ．N は $r_N = D/2$ とおいて

$$N = \frac{(D/2)^2}{\lambda f} \tag{2.67}$$

と表される．

点像振幅分布を表す式 (2.18) を改めて書く．

$$\text{ASF}(x, y) = C \iint_{-\infty}^{\infty} d\xi d\eta\, G(\xi, \eta) \exp\{ik(\xi x + \eta y)\} \tag{2.68}$$

この式の被積分項は射出瞳上の参照球面からの 2 次波を表しているが，明らか

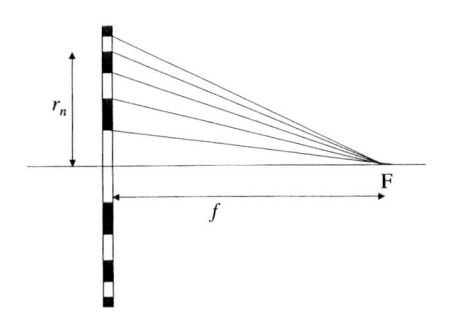

図 2.27 フレネルゾーンプレート

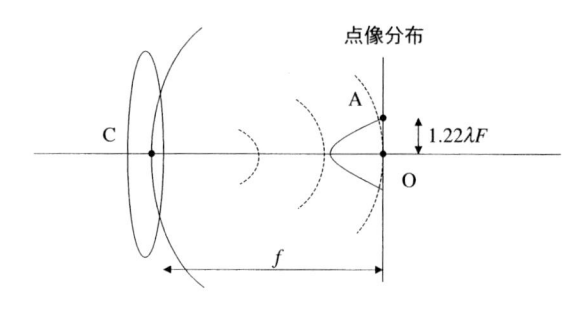

図 2.28 平面波近似の条件

に平面波が像面上 ($z = 0$) で作る振幅分布を意味している．通常のレンズでは，実質的な点像の拡がりが射出瞳から像点までの距離に比べて十分に小さいので，このように考えて問題ない．このように扱ってよい条件を吟味してみる[12]．

図 2.28 に示すように，射出瞳中心 C からの球面波を考える．点像の中心 O までと点像の端 A までの距離の差が波長に比べて十分に小さければ，実質的にエネルギーが伝搬する範囲である点像の拡がりの中では平面波と見なしてよい．これを式で表し，整理すると

$$\sqrt{f^2 + (1.22\lambda F)^2} - f \ll \lambda$$
$$N \gg 1 \quad (2.69)$$

となる．フレネルナンバー N が 1 に比べて十分に大きいことが，平面波近似してよい条件である．

この条件が満足されていないときには，点像分布を求める式の被積分項を平面波ではなく球面波として扱わなければならない．図 2.29 にはこのようにして計算した結果を示す．波長 632 nm のときの (1) 軸上子午面 (meridional 面) 内強度分布，(2) 軸外子午面内強度分布である．横軸が光軸方向 (フォーカス方向) であり，縦軸が光軸垂直方向 (像面内方向) である．焦点距離 $f = 100$ mm は固定でフレネルナンバー N，口径 D を (a) から (c) まで変化させている．デフォーカス方向は λ/a^2 で，面内方向は λ/a で規格化してある (a は開口数)．N が 10 以下になると子午面内の分布がひずみ，また強度の一番高い点がレンズ側 (射出瞳側) にシフトしている．

球面波で考えるということは，波の強さがだんだんと弱くなるということで

2.7 フレネルナンバー

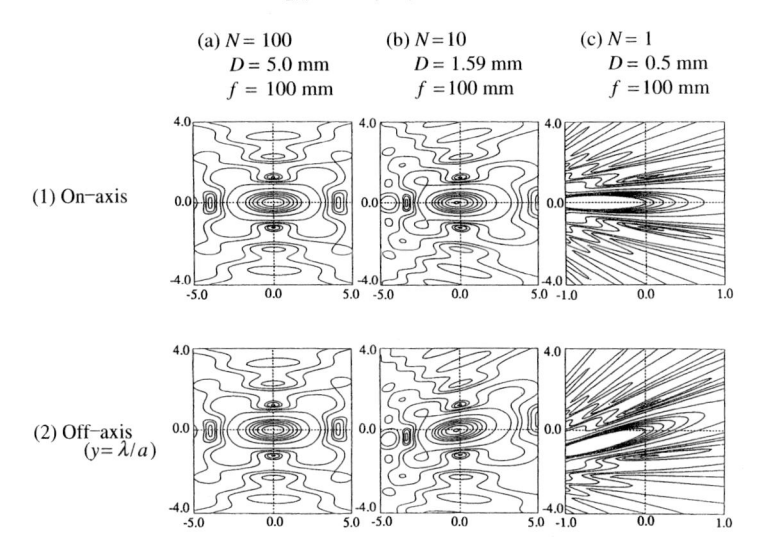

図 2.29 フレネルナンバーが小さいときの強度分布
子午面内の強度分布であり，ガウス面内は λ/a で，デフォーカス方向は λ/a^2 で規格化してある．Namikawa and Shibuya[12] より引用．

あり，最も強度が強くなる位置が射出瞳側にシフトするのである．ただし，波面収差は幾何光学的像点で無収差となるので，物体上の特定の周期パターンの像コントラストは幾何光学的像点で最も高くなる[12]．

図 2.28 において，点像 O の分布と，点像 O の分布がほとんど 0 となったところにある点像 A の分布を考えてみると，フレネルナンバーが小さい場合には，2 つの点像の位相分布は明らかに異なる．点像 O の位相分布は子午面内対称であるが，点像 A の位相分布は上下非対称となる．それゆえ，ガウス像面内の点像振幅分布はアイソプラナチックではなく，基本的にフーリエ結像論は成立しない．また，図 2.30 で考えれば，フレネルナンバーが小さいときには，光軸上の物点 O_0 から像点 O までの光路長と，回折半径離れた物点 A_0 からその像点 A までの光路長との差が波長に比べて無視できないことになる．フーリエ結像論では物体からの回折波を平面波と考え像面までそれらが平面波として伝わることを仮定しているが，この仮定は成立しないことになる．すなわち，コヒーレント結像を表す式 (2.14) は成立しない．点像を基本とした式 (2.17) で考え

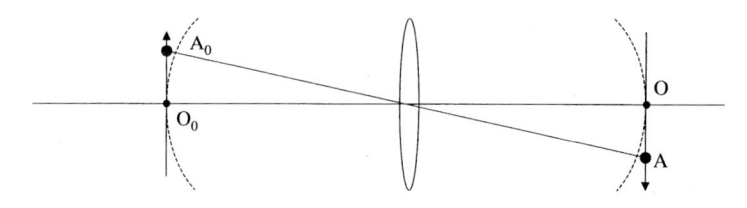

図 2.30 物点像点間の平面波近似の条件

ると，物点が移動したときの物点から像点までの光路長の変化が考慮されておらず，さらに光路長変化を考慮したとしても ASF はアイソプラナチックでなくなり，このようなコンボリューションによる表記はできなくなる[*1]．

　実際の光学系では瞳と主点は必ずしも一致しない．そこで射出瞳から像面までの距離を $\hat{g}'$ としたとき，実効的なフレネルナンバーは

$$N = \frac{(D/2)^2}{\lambda \hat{g}'} \tag{2.70}$$

と考えればよい．テレセントリック光学系 (主光線が光軸に平行な光学系) では $\hat{g}'$ が無限大となるが，それ以上に速く $(D/2)^2$ が無限大となるので，フレネルナンバーが無限大となる $(N = (D/2)^2/\lambda \hat{g}' = (a/\lambda)(D/2) \to \infty)$．

2.8　EPSF

　2.3.3 項で述べたように，弱回折近似とは物体の振幅透過率の変化が小さいとした近似である．0 次光 (直接光) に比べて回折光が弱いので，回折光間の干渉は無視でき，像再生を 0 次光と回折光の間だけの干渉効果で考えることができる．本節では TCC(Transmission Cross Coefficient) のフーリエ変換として EPSF(有効点像分布，Effective Point Spread Function) を導入 (定義) し，この EPSF を用いて弱回折近似の結像を議論する．EPSF を用いることで光学系の特性を異なった観点から考察することができ，TCC による表現と相補い合うことにより光学系をより深く理解できる．具体例として，位相差顕微鏡への適用を行い，ハロと呼ばれる現象がわかりやすく説明できることを示す[14~16][*2]．

[*1] インコヒーレント結像に関しては別の議論が必要である[12]．
[*2] EPSF という用語は斉藤[15] が最初に用いた．

2.8.1 EPSF の導入と結像公式の導出

式 (2.37) に弱回折近似下の結像が TCC を用いて書き表されている．弱回折近似では物体の振幅透過率 $o(x,y)$ の位相変化 $\phi(x,y)$ と振幅の絶対値の変化 $P(x,y)$ が 1 より十分に小さいと仮定するので，$o(x,y)$ は次のように書かれる．

$$o(x,y) = \{1 + P(x,y)\} \cdot \exp\left(i\phi(x,y)\right) \cong 1 + i\phi(x,y) + P(x,y) \quad (2.71)$$

このフーリエ変換を行い，回折波の進行方向の方向余弦に相当する瞳座標 ξ, η で表す．

$$\begin{aligned}
\tilde{o}(\xi,\eta) &= C \iint dxdy\, o(x,y) \exp\left\{-ik(\xi x + \eta y)\right\} \\
\delta(\xi,\eta) &= C \iint dxdy\, \exp\left\{-ik(\xi x + \eta y)\right\} \\
\tilde{\phi}(\xi,\eta) &= C \iint dxdy\, \phi(x,y) \exp\left\{-ik(\xi x + \eta y)\right\} \\
\tilde{P}(\xi,\eta) &= C \iint dxdy\, P(x,y) \exp\left\{-ik(\xi x + \eta y)\right\}
\end{aligned} \quad (2.72)$$

さらに EPSF を TCC のフーリエ変換 (逆フーリエ変換) として次のように定義する．

$$\mathrm{EPSF}(x,y) \equiv C \iint d\xi d\eta\, R(\xi,\eta,0,0) \exp\left\{ik(\xi x + \eta y)\right\} \quad (2.73)$$

弱回折近似の式 (2.37) に式 (2.72) と式 (2.73) を代入して整理すると，

$$\begin{aligned}
I(x,y) &= C \iint d\xi d\eta\, \mathrm{Re}\{[\delta(\xi,\eta) + i\tilde{\phi}(\xi,\eta) + \tilde{P}(\xi,\eta)] \\
&\quad \times R(\xi,\eta,0,0)\, \exp\left[ik(\xi x + \eta y)\right]\} \\
&= C \mathrm{Re}\left\{ \iint dx_0 dy_0\, \mathrm{EPSF}(x_0,y_0) \right\} \\
&\quad - C \mathrm{Im}\left\{ \iint dx_0 dy_0\, \phi(x_0,y_0)\, \mathrm{EPSF}(x-x_0,y-y_0) \right\} \\
&\quad + C \mathrm{Re}\left\{ \iint dx_0 dy_0\, P(x_0,y_0)\, \mathrm{EPSF}(x-x_0,y-y_0) \right\}
\end{aligned} \quad (2.74)$$

と EPSF と物体の位相 ϕ，物体の透過率の変化 P との接合積 (コンボリューション) によって表される．ここでデルタ関数のフーリエ変換表示である式 (1.13)

を用いた．さらに上式 1 行目は定数項なので無視し，他の部分を接合積の記号 $\otimes$ を用いて表すと，ϕ, P が実関数であることに注意して，

$$I(x,y) = -\phi(x,y) \otimes \mathrm{Im}\{\mathrm{EPSF}(x,y)\} + P(x,y) \otimes \mathrm{Re}\{\mathrm{EPSF}(x,y)\} \quad (2.75)$$

となる．ここで，比例定数を省略した．式 (2.74) または式 (2.75) より，位相部分と強度部分とは相補的な再生が行われることがわかる．

式 (2.73) で定義される EPSF は式 (2.34) を用いて，以下のように書き表すことができる．

$$\begin{aligned}\mathrm{EPSF}(x,y) = C \iint d\xi d\eta \iint d\xi_s d\eta_s\, S(\xi_s,\eta_s) G(\xi+\xi_s,\eta+\eta_s) \\ \times G^*(\xi_s,\eta_s) \exp\{ik(\xi x + \eta y)\}\end{aligned} \quad (2.76)$$

この式を用いて式 (2.74) の定数項の部分は

$$\begin{aligned}&\iint dxdy\, \mathrm{Re}\{\mathrm{EPSF}(x,y)\} \\ &= C\,\mathrm{Re}\left\{\iint_{-\infty}^{\infty} dxdy \iint d\xi d\eta \iint d\xi_s d\eta_s \right. \\ &\quad \left. \times S(\xi_s,\eta_s) G(\xi+\xi_s,\eta+\eta_s)\, G^*(\xi_s,\eta_s) \exp[ik(\xi x+\eta y)]\right\} \\ &= C\,\mathrm{Re}\left\{\iint d\xi_s d\eta_s S(\xi_s,\eta_s) G(\xi_s,\eta_s)\, G^*(\xi_s,\eta_s)\right\}\end{aligned} \quad (2.77)$$

と表される．この項は 0 次光が作る背景強度であるので像コントラストがよくなるように適当に小さい方がよい．このため等価光源 S が有限値である場所に対応する瞳関数 G の透過率を小さくすることが，位相差顕微鏡では一般に行われる．

EPSF の意味をより深く理解するために，次式で定義される ASF_s という概念を導入する．

$$\mathrm{ASF}_s(x,y) = \iint d\xi d\eta\, G(\xi,\eta)\, S(\xi,\eta) \exp\{ik(\xi x + \eta y)\} \quad (2.78)$$

これは，結像レンズの瞳関数内で等価光源と重なった部分によって作られる点像振幅分布を意味する．また，瞳関数による点像振幅分布は

2.8 EPSF

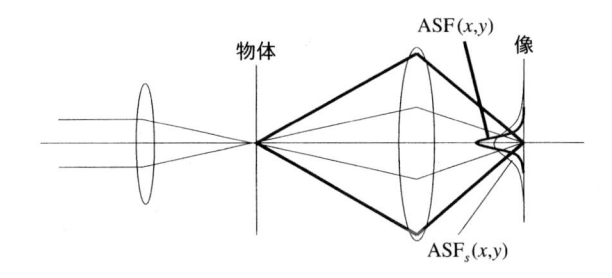

図 2.31 ASF および ASF$_s$ の概念図

$$\mathrm{ASF}(x,y) = \iint d\xi d\eta\, G(\xi,\eta) \exp\{ik(\xi x + \eta y)\} \tag{2.79}$$

となる．式 (2.78) と式 (2.79) を式 (2.76) に代入して整理すると，

$$\mathrm{EPSF}(x,y) = \mathrm{ASF}(x,y)\,\mathrm{ASF}_s^*(x,y) \tag{2.80}$$

と EPSF が，ASF と ASF$_s$ の積として表されることになる．図 2.31 に ASF および ASF$_s$ の概念図を示す．

光源 $S(\xi,\eta)$ が結像レンズの開口 $G(\xi,\eta)$ 内で一様であれば，$\mathrm{ASF}(x,y) = \mathrm{ASF}_s(x,y)$ となる．よって，

$$\mathrm{Im}\{\mathrm{EPSF}(x,y)\} = \mathrm{Im}\{\mathrm{ASF}(x,y)\cdot\mathrm{ASF}^*(x,y)\} = 0 \tag{2.81}$$

となり，式 (2.75) からわかるように (収差があっても，また瞳形状が回転対称でなくても) 位相部分 $\phi(x,y)$ は再生されない．これは光源が結像レンズの瞳より大きいことは近似的にインコヒーレント照明となることに対応している．

2.8.2 位相差顕微鏡の像再生

位相差顕微鏡の再生を EPSF で議論してみる[*1)]．位相差顕微鏡では位相変化 ϕ を観察するので，有効点像分布 EPSF の虚数部分によって像再生が行われることになる．式 (2.75) から考えると，位相差顕微鏡における位相物体の像再生は図 2.32 のように模式的に示される．すなわち，段差の近辺でのみ強度の変

[*1)] 位相差顕微鏡による結像の伝統的な記述はたとえば Born and Wolf[17] を参照．

位相物体位相分布と
EPSFの虚部

$\phi(x)$

$-2\,\mathrm{Im}\{\mathrm{EPSF}(x-x')\}$

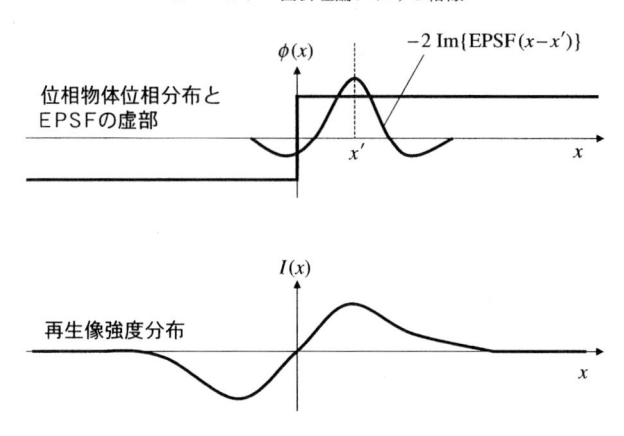

$I(x)$

再生像強度分布

図 2.32 位相差顕微鏡での像再生の概念図

化がみえ，また低周波の利得が得られないことが直感的に予想される．この現象はハロとして知られているが，通常の位相差顕微鏡の結像理論ではうまく説明できない．

EPSF の拡がりよりは十分に大きくかつ位相の一様な位相物体を考えてみる．EPSF を表す式 (2.76) の虚部を全空間で積分してみると

$$\iint dxdy\,\mathrm{Im}\{\mathrm{EPSF}(x,y)\}$$
$$= C\,\mathrm{Im}\left\{\iint_{-\infty}^{\infty}dxdy\iint d\xi d\eta\iint d\xi_s d\eta_s\right.$$
$$\left.\times S(\xi_s,\eta_s)G(\xi+\xi_s,\eta+\eta_s)G^*(\xi_s,\eta_s)\exp\left[ik(\xi x+\eta y)\right]\right\} \quad (2.82)$$
$$= C\,\mathrm{Im}\left\{\iint d\xi_s d\eta_s\,S(\xi_s,\eta_s)G(\xi_s,\eta_s)G^*(\xi_s,\eta_s)\right\} = 0$$

となる．なぜなら上式の被積分関数は実関数だからである．よって，式 (2.75) より，このような EPSF より十分に大きな位相物体ではまったく信号が発生せず見えないことがわかる．

具体的な光源形状や瞳関数を考えて位相差顕微鏡を考察してみる．図 2.33 に示すような対物瞳に位相リングがある位相差顕微鏡を考える．領域 B は等価光源と一致し，$\lambda/4$ 位相板が置かれる[*1]．領域 A では $G(\xi,\eta)=1, S(\xi,\eta)=0$，

[*1] 式 (2.77) で述べたように，通常の位相差顕微鏡ではコントラストを向上するために，領域 B の

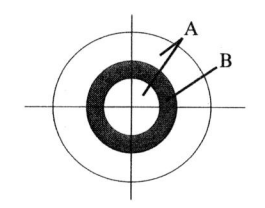

図 2.33 位相差顕微鏡対物レンズの瞳と位相リング

領域 B では $G(\xi,\eta) = \pm i, S(\xi,\eta) = 1$ とおける．

瞳関数 $G(\xi,\eta)$ と等価光源 $S(\xi,\eta)$ が回転対称なので，

$$\begin{aligned} \text{ASF}^*(x,y) &= \iint_{-\infty}^{\infty} d\xi d\eta\, G^*(\xi,\eta) \exp\{-ik(\xi x + \eta y)\} \\ &= \iint_{-\infty}^{\infty} d\xi d\eta\, G(-\xi,-\eta) \exp\{-ik(\xi x + \eta y)\} \\ &= \iint_{-\infty}^{\infty} d\xi d\eta\, G(\xi,\eta) \exp\{ik(\xi x + \eta y)\} \end{aligned} \quad (2.83)$$

となり，$\text{ASF}(x,y)$ は実関数である．同様に $\text{ASF}_S(x,y)$ は純虚数となる．

式 (2.75) および式 (2.80) より，

$$I(x,y) = -\phi(x,y) \otimes \left\{\text{ASF}(x,y) \cdot \text{Im}[\text{ASF}_S^*(x,y)]\right\} \quad (2.84)$$

を得る．領域 B における $G(\xi,\eta) = \pm i$ の符号に応じて $\text{ASF}_s^*(x,y)$ の符号が変わるので，段差部分の明暗の見え方が逆転する．

2.9　走査型結像光学系

走査型顕微鏡，光ディスクピックアップ光学系，さまざまな検査光学系などに走査型結像光学系 (誤解の生じない限り走査型光学系と略す) が使われている．走査型光学系は大きく 2 つに分けて考えられる．第 1 のタイプは図 2.34 の上図に示すように絞りによって適当な形に切り取られた平行光束を対物レンズ (あとでわかるように，通常の結像光学系の対物レンズの役割を果たすので，対

透過率を下げて 0 次光の透過率を抑制するが，ここでは簡単のためこのような抑制は考えないことにする．

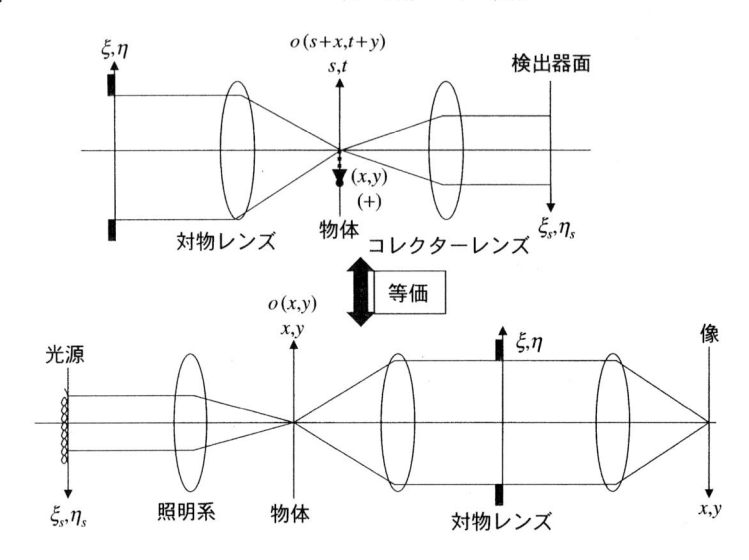

図 2.34 タイプ I
通常の部分的コヒーレント光学系と完全に等価である．

物レンズと呼ぶ) によって物体上に集光し，その回折光をコレクターレンズによって有限の大きさの検出器で受けるものである．これをタイプ I と呼ぶことにする．基本的には，光源形状を決める位置と物体は対物レンズによってフーリエ面の関係になっており，物体と検出器側の絞りの関係はコレクターレンズによって互いにフーリエ面の関係になっている．検出器は絞りを通過した光をすべて取り込めるようになっていればよいので，絞りの直後であっても，物体と共役の位置であっても十分な大きさがあればよい[*1]．平面画像を取得するには，物体を 2 次元的に移動 (走査) して各位置における信号を受けるか，または集光位置を物体面上を 2 次元的に走査して同様に信号を受けることになる．もちろん 1 次元は物体走査，もう 1 次元は集光位置走査で行うこともありえる．後で示すようにこのタイプの走査型光学系は通常の結像光学系と完全に等価である[*2]．

[*1] これは，ケーラー照明と臨界照明が等価なことに対応している．
[*2] 通常光学系の配置において像面に対応するところにピンホールを，その直後に検出器を置き，物体またはピンホールを走査するものも考えられるが，これは通常光学系と明らかに同じである．またピンホールが大きくなったときにはデジタルカメラでピクセルサイズが有限なために解像力が低下するのと同じである．それゆえ，本書ではこのタイプについては言及しない．

2.9 走査型結像光学系

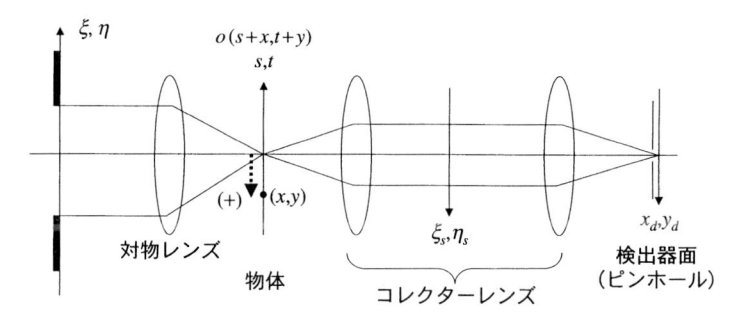

図 2.35 タイプ II

第 2 のタイプは図 2.35 に示すように,受光面に物体と共役な位置にピンホールが置かれているものである.これをタイプ II と呼ぶことにする.このタイプは一種の超解像性をもつ.実際には受光のピンホールを無限に小さくはできないので,超解像性は弱くなるが,後で述べるように,フレアーを低減でき,また深度方向の分解能が向上する.

2.9.1 タイプ I

図 2.34 に示すタイプ I の光学系を議論する.簡単のため,検出器がコレクターレンズの後側焦点面にあるとする (物体と検出器がフーリエ変換の関係).平行光束の形状および対物レンズの収差を瞳関数 $G(\xi, \eta)$ で表し,検出側の絞り形状および感度を $S(\xi_s, \eta_s)$ で表す (後でわかるように,通常の部分コヒーレント光学系の光源強度分布に対応するのでこのような記号を用いる).物体の振幅透過率は物体の走査位置 (移動量) を x, y として $o(s+x, t+y)$ とおける[*1].この場合の検出器の信号を求める.対物レンズによって物体面上に作られる点像振幅分布 ASF は,

$$\text{ASF}(s,t) = C \iint_{-\infty}^{\infty} d\xi d\eta\, G(\xi, \eta) \exp\{-ik(\xi s + \eta t)\} \tag{2.85}$$

となる.また,物体を透過した直後の光の振幅分布 $U(x, y, s, t)$ は

[*1] 物体の基準 (元) の位置における点 (x, y) を光軸上にもってくることを意味している.あるいは基準 (元) の位置における原点 $(0, 0)$ を点 $(-x, -y)$ にもってくることを意味している.このように決めると,タイプ I の式 (2.90) と通常の部分的コヒーレントの式 (2.33) が符号を含めて一致する.

$$U(x,y,s,t) = C\,o(s+x,t+y)\cdot \mathrm{ASF}(s,t)$$
$$= C\,o(s+x,t+y)\cdot \iint_{-\infty}^{\infty} d\xi d\eta\, G(\xi,\eta)\exp\{-ik(\xi s+\eta t)\}$$
$$\tag{2.86}$$

と書ける．このフーリエ変換 $\tilde{U}(\xi_s,\eta_s)$ が検出器面上の振幅分布を与え，

$$\tilde{U}(x,y,\xi_s,\eta_s)$$
$$= C\iint_{-\infty}^{\infty} dsdt\, U(x,y,s,t)\exp\{ik(\xi_s s+\eta_s t)\}$$
$$= C\iint_{-\infty}^{\infty} dsdt\, o(s+x,t+y)\iint_{-\infty}^{\infty} d\xi d\eta\, G(\xi,\eta)$$
$$\times \exp\{-ik(\xi s+\eta t)\}\exp\{ik(\xi_s s+\eta_s t)\}$$
$$= C\iint_{-\infty}^{\infty} d\xi d\eta \iint_{-\infty}^{\infty} ds'dt'\, o(s',t')G(\xi,\eta)$$
$$\times \exp\{-ik[(\xi-\xi_s)(s'-x)+(\eta-\eta_s)(t'-y)]\}$$
$$= C\iint_{-\infty}^{\infty} d\xi d\eta\, G(\xi,\eta)\tilde{o}(\xi-\xi_s,\eta-\eta_s)\exp\{ik[(\xi-\xi_s)x+(\eta-\eta_s)y]\}$$
$$\tag{2.87}$$

となる．ここで，タイプ I では検出器面上の全強度和を観測するので，コレクターレンズの波面収差は影響せず考慮していない．また，

$$\tilde{o}(\xi,\eta) = C\iint_{-\infty}^{\infty} dxdy\, o(x,y)\exp\{-ik(\xi x+\eta y)\} \tag{2.88}$$

である．信号の出力 $I(x,y)$ は検出器面上の強度 $|\tilde{U}(x,y,\xi_s,\eta_s)|^2$ と感度 $S(\xi_s,\eta_s)$ の積を積分して，

$$I(x,y) = C\iint_{-\infty}^{\infty} d\xi_s d\eta_s\, S(\xi_s,\eta_s)|\tilde{U}(x,y,\xi_s,\eta_s)|^2 \tag{2.89}$$

で与えられる．式 (2.87) を代入して，

$$
\begin{aligned}
I(x,y) = &\, C \iint_{-\infty}^{\infty} d\xi_s d\eta_s\, S(\xi_s, \eta_s) \\
&\times \iiiint_{-\infty}^{\infty} d\xi_1 d\eta_1 d\xi_2 d\eta_2\, \tilde{o}(\xi_1 - \xi_s, \eta_1 - \eta_s) \tilde{o}^*(\xi_2 - \xi_s, \eta_2 - \eta_s) \\
&\times G(\xi_1, \eta_1) G^*(\xi_2, \eta_2) \exp\{ik[(\xi_1 - \xi_2)x + (\eta_1 - \eta_2)y]\} \\
= &\, C \iint_{-\infty}^{\infty} d\xi_s d\eta_s\, S(\xi_s, \eta_s) \\
&\times \iiiint_{-\infty}^{\infty} d\xi_1 d\eta_1 d\xi_2 d\eta_2\, \tilde{o}(\xi_1, \eta_1) \tilde{o}^*(\xi_2, \eta_2) \\
&\times G(\xi_1 + \xi_s, \eta_1 + \eta_s) G^*(\xi_2 + \xi_s, \eta_2 + \eta_s) \\
&\times \exp\{ik[(\xi_1 - \xi_2)x + (\eta_1 - \eta_2)y]\}
\end{aligned}
\tag{2.90}
$$

となる．これは通常の部分コヒーレント光学系の像強度分布を表す式 (2.33) に一致している．それゆえ，(コヒーレント) 光束を物体面に集光するレンズを対物レンズと呼んだのである．

相反定理を用いて以下のように等価性を説明できる．図 2.36 に示す通常の光学系において，等価光源上の 1 点 A からの照明光が像面の光軸上 O に作る強度は，O からの光が A に作る強度分布に等しい．この O からの光による A 点の強度というのは，結像光学系の絞りに像側 (右側) から平行光束が入射したときに A 点に作られる強度と同じである．通常光学系の O 点における強度は，光源上のすべての点からの照明による強度の (インコヒーレントな) 和である．それゆえ，像側から絞りに平行光束が入射したときに光源上の各点に作られる強度の和が O 点に作られる強度に一致する．この強度和は走査型光学系が検出する信号そのものである．

タイプ I の走査型光学系は通常の結像光学系と同じであるから，物体上の他の物点から来る光の影響，ピントのずれた物体内部からくる光の影響も同じである．ピントがずれたところからの信号は瞳関数 G にデフォーカス収差を考えればよい．走査型光学系になったからといって，デフォーカス像の重なりによる信号の劣化が抑制されるということはない．ただ，物体面上の 1 点だけを照明すればよいので，視野絞りを物体近傍に置くことが可能であり，通常顕微

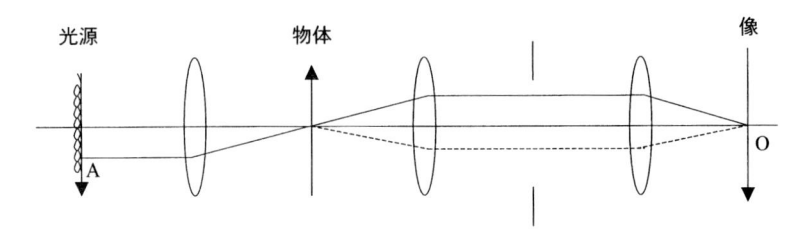

図 2.36 相反定理による説明

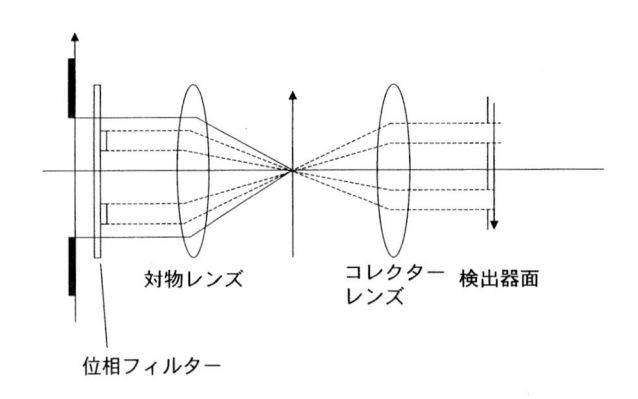

図 2.37 走査型位相差顕微鏡

鏡でいう狭視野照明の状態になり,レンズや鏡筒での散乱光は減る.さらに光学系の構成が簡単なためレンズ鏡筒などからのフレアー防止もしやすくなる.

このように,通常の部分コヒーレント光学系との等価性がわかれば,タイプ I 走査型光学系における位相差顕微鏡などの構成は容易に得られる.図 2.37 に走査型位相差顕微鏡を示す.

2.9.2 タイプ II

図 2.35 に示したタイプ II について考察する.コレクターレンズの瞳関数を $G_s(\xi_s, \eta_s)$ とすると,検出器面上の振幅 $U_d(x_d, y_d, x, y)$ は式 (2.87) で与えられる $\tilde{U}(x, y, \xi_s, \eta_s)$ のフーリエ変換で表され,

$$U_d(x_d, y_d, x, y)$$
$$= C \iint_{-\infty}^{\infty} d\xi_s d\eta_s \, \tilde{U}(x, y, \xi_s, \eta_s) G_s(\xi_s, \eta_s) \exp\{-ik(\xi_s x_d + \eta_s y_d)\}$$
$$= C \iint_{-\infty}^{\infty} d\xi_s d\eta_s \iint_{-\infty}^{\infty} d\xi d\eta \, G(\xi, \eta) \tilde{o}(\xi - \xi_s, \eta - \eta_s) G_s(\xi_s, \eta_s)$$
$$\times \exp\{ik[(\xi - \xi_s)x + (\eta - \eta_s)y]\} \exp\{-ik(\xi_s x_d + \eta_s y_d)\}$$
$$= C \iint_{-\infty}^{\infty} d\xi_s d\eta_s \iint_{-\infty}^{\infty} d\xi d\eta \, G(\xi + \xi_s, \eta + \eta_s) \tilde{o}(\xi, \eta) G_s(\xi_s, \eta_s)$$
$$\times \exp\{ik(\xi x + \eta y)\} \exp\{-ik(\xi_s x_d + \eta_s y_d)\}$$
$$(2.91)$$

となる．物体振幅透過率の空間周波数成分，対物レンズ瞳関数およびコレクターレンズ瞳関数によって検出器面上の振幅が表されている．

点検出器が軸上にあるとして，ここでの振幅は

$$U_d(0, 0, x, y) = C \iint_{-\infty}^{\infty} d\xi d\eta \iint_{-\infty}^{\infty} d\xi_s d\eta_s$$
$$\times G(\xi + \xi_s, \eta + \eta_s) G_s(\xi_s, \eta_s) \tilde{o}(\xi, \eta) \exp\{ik(\xi x + \eta y)\}$$
$$(2.92)$$

となる．この式をフーリエ変換すると

$$\tilde{U}_d(0, 0, \xi, \eta) = \iint_{-\infty}^{\infty} dx dy \, U_d(0, 0, x, y) \exp\{-ik(\xi x + \eta y)\}$$
$$= C \left[\iint_{-\infty}^{\infty} d\xi_s d\eta_s \, G(\xi + \xi_s, \eta + \eta_s) G_s(\xi_s, \eta_s) \right] \cdot \tilde{o}(\xi, \eta)$$
$$(2.93)$$

と書ける．右辺の [ ] の中が線形フィルターとしての伝達率を示している．対物レンズの開口数を a，コレクターレンズの開口数を a_s とする．$G(\xi, \eta)$ で決まる対物レンズのカットオフ周波数は $\nu_c = a/\lambda$，$G_s(\xi_s, \eta_s)$ で決まるコレクターレンズのカットオフ周波数は $\nu_{sc} = a_s/\lambda$ であり，全体のカットオフ周波数は $\nu_c + \nu_{sc} = a/\lambda + a_s/\lambda$ となって，通常の結像光学系に比べて物体振幅透過率の伝達関数が高解像力になることがわかる．図 2.38 にこの様子を模式的に書い

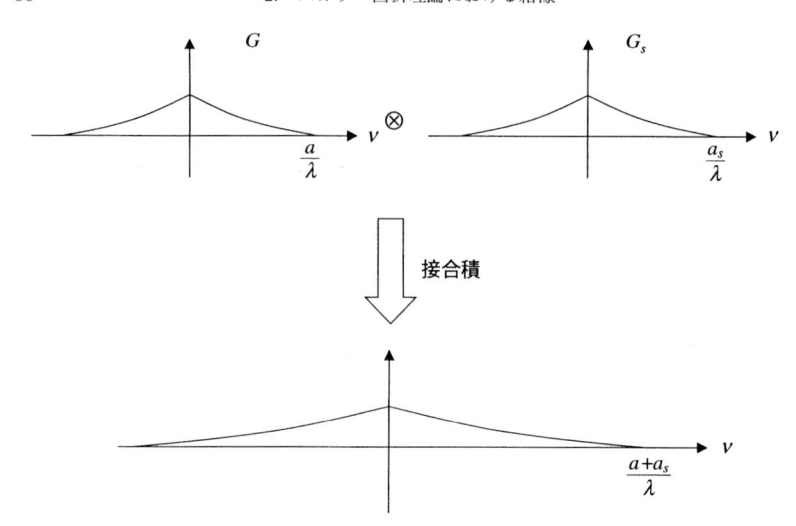

図 2.38 コンフォーカルの物体振幅透過率の伝達
対物レンズ瞳関数とコレクターレンズ瞳関数の接合積となるために，物体振幅透過率の高空間周波数まで伝達する．

た．通常の光学系におけるコヒーレント照明では，斜め照明しても空間周波数の正または負の 1 方向のみ伝達関数の帯域が延びるだけであって，帯域幅は拡大しない．これに対し，コンフォーカルでは振幅透過率の帯域幅が拡大される．

なお，式 (2.85) に示した対物レンズの点像振幅分布 ASF と，式 (2.88) と次式で表されるコレクターレンズの検出器面に作る点像振幅分布 ASF_s

$$\mathrm{ASF}_s(x_d, y_d) = C \iint_{-\infty}^{\infty} d\xi_s d\eta_s \, G_s(\xi_s, \eta_s) \exp\{-ik(\xi_s x_d + \eta_s y_d)\} \quad (2.94)$$

を用いると，式 (2.91) は次のように書き表せる．

$$\begin{aligned}
&U_d(x_d, y_d, x, y) \\
&= C \iint_{-\infty}^{\infty} d\xi_s d\eta_s \iint_{-\infty}^{\infty} d\xi d\eta \, \exp\{ik(\xi x + \eta y)\} \exp\{-ik(\xi_s x_d + \eta_s y_d)\} \\
&\quad \times \iint_{-\infty}^{\infty} ds dt \, \mathrm{ASF}(s, t) \exp\{ik[(\xi + \xi_s)s + (\eta + \eta_s)t]\} \\
&\quad \times \iint_{-\infty}^{\infty} dx' dy' \, o(x', y') \exp\{-ik(\xi x' + \eta y')\}
\end{aligned}$$

2.9 走査型結像光学系

$$\begin{aligned}
&\times \iint_{-\infty}^{\infty} dx'_d dy'_d \, \mathrm{ASF}_s(x_{d'}, y'_d) \exp\{ik(\xi_s x'_d + \eta_s y'_d)\} \\
&= C \iint_{-\infty}^{\infty} ds dt \, \mathrm{ASF}(s,t) \iint_{-\infty}^{\infty} dx' dy' \, o(x', y') \iint_{-\infty}^{\infty} dx'_d dy'_d \, \mathrm{ASF}_s(x_{d'}, y'_d) \\
&\quad \times \delta(x + s - x')\delta(y + t - y')\delta(-x_d + s + x'_d)\delta(-y_d + t + y'_d) \\
&= C \iint_{-\infty}^{\infty} ds dt \, \mathrm{ASF}(s,t) \, o(s+x, t+y) \, \mathrm{ASF}_s(x_d - s, y_d - t)
\end{aligned}$$

(2.95)

ここで式 (1.13) の関係を用いた．物体振幅透過率，対物レンズの点像振幅分布，コレクターレンズの点像振幅分布によって，検出器面上の振幅が表されている．

検出器が点 (デルタ関数) であるときには，式 (2.93) より通常光学系よりも高い物体振幅透過率の空間周波数が透過することがわかったが，実際に測定される量は強度である．検出器の感度 $D(x_d, y_d)$ を考慮して，検出される強度 $I_d(x,y)$ を求めると，式 (2.91) を用いて，

$$\begin{aligned}
I_d(x,y) &= C \iint_{-\infty}^{\infty} dx_d dy_d \, |U_d(x_d, y_d, x, y)|^2 \cdot D(x_d, y_d) \\
&= C \iiiint_{-\infty}^{\infty} d\xi_1 d\eta_1 d\xi_2 d\eta_2 \, \tilde{o}(\xi_1, \eta_1) \tilde{o}^*(\xi_2, \eta_2) \\
&\quad \times \exp\{ik[(\xi_1 - \xi_2)x + (\eta_1 - \eta_2)y]\} \\
&\quad \times \iiiint_{-\infty}^{\infty} d\xi_{s1} d\eta_{s1} d\xi_{s2} d\eta_{s2} \iint_{-\infty}^{\infty} dx_d dy_d \, D(x_d, y_d) \\
&\quad \times \exp\{-ik[(\xi_{s1} - \xi_{s2})x_d + (\eta_{s1} - \eta_{s2})y_d]\} \\
&\quad \times G(\xi_1 + \xi_{s1}, \eta_1 + \eta_{s1}) G^*(\xi_2 + \xi_{s2}, \eta_2 + \eta_{s2}) G_s(\xi_{s1}, \eta_{s1}) G_s^*(\xi_{s2}, \eta_{s2}) \\
&= C \iiiint_{-\infty}^{\infty} d\xi_1 d\eta_1 d\xi_2 d\eta_2 \, \tilde{o}(\xi_1, \eta_1) \tilde{o}^*(\xi_2, \eta_2) R(\xi_1, \eta_1, \xi_2, \eta_2) \\
&\quad \times \exp\{ik[(\xi_1 - \xi_2)x + (\eta_1 - \eta_2)y]\}
\end{aligned}$$

(2.96)

となる．ここで，次式で表されるタイプ II 走査型光学系の TCC(Transmission Cross Coefficient, 相互透過係数), $R(\xi_1, \eta_1, \xi_2, \eta_2)$ を導入した．

$$R(\xi_1,\eta_1,\xi_2,\eta_2) = \iiiint_{-\infty}^{\infty} d\xi_{s1} d\eta_{s1} d\xi_{s2} d\eta_{s2} \iint_{-\infty}^{\infty} dx_d dy_d \, D(x_d,y_d)$$
$$\times \exp\{-ik[(\xi_{s1}-\xi_{s2})x_d + (\eta_{s1}-\eta_{s2})y_d]\}$$
$$\times G(\xi_1+\xi_{s1},\eta_1+\eta_{s1})G^*(\xi_2+\xi_{s2},\eta_2+\eta_{s2})$$
$$\times G_s(\xi_{s1},\eta_{s1})G_s^*(\xi_{s2},\eta_{s2})$$
(2.97)

$D(x_d,y_d)$ が点像分布関数 ASF_s に比べて十分に大きい場合には,検出器は無限に拡がっているとみなしてよい.デルタ関数の性質である式 (1.13) を用いると,

$$R(\xi_1,\eta_1,\xi_2,\eta_2) = \iint_{-\infty}^{\infty} d\xi_s d\eta_s \, G(\xi_1+\xi_s,\eta_1+\eta_s)$$
$$\times G^*(\xi_2+\xi_s,\eta_2+\eta_s)|G_s(\xi_s,\eta_s)|^2$$
(2.98)

となる.$|G_s(\xi_s,\eta_s)|^2 = S(\xi_s,\eta_s)$ とおけば,タイプ I あるいは通常の部分コヒーレント結像光学系と等価であることがわかる.

検出器がデルタ関数 $D(x_d,y_d) = \delta(x_d,y_d)$ のときには,

$$R(\xi_1,\eta_1,\xi_2,\eta_2) = \iint_{-\infty}^{\infty} d\xi_{s1} d\eta_{s1} \, G(\xi_1+\xi_{s1},\eta_1+\eta_{s1})G_s(\xi_{s1},\eta_{s1})$$
$$\times \iint_{-\infty}^{\infty} d\xi_{s2} d\eta_{s2} \, G^*(\xi_2+\xi_{s2},\eta_2+\eta_{s2})G_s^*(\xi_{s2},\eta_{s2})$$
(2.99)

となる.式 (2.96) および式 (2.99) より,物体空間周波数 $\xi_1 = \lambda/a + \lambda/a_s$ および $\xi_2 = -\lambda/a - \lambda/a_s$ の2つの回折光間の干渉が生じ,これらの差の空間周波数の強度信号が再生されるということがわかる.簡単のために $a = a_s$ とおけば,$\lambda/(4a)$ の空間変調成分の再生が行われ,超解像となっている.しかしながら,通常の物体の基本構造を知るためには 0 次光と 1 次回折光間の干渉信号が得られなければならない.その意味では超解像にはなっていない.このときの回折光の様子を図 2.39 に示す.対物レンズの上側 (下側) からの光線 (平面波) は物体で回折されてコレクターレンズの上側 (下側) を通って検出器に向かう.

回折光間の干渉で見られる超解像というのは,たとえば位相シフトマスク (5.2.2 項参照) を観察した場合である.今簡単のため,対物レンズの開口数と

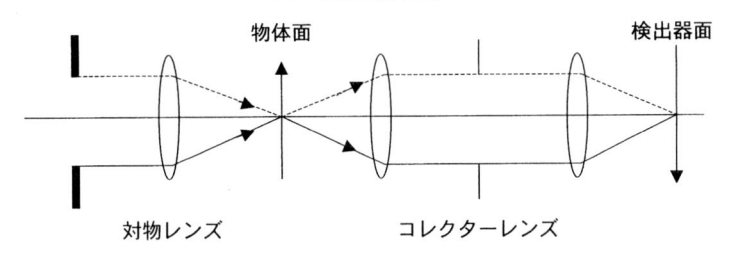

図 2.39 コンフォーカルで,回折光間の干渉像による超解像ができる様子

コレクターレンズの開口数を同じにする.図 2.40 に示すように,位相シフトマスクにおいて位相変化が同じである開口部間の距離 P が $P = \lambda/(2a)$ であるとする.このときに対物レンズの瞳の下端から来て,コレクターレンズの下端に行く回折光と上端から来て上端に行く回折光は,物体 (位相シフトマスク) が $P/2$ 移動するとそれぞれ $\pm\pi$ および $\mp\pi$ (複号同順) の位相の跳びを生じる.それゆえ,検出器面上の強度分布は移動の前後で変わらない.すなわち物体移動 $P/2 = \lambda/(4a)$ の周期で強度変化する.これを超解像と呼んでもよいかもしれないが,観察光学系では物体と像の忠実性が要求されるべきで,物体の位相情報が欠落している点で不十分なものである.

完全なコンフォーカル構成を用いることは,光学系調整が困難であり,実際に用いられる受光のピンホールはある程度の大きさをもつことになる.この場合でも,ピントのずれた物体上からの光は検出器には入らないようになり,フ

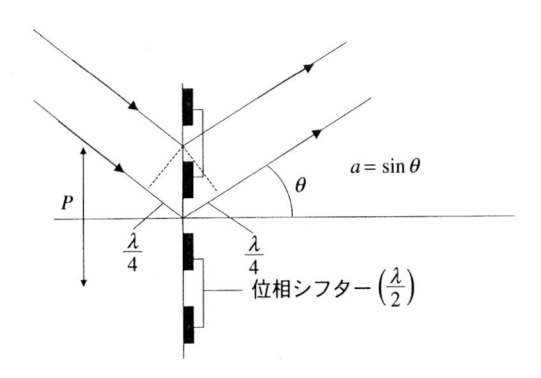

図 2.40 位相シフトマスク測定のときの入射光と回折光

レアーが低減される．また，ピントの異なる複数の画像から焦点深度が深くかつ深度情報をもった像を得ることができる．

蛍光を用いたコンフォーカル走査顕微鏡では，実質的な超解像が得られることを，5.3 節で述べる．

2.10　像のサンプリング

像を CCD などのイメージセンサで取得する場合には，不連続的なサンプリングをすることになる．このために，像の周波数特性で考えたときに，折り返しひずみとか aliasing と呼ばれる現象が生じる．さらに，画素サイズは有限であるために，像質の低下を引き起こす．

図 2.41 には大きさ P の画素がピッチ P(周波数 $\nu = 1/P$) で並んでいるところに，ピッチ $4P/3$ ($\nu = 3/(4P)$) の像が作られている．このときの出力が周期 $4P$($\nu = 1/(4P)$) となることがわかる．このように，高周波数成分の像が低周波数の像となって出力されてしまうことを折り返しひずみ (aliasing) という．また，図 2.42 には，ピッチ $2P$(周波数 $\nu = 1/(2P)$ はナイキスト周波数 ν_n と呼ばれる) の像が作られている．このときの出力は像と画素並びの位置関係によって周期 $2P$ となったり，まったく変調されずに DC 信号だけになったりする[1]．

光学系によって物体 $I_0(x)$ の像 $I(x)$ がセンサ上に作られる．光学系の点像分

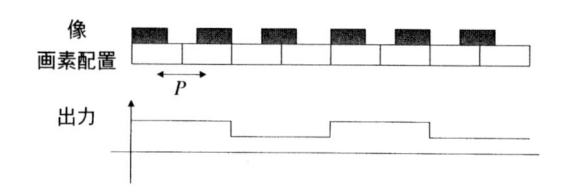

図 2.41　折り返しひずみの例
元の画像のピッチと出力画像のピッチが異なる．

---

[1] これは，cos 信号と sin 信号とで出力特性が異なることによる．指数関数表示したときに，cos 信号は正の正周波数成分と正の負周波数成分の和に分解できるので，折り返しひずみがあったときにそれらが足し合わされる．一方，sin 信号は正の正周波数成分と負の負周波数成分の差に分解できるので，折り返しひずみがあったときにそれらが打ち消される．

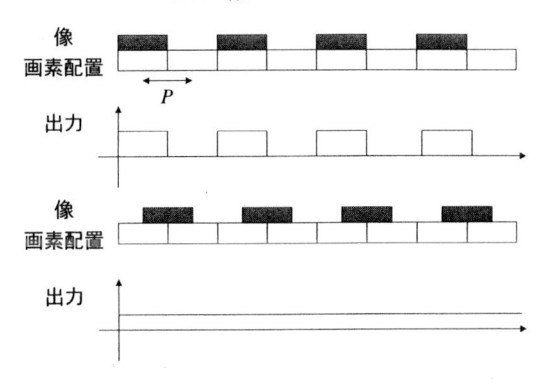

図 2.42 折り返しひずみの例

布関数を PSF(x)，ピッチ P の画素の位置 (配列) を表す関数を $\mathrm{comb}_P(x)$，1つの画素の大きさ (感度分布) を表す関数を $D(x)$ とすると，出力 $I'(x)$ は次式で表される．

$$I'(x) = \{[I_0(x) \otimes \mathrm{PSF}(x)] \otimes D(x)\} \cdot \mathrm{comb}_P(x) \tag{2.100}$$

フーリエ変換の合成積の定理を用いると

$$\tilde{I}'(\nu) = \{[\tilde{I}_0(\nu) \cdot \mathrm{OTF}(\nu)] \cdot \tilde{D}(\nu)\} \otimes \widetilde{\mathrm{comb}_P}(\nu) \tag{2.101}$$

となる．ここで関数についている～はフーリエ変換された関数を意味する (comb 関数のフーリエ変換については付録 F を参照)．図 2.43 にはこれらの各関数の周波数特性の関係を示している．上から，物体の周波数特性，光学系の OTF，検出器の画素サイズによる周波数特性，検出器が離散的に並んでいることによる周波数特性である．式 (2.101) からわかるように，上 3 つの積に 4 番目の項をコンボリューションしたものが出力信号であり，それが一番下に示されている．ここで，4 番目の項 $\widetilde{\mathrm{comb}_P}(\nu)$ は次式で示されるように周期 $1/P$ の櫛形関数である．

$$\widetilde{\mathrm{comb}_P}(\nu) = \mathrm{comb}_{1/P}(\nu) \tag{2.102}$$

このために，図の一番下に示したように，実線で示した本来必要とする周波数特性だけでなく，点線や鎖線で示した，周波数軸上に等間隔にずれた擬似周波

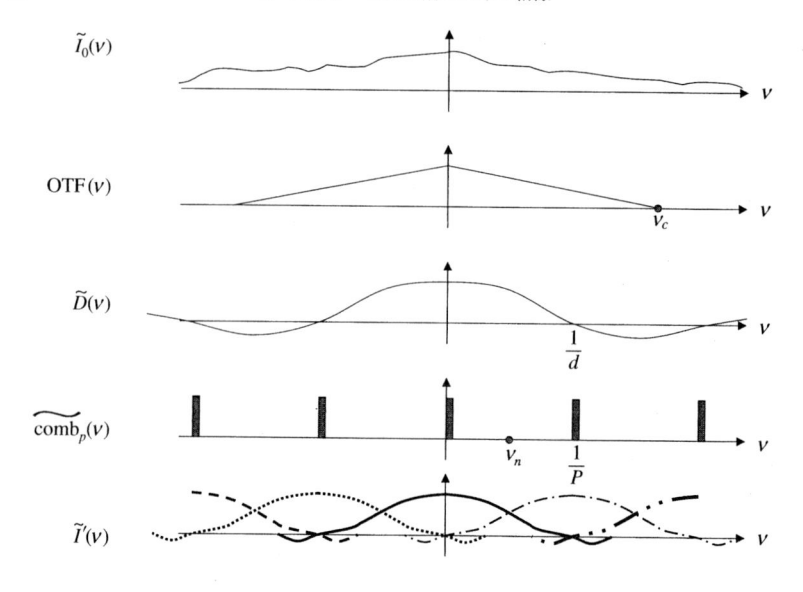

図 2.43 各周波数特性の関係

数特性 (擬似信号) が無数に並ぶことになる．折り返しひずみは，これらの擬似信号が本来の周波数特性と重なることである．

2番目に示された光学系の OTF はカットオフ周波数 ν_C をもつ．よって，折り返しひずみを解消する1つの方法は，光学系のカットオフ周波数 (遮断周波数) ν_C が画素配列ピッチで決まるナイキスト周波数 $\nu_n = 1/(2P)$ よりも小さくすることである[*1]．

画素サイズ d による周波数特性 $\tilde{D}(\nu)$ は

$$\tilde{D}(\nu) = \frac{1}{d}\int_{-2/d}^{2/d} \exp(i2\pi\nu x)dx = \frac{\sin(\pi\nu d)}{\pi\nu d} = \mathrm{sinc}(\pi\nu d) \qquad (2.103)$$

と sinc 関数で表され $\nu = 1/d$ で 0 となる．図 2.43 の 3 番目の画素サイズによる項では，単純に画素サイズ d が画素ピッチ P と同じであるとしている．画

[*1] 目の光学系はこの観点からみて大変興味深い．最も分解能がよくなるといわれている瞳径として 3 mm を考える．眼球レンズの焦点距離は約 17 mm (主点から焦点までの実距離は，網膜の前にあるガラス体の屈折率が約 $n=1.3$ であるので，約 23 mm) であり，カットオフ周波数は $\nu_C = 2a/\lambda = 3/17/0.0005 = 340/\mathrm{mm}$ となる．目の視細胞の大きさは $1\,\mu\mathrm{m}$ であり，この大きさで稠密に並んでいるとするとサンプリング周波数は 1000/mm であり，眼球光学系カットオフ周波数の 2 倍より大きく，折り返しひずみが生じないようになっている．

素サイズ d は画素ピッチ P を超えられないので*1)，

$$\nu = \frac{1}{d} \geq \frac{1}{P} \geq \frac{1}{2P} = \nu_n \tag{2.104}$$

となって，隣に作られた擬似周波数特性が中央の本来の周波数特性に重なってしまう．これを解消するためには，たとえば画素の出力として，隣り合う 2 つの画素の和とすることが考えられる．$d = 2P$ ならば，

$$\tilde{D}_2(\nu) = \frac{\sin(2\pi\nu P)}{2\pi\nu P} \tag{2.105}$$

となり，隣の擬似信号をある程度低減できる．

また，実際のデジタルカメラでは，水晶の複屈折を利用して 2 重像として，像をぼかすことで折り返しひずみを解消している．2 重像の効果は d_q 離れた 2 つのデルタ関数の和のフーリエ変換である $\cos(\pi\nu d_q)$ として周波数特性に作用する．これは周波数 $\nu = 1/(2d_q)$ のところで 0 となるので，この付近での OTF を低減する効果がある*2)．

このように折り返しひずみを低減することはできるが，擬似信号そのものは残っており，表示の際に擬似信号が現れてくる可能性がある．受光素子の各画素と表示素子の各画素が 1 対 1 対応しているとする．表示素子の密度が細かくて，眼の分解能で決まるカットオフ周波数よりも，表示素子のナイキスト周波数が高ければ，高周波の擬似信号は眼のカットオフ周波数よりも明らかに高周波であり，擬似信号は消えてしまい眼には見えない．表示素子の密度が粗い場合には擬似信号が現れてしまうが，このときはそもそも表示素子の画素そのものが見えることになる．

文　献

1) 渋谷眞人：光学, 13(1984), 40–48.
2) M. Shibuya：*Appl. Opt.*, 31-13(1992), 2206–2210.

---

*1) スタガー配列 1 次元センサでは，2 列を用いて画素 1 つおきに列を交互に変えるので，画素の並び方向の大きさを 2 倍近く大きくできる．
*2) 式 (2.103) から式 (2.105) への変化も同じであり，$\sin(\pi\nu d)\cos(\pi\nu d) = (1/2)\sin(2\pi\nu d)$ となることに結びつく．

3) R.P. Feynman(富山小太郎訳)：ファインマン物理学, 第 2 巻, 岩波書店 (1968), 17–5 節, 脚注.
4) H.H. Hopkins：*J.J.A.P.*, 4, supplement I(1965), 31–35.
5) 渋谷眞人：光学, 21(1992), 822–830.
6) J.W. Goodman(武田光夫訳)：統計光学, 丸善 (1992), 5.2.4 項.
7) M. Born and E. Wolf(草川　徹・横田英嗣訳)：光学の原理, 東海大学出版会 (1977), 10.5.3 項.
8) 佐柳和男：応用物理, 25(1956), 193–198.
9) 大木裕史：光学, 21(1992), 489–497.
10) J.W. Goodman(武田光夫訳)：統計光学, 丸善 (1992), 7.2.2 項.
11) M. Born and E. Wolf(草川　徹・横田英嗣訳)：光学の原理, 東海大学出版会 (1977), 10.5.2 項.
12) T. Namikawa and M. Shibuya：*Optik*, 96–2(1994), 93–99.
13) 鶴田匡夫：第 3 光の鉛筆, 新技術コミュニケーションズ (1993), 13 章.
14) 大木裕史：光学, 20(1991), 590.
15) K. Saito *et al.*：*J.J.A.P.*, 39(2000), 693.
16) M. Shibuya *et al.*：*Optical Review*, 12(2005), 105–108.
17) M. Born and E. Wolf(草川　徹・横田英嗣訳)：光学の原理, 東海大学出版会 (1977), 8.6.3 項.
18) R.P. Feynman(富山小太郎訳)：ファインマン物理学, 第 2 巻, 岩波書店 (1968), 7–4 節.

3

収 差 の 考 慮

　光学結像理論を支配するのは光の回折であるが，実際の結像光学機器の設計や使用にあたっては収差の影響を考えることが不可欠となる．本章では結像の式中で用いる波面収差について 3.1 節でその概念，3.2 節で計算法を説明し，3.3 節では波面収差の関数表現として最も一般的に用いられている Zernike 多項式について解説する．波面収差計測の代表的な方法についても 3.4 節で簡単に紹介する．最後に 3.5 節では偏光特性を考慮した結像について述べる．物体や光学系の偏光特性は収差とは意味合いが異なるが，光学結像を劣化させる要因になる場合があるので，この章に含めた．

3.1　波　面　収　差

　ここでは 2.2 節で述べた瞳関数の定義式 (2.15) に含まれる波面収差について詳細に説明する．図 3.1 は波面収差の概念図である．物体面上の 1 点 P を出た光は，P から離れた後，図で示すように球面波となって媒質中を伝搬する．W_o はこの球面波の等位相面である．これを一般に波面と呼ぶ．媒質の屈折率が一様なら，波面は伝搬中，完全な球面形状を保つ．レンズが理想的，すなわち無収差ならレンズ通過後の波面は P の共役点 P′ を中心とする完全な球面 W_o' に変換されねばならないが，実際は光学系が理想的でないために波面がひずむ．この波面のひずみによる，本来あるべき球面からのずれ量 ΔW を波面収差という．図からもわかるように量 $\Delta W = W_o' - W_i$ は波面内でさまざまに変化するので，瞳座標 (ξ, η) の関数として表される．波面収差を表す関数を改めて

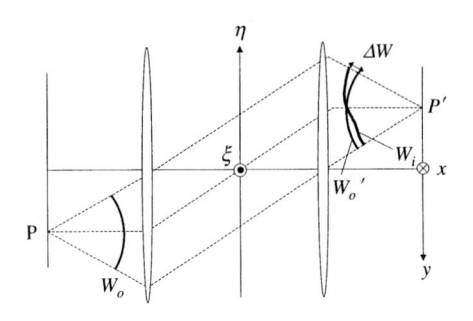

図 3.1 波面収差の概念図

$W(\xi,\eta)$ とおくと，

$$\Delta W = W(\xi,\eta) \tag{3.1}$$

である．ここで瞳上の座標系 (ξ,η) と像面上の座標系 (x,y) は図 3.1 に示したとおりであり，ΔW の符号は 2.2 節で述べたとおり理想波面よりも実波面の方が遅れている (像面から離れている) 場合を正，進んでいる (像面寄りにある) 場合を負とする．

3.2 波面収差の計算方法

3.2.1 光路長計算による方法

光路長計算によって波面収差を求める方法を説明する．一般に収差計算をする場合は，光学設計ソフトで光線追跡と呼ばれる計算を行う．これは物体上の 1 点を特定の方向に出射した光線を，屈折の法則を用いて像面に到達するまで追いかける計算であり，幾何光学収差を求めるにはこの光線が像面を横切るときの位置がわかればよい．

波面収差を求める際には，最終的な位置ではなく，光線が像面に達するまでの光路長を計算する．図 3.2 に示すように，物体 P を出た光線 S に沿って光路長を計算する場合を考えよう．光線追跡計算の過程において，光線が屈折する位置の座標が順次求められているので，光線に沿った長さに通過中の媒質の屈折率を掛けて足してゆけばよい．特別な計算を行うのは最後のレンズを通過し

3.2 波面収差の計算方法

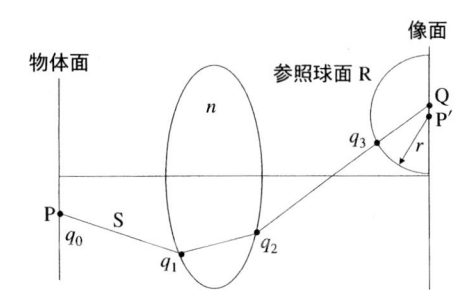

図 3.2 波面収差計算の説明図

た後である.

一般には図に示したように,共役点 P′ を中心とした球面 R を仮定し,光線 S が最終面を出射後この球面 R と交わったところで光路長計算を終了する.この球面 R を参照球面と呼ぶ.計算の対象となる波面収差は波長程度の大きさであるから,参照球面の半径 r は,波長より十分に大きければ適当に決めてよい.ここまでをまとめると,光線 S に沿った光路長 L_S は,図 3.2 において,

$$L_S = \overline{q_0 q_1} + n\,\overline{q_1 q_2} + \overline{q_2 q_3} \tag{3.2}$$

こうして計算した点 P から参照球面までの光路長は,もし光学系が無収差であれば経路によらず同じ値になる.しかし収差があると光路長は光線によってまちまちの値をとる.この値の不揃いが図 3.1 における波面のひずみに対応する.これが波面収差である.

さて図からわかるように点 P から参照球面までの光路長は非常に大きな量である (レンズによっては 1 m を超えることもある) が,知りたいのは各光線間のばらつきだけなので,主光線 (P が光軸上にある場合は光軸) に沿った光路長を計算し,この値を他の光線の光路長計算値から常に差し引くことにする[*1].このような計算を瞳内を通過する多数の光線に対して計算すれば,追跡計算した光線の本数だけ波面収差の値が得られる.この結果を関数にフィッティングすることにより,$W(\xi, \eta)$ を求める.フィッティングする関数については,3.3 節で説明する.

[*1] これによって符号の約束も満たされる.

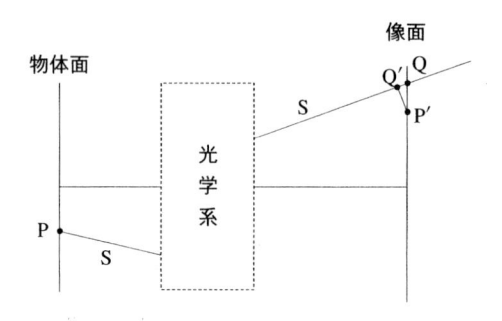

図 3.3 参照球面を用いない波面収差計算の説明図

なお，式 (2.22),(2.32) から明らかなように，波面収差に一定の値を加えても，像の強度分布には一切影響がないので，基準光路長をどうとるかは収差解析がしやすいように適当に選べばよい．

次に参照球面という概念を直接用いない計算法を述べる．

この方法では，光線に沿った光路長計算を光線が像面に達するまで続ける．一般に収差があると光線と像面の交点は共役点 P′ からずれているから，最後に光路長計算結果に補正を加える．図 3.3 はその様子を図示したものである．

実際の光線 S は，共役点 P′ からわずかにずれた位置 Q を通過している．このとき，Q と P′ の間の距離が十分に小さいとすれば，この範囲で光線 S は平面波に対応していると考えてよい[*1]．今点 P′ から光線 S に垂線を下ろし，垂線の足を Q′ とすれば，物体 P から像 P′ までの光線 S に沿った光路長は，図 3.3 に示した状態において，P から Q までの光路長から線分 $\overline{Q'Q}$ の長さを引いたものであることがわかる[*2]．

参照球面を用いる方法と用いない方法は，参照球面の半径を十分大きくとれば一致する．したがって都合のいい方で計算すればよい[*3]．

軸外の結像における瞳座標の取り方は，すでに 2.2 節で述べられているとおりで，波面収差を記述する瞳座標の原点もこれにならう必要がある．軸外結像で主光線が光軸に平行でない非テレセントリック光学系の場合，瞳座標の原点

[*1] 光学系のフレネルナンバーが非常に小さい場合は例外である．
[*2] 直線 $\overline{P'Q'}$ は等位相面を表している．
[*3] 本節で述べている参照球面はあくまで波面収差を計算するための道具であり，射出瞳との関連はない．

に対応するのはあくまで光軸に平行な光線であり，光学系の構成に依存する主光線ではない．波面収差を式 (2.22) に代入して使う場合にはこの点に留意する．

光路長積算から波面収差を計算する方法では，多数の光線について物体から像までの長い光路長を計算し，それら光路長間のわずかなばらつきが波面収差を与える．つまり大きな量同士の微小なばらつきを計算するわけであり，計算精度の点で不利な方法ともいわれていた．しかし現在ではこの計算法が主流である．

3.2.2　横収差から求める方法

波面収差を計算するもう 1 つの方法が横収差の積分法である．この方法は光線追跡計算プログラムさえあればその結果だけを利用して波面収差を求めることができ，光路長を逐次計算する機能を新たに追加する必要がない．

原理としては瞳上における波面収差の傾きが最終的な光線収差の横収差に比例するということに基づいている．図 3.4 はこの様子を図示したものである．

瞳座標 (ξ, η) に対応する横収差 $\Delta x(\xi, \eta), \Delta y(\xi, \eta)$ は波面収差 $W(\xi, \eta)$ を用いて

$$\Delta x(\xi, \eta) = -\frac{\partial W(\xi, \eta)}{\partial \xi} \tag{3.3}$$

$$\Delta y(\xi, \eta) = -\frac{\partial W(\xi, \eta)}{\partial \eta} \tag{3.4}$$

と表わされる．式 (3.3),(3.4) から，波面収差をそのまま瞳座標で偏微分して符

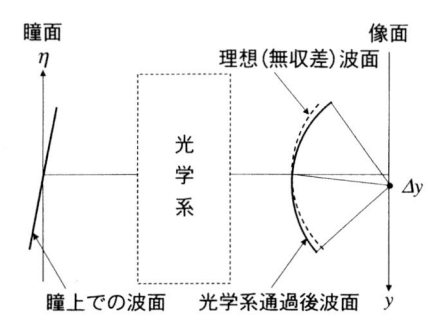

図 3.4　波面傾斜と横収差の関係

号を反転すれば横収差が得られる[*1].

一般に式 (3.3),(3.4) から波面収差を求める場合は，まず右辺の波面収差 $W(\xi,\eta)$ を多項式で表現しておき，光線追跡による横収差データから最小二乗法を用いて各項の係数を決定する．たとえば波面収差 $W(\xi,\eta)$ を，瞳座標 (ξ,η) に依存する関数 $f(\xi,\eta)$ の和

$$W(\xi,\eta) = \sum_j c_j f_j(\xi,\eta) \tag{3.5}$$

で表す．式 (3.5) を両辺偏微分して式 (3.3),(3.4) を用いれば

$$\Delta x(\xi,\eta) = -\sum_j c_j \frac{\partial f_j(\xi,\eta)}{\partial \xi} \tag{3.6}$$

$$\Delta y(\xi,\eta) = -\sum_j c_j \frac{\partial f_j(\xi,\eta)}{\partial \eta} \tag{3.7}$$

となる．この式に最小二乗法を用いて係数 c_j を決定すれば式 (3.5) から波面収差 $W(\xi,\eta)$ が求められる．このときのデータとなる式 (3.6),(3.7) 左辺の $\Delta x(\xi,\eta), \Delta y(\xi,\eta)$ は，光線追跡計算においてすでに求められている．すなわち光学系の最終面を出た光線の方程式が求められているので，横収差はこの光線が像面を横切るときの (x,y) 座標から，対応する瞳座標 (ξ,η) はこの光線の方向余弦から決定される．式 (3.5) における波面収差関数 $f_j(\xi,\eta)$ には，後述する Zernike の多項式を用いる場合が多い．

3.3 Zernike 多項式による波面収差の表現法

波面収差は 2 次元瞳座標の関数であるが，これを Zernike 多項式で表現することが多い．Zernike 多項式は，位相差顕微鏡の発明で知られる F.Zernike が

[*1] 一般の著書では式 (3.3),(3.4) の右辺にマイナス記号がつかないが，本書では 2.2 節で述べたように像面上の座標軸方向を反転させているのでマイナスがつく．また，参照球面半径 R と媒質の屈折率 n を考慮して右辺に係数 R/n がついている類書が多いが，本書では瞳の半径が開口数に一致する瞳座標で収差を表記しているため，係数 R/n は必ず 1 になる．媒質の屈折率が n の場合，瞳座標は光線の方向余弦そのものではなく，媒質中の方向余弦の面内成分に屈折率 n を掛けたものになることに注意しよう．なお同じ式は付録 G でも出てくる．

3.3 Zernike 多項式による波面収差の表現法

考案[1]したものである.

以下に Zernike 多項式の一覧を掲載するが,Zernike 多項式の記述法は 1 とおりではなくいくつかの流儀がある.いずれも式の構造は同じであるが,規格化条件や並び方が異なる.どの場合においても多項式は極座標 (ρ, θ) で表され[*1],かつ動径座標 ρ の定義域は 0 から 1 までと決まっている.すなわち Zernike 多項式においては瞳の半径は常に 1 に規格化される.

表 3.1 は FRINGE Zernike 多項式と呼ばれる[*2]もので,最もしばしば用いられる表記法である.FRINGE Zernike 多項式では各多項式の単位円内部での最大値と最小値が多くの場合において ± 1 になるため,ここでの Zernike 係数は各項が表す収差の振幅に対応する値と解釈される.

表 3.2 は,表 3.1 の FRINGE Zernike 多項式に,Zernike 係数の二乗和が波面収差の二乗平均に一致するように規格化係数を掛けたものである[3].特に名前がついているわけではないが,その性質上規格化 FRINGE Zernike 多項式と呼ぶのがふさわしい表記法である.

表 3.3 は Standard Zernike 多項式と呼ばれる表記法である.係数は FRINGE Zernike 多項式と同じであるが,並び方が動径座標 ρ の冪順になっている.この表記法を用いている計測機もあるが,一般にはあまり使われていない.

以上のように主なものでも Zernike 多項式には 3 種類の表記法があり,Zernike 係数のみで収差を論じる場合はどの表記法を用いているかを確認することが肝要である.またソフトウェアによってはこれら以外の特有な表記や番号付けをする場合があるので注意しなければならない.

表 3.1, 3.2 では 10 次までの Zernike 多項式を示してあり,項の数は 36 個である.大抵の収差は 10 次までのフィッティングで精度よく表すことができるが,表 3.1 にあるように 37 番目の項として変則的に 12 次の球面収差を追加する場合もある.

Zernike 多項式の動径座標 ρ の定義域は 0 から 1 までと決まっているが,本書では瞳の半径を常に開口数 a に一致させているので,表 3.1, 3.2, 3.3 に示す

[*1] 本書の他の節では瞳面内を極座標表示する際に φ を用いているが,ここでのみ θ を用いる.
[*2] 名前の由来は,最初にこの並べ方がアリゾナ大学の "FRINGE" というソフトウェアで用いられたことによる[2].並べ方に特徴があるので,FRINGE numbering と呼ばれることもある.

表 3.1 FRINGE Zernike 多項式

式番号	Zernike 多項式
Z_1	1
Z_2	$\rho \cos\theta$
Z_3	$\rho \sin\theta$
Z_4	$2\rho^2 - 1$
Z_5	$\rho^2 \cos 2\theta$
Z_6	$\rho^2 \sin 2\theta$
Z_7	$(3\rho^2 - 2)\rho \cos\theta$
Z_8	$(3\rho^2 - 2)\rho \sin\theta$
Z_9	$6\rho^4 - 6\rho^2 + 1$
Z_{10}	$\rho^3 \cos 3\theta$
Z_{11}	$\rho^3 \sin 3\theta$
Z_{12}	$(4\rho^2 - 3)\rho^2 \cos 2\theta$
Z_{13}	$(4\rho^2 - 3)\rho^2 \sin 2\theta$
Z_{14}	$(10\rho^4 - 12\rho^2 + 3)\rho \cos\theta$
Z_{15}	$(10\rho^4 - 12\rho^2 + 3)\rho \sin\theta$
Z_{16}	$20\rho^6 - 30\rho^4 + 12\rho^2 - 1$
Z_{17}	$\rho^4 \cos 4\theta$
Z_{18}	$\rho^4 \sin 4\theta$
Z_{19}	$(5\rho^2 - 4)\rho^3 \cos 3\theta$
Z_{20}	$(5\rho^2 - 4)\rho^3 \sin 3\theta$
Z_{21}	$(15\rho^4 - 20\rho^2 + 6)\rho^2 \cos 2\theta$
Z_{22}	$(15\rho^4 - 20\rho^2 + 6)\rho^2 \sin 2\theta$
Z_{23}	$(35\rho^6 - 60\rho^4 + 30\rho^2 - 4)\rho \cos\theta$
Z_{24}	$(35\rho^6 - 60\rho^4 + 30\rho^2 - 4)\rho \sin\theta$
Z_{25}	$70\rho^8 - 140\rho^6 + 90\rho^4 - 20\rho^2 + 1$
Z_{26}	$\rho^5 \cos 5\theta$
Z_{27}	$\rho^5 \sin 5\theta$
Z_{28}	$(6\rho^2 - 5)\rho^4 \cos 4\theta$
Z_{29}	$(6\rho^2 - 5)\rho^4 \sin 4\theta$
Z_{30}	$(21\rho^4 - 30\rho^2 + 10)\rho^3 \cos 3\theta$
Z_{31}	$(21\rho^4 - 30\rho^2 + 10)\rho^3 \sin 3\theta$
Z_{32}	$(56\rho^6 - 105\rho^4 + 60\rho^2 - 10)\rho^2 \cos 2\theta$
Z_{33}	$(56\rho^6 - 105\rho^4 + 60\rho^2 - 10)\rho^2 \sin 2\theta$
Z_{34}	$(126\rho^8 - 280\rho^6 + 210\rho^4 - 60\rho^2 + 5)\rho \cos\theta$
Z_{35}	$(126\rho^8 - 280\rho^6 + 210\rho^4 - 60\rho^2 + 5)\rho \sin\theta$
Z_{36}	$252\rho^{10} - 630\rho^8 + 560\rho^6 - 210\rho^4 + 30\rho^2 - 1$
Z_{37}	$924\rho^{12} - 2772\rho^{10} + 3150\rho^8 - 1680\rho^6 + 420\rho^4 - 42\rho^2 + 1$

表 3.2 規格化 FRINGE Zernike 多項式

式番号	Zernike 多項式
Z_1	1
Z_2	$2\rho \cos\theta$
Z_3	$2\rho \sin\theta$
Z_4	$\sqrt{3}(2\rho^2 - 1)$
Z_5	$\sqrt{6}\rho^2 \cos 2\theta$
Z_6	$\sqrt{6}\rho^2 \sin 2\theta$
Z_7	$\sqrt{8}(3\rho^2 - 2)\rho \cos\theta$
Z_8	$\sqrt{8}(3\rho^2 - 2)\rho \sin\theta$
Z_9	$\sqrt{5}(6\rho^4 - 6\rho^2 + 1)$
Z_{10}	$\sqrt{8}\rho^3 \cos 3\theta$
Z_{11}	$\sqrt{8}\rho^3 \sin 3\theta$
Z_{12}	$\sqrt{10}(4\rho^2 - 3)\rho^2 \cos 2\theta$
Z_{13}	$\sqrt{10}(4\rho^2 - 3)\rho^2 \sin 2\theta$
Z_{14}	$\sqrt{12}(10\rho^4 - 12\rho^2 + 3)\rho \cos\theta$
Z_{15}	$\sqrt{12}(10\rho^4 - 12\rho^2 + 3)\rho \sin\theta$
Z_{16}	$\sqrt{7}(20\rho^6 - 30\rho^4 + 12\rho^2 - 1)$
Z_{17}	$\sqrt{10}\rho^4 \cos 4\theta$
Z_{18}	$\sqrt{10}\rho^4 \sin 4\theta$
Z_{19}	$\sqrt{12}(5\rho^2 - 4)\rho^3 \cos 3\theta$
Z_{20}	$\sqrt{12}(5\rho^2 - 4)\rho^3 \sin 3\theta$
Z_{21}	$\sqrt{14}(15\rho^4 - 20\rho^2 + 6)\rho^2 \cos 2\theta$
Z_{22}	$\sqrt{14}(15\rho^4 - 20\rho^2 + 6)\rho^2 \sin 2\theta$
Z_{23}	$4(35\rho^6 - 60\rho^4 + 30\rho^2 - 4)\rho \cos\theta$
Z_{24}	$4(35\rho^6 - 60\rho^4 + 30\rho^2 - 4)\rho \sin\theta$
Z_{25}	$3(70\rho^8 - 140\rho^6 + 90\rho^4 - 20\rho^2 + 1)$
Z_{26}	$\sqrt{12}\rho^5 \cos 5\theta$
Z_{27}	$\sqrt{12}\rho^5 \sin 5\theta$
Z_{28}	$\sqrt{14}(6\rho^2 - 5)\rho^4 \cos 4\theta$
Z_{29}	$\sqrt{14}(6\rho^2 - 5)\rho^4 \sin 4\theta$
Z_{30}	$4(21\rho^4 - 30\rho^2 + 10)\rho^3 \cos 3\theta$
Z_{31}	$4(21\rho^4 - 30\rho^2 + 10)\rho^3 \sin 3\theta$
Z_{32}	$\sqrt{18}(56\rho^6 - 105\rho^4 + 60\rho^2 - 10)\rho^2 \cos 2\theta$
Z_{33}	$\sqrt{18}(56\rho^6 - 105\rho^4 + 60\rho^2 - 10)\rho^2 \sin 2\theta$
Z_{34}	$\sqrt{20}(126\rho^8 - 280\rho^6 + 210\rho^4 - 60\rho^2 + 5)\rho \cos\theta$
Z_{35}	$\sqrt{20}(126\rho^8 - 280\rho^6 + 210\rho^4 - 60\rho^2 + 5)\rho \sin\theta$
Z_{36}	$\sqrt{11}(252\rho^{10} - 630\rho^8 + 560\rho^6 - 210\rho^4 + 30\rho^2 - 1)$
Z_{37}	$\sqrt{13}(924\rho^{12} - 2772\rho^{10} + 3150\rho^8 - 1680\rho^6 + 420\rho^4 - 42\rho^2 + 1)$

表 3.3 Standard Zernike 多項式

式番号	Zernike 多項式
Z_1	1
Z_2	$\rho\cos\theta$
Z_3	$\rho\sin\theta$
Z_4	$\rho^2\cos 2\theta$
Z_5	$2\rho^2 - 1$
Z_6	$\rho^2\sin 2\theta$
Z_7	$\rho^3\cos 3\theta$
Z_8	$(3\rho^2 - 2)\rho\cos\theta$
Z_9	$(3\rho^2 - 2)\rho\sin\theta$
Z_{10}	$\rho^3\sin 3\theta$
Z_{11}	$\rho^4\cos 4\theta$
Z_{12}	$(4\rho^2 - 3)\rho^2\cos 2\theta$
Z_{13}	$6\rho^4 - 6\rho^2 + 1$
Z_{14}	$(4\rho^2 - 3)\rho^2\sin 2\theta$
Z_{15}	$\rho^4\sin 4\theta$
Z_{16}	$\rho^5\cos 5\theta$
Z_{17}	$(5\rho^2 - 4)\rho^3\cos 3\theta$
Z_{18}	$(10\rho^4 - 12\rho^2 + 3)\rho\cos\theta$
Z_{19}	$(10\rho^4 - 12\rho^2 + 3)\rho\sin\theta$
Z_{20}	$(5\rho^2 - 4)\rho^3\sin 3\theta$
Z_{21}	$\rho^5\sin 5\theta$
Z_{22}	$\rho^6\cos 6\theta$
Z_{23}	$(6\rho^2 - 5)\rho^4\cos 4\theta$
Z_{24}	$(15\rho^4 - 20\rho^2 + 6)\rho^2\cos 2\theta$
Z_{25}	$20\rho^6 - 30\rho^4 + 12\rho^2 - 1$
Z_{26}	$(15\rho^4 - 20\rho^2 + 6)\rho^2\sin 2\theta$
Z_{27}	$(6\rho^2 - 5)\rho^4\sin 4\theta$
Z_{28}	$\rho^6\sin 6\theta$

Zernike 多項式の座標 (ρ, θ) と瞳座標 (ξ, η) の関係は

$$\xi = a\rho\cos\theta \tag{3.8}$$

$$\eta = a\rho\sin\theta \tag{3.9}$$

となる．このとき波面収差 $W(\xi, \eta)$ は，Zernike 多項式 $Z_j(\rho, \theta)$ の和として

$$W(\xi, \eta) = \sum_j c_j Z_j(\rho, \theta) \tag{3.10}$$

と記述される．各多項式の係数 c_j を Zernike 係数と呼ぶ．波面収差の Zernike

関数へのフィッティングは,横収差から求める場合は式 (3.6),(3.7) で右辺の $f_j(\xi,\eta)$ をそのまま Zernike 多項式にすればよい.

Zernike 多項式は通常の収差関数と同じ形の項からなっているので収差分類が容易であるが,その最大の特徴は単位円内部で直交する直交関数系だということである.式で表すと

$$\int_0^{2\pi} d\theta \int_0^1 Z_i(\rho,\theta) Z_j(\rho,\theta) \rho d\rho = 0 \qquad (i \neq j) \tag{3.11}$$

となる.この直交性による第 1 のメリットは,収差の内訳表示ができるということである.今,波長単位で表した波面収差の二乗平均の平方根 (Root Mean Square, RMS) を W_{rms} とすると,光学結像性能を表すストレール強度 (Strehl intensity)[*1] I_{strehl} は

$$I_{\text{strehl}} = 1 - (2\pi W_{\text{rms}})^2 \tag{3.12}$$

で与えられる[*2].すなわち光学性能の低下は W_{rms}^2 に比例するが,Zernike の多項式を使うと,この W_{rms}^2 の中身を成分分解することができる.図 3.5 はこの様子を図示したものである.波面収差が 3 つの Zernike 多項式 Z_a, Z_b, Z_c で表せる場合,波面収差の二乗平均の平方根 W_{rms} は Z_a, Z_b, Z_c という直交座標軸への投影成分に分割でき,その成分は Zernike 係数 c_a, c_b, c_c である.各座標軸は直交しているので

$$W_{\text{rms}}^2 = c_a^2 + c_b^2 + c_c^2 \tag{3.13}$$

という関係がある.図 3.5 では 3 つの収差だけを示しているが,より多くの収差がある場合も (図示できないだけで) 同様に直交性は保たれている.もし Zernike 多項式が直交関数でなかったとしたら,図 3.5 の座標軸は直交せず,各軸間 (すなわち各収差間) の独立性は曖昧になる.すなわち,図 3.5 に示すような直交座標系への明解な成分分解が可能であることが Zernike 多項式による収差表記のメリットである.

ただし,式 (3.13) のように,Zernike 係数の二乗和が波面収差の二乗平均に一致するのは Zernike 多項式として表 3.1 に示す規格化 FRINGE Zernike 多

[*1] 点像強度のピーク値を,無収差のときの値で規格化したもの.2.4 節参照.
[*2] 導出は付録 I 参照.

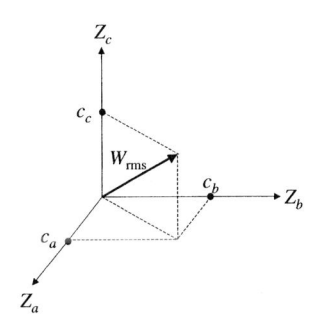

図 3.5 Zernike 多項式による収差の成分分解

項式の表記法を採用した場合である．この場合に限り Zernike 多項式は直交条件だけでなく規格化条件

$$\int_0^{2\pi} d\theta \int_0^1 Z_i^2(\rho,\theta)\rho d\rho = 1 \tag{3.14}$$

も満たしているからである．FRINGE Zernike 多項式，および Standard Zernike 多項式の表記法では規格化条件は満たされていない．

Zernike 多項式の直交性による第 2 のメリットは，フィッティング計算に対する安定性である．光線追跡で求めた波面収差の数値計算結果 $W(\xi_k,\eta_k)$ から Zernike 多項式の係数をフィッティングで求める場合，最小二乗法の正規方程式は単なる内積計算に帰着する．すなわち

$$c_j = \frac{1}{N}\sum_{k=1}^{N} W(\xi_k,\eta_k) f_j(\xi_k,\eta_k) \tag{3.15}$$

である．ただしデータ数を N とした．式 (3.15) からわかるように，一般に波面収差を直接 Zernike 多項式にフィットする場合，最高次数をどのようにとっても，得られる係数は変わらない[*1]．これは収差管理をする場合に大きな運用上のメリットとなる．直交多項式でない場合はこうはならない．

Zernike 多項式を用いるメリットの主なものは以上の 2 点であるが，次の場合は Zernike 多項式の直交性が成り立たないので注意が必要である．まず式 (3.11) から，瞳形状が円形でない場合は直交関係が成立しない．また，式 (3.11) は，

[*1] たとえば 4 次フィットでも 10 次フィットでも，4 次までの係数はまったく同じになる．

連続的な積分の形式で成り立っているから，離散的なデータに対しては直交関係が成立しない．したがって式 (3.15) を用いるには，光線追跡による数値計算データの点数が円形の瞳全体にわたって均一かつ十分に存在していなければならない．また，横収差から波面収差を求める場合は式 (3.6),(3.7) の右辺に現れる Zernike 多項式の微分がすでに直交関数系でないことに注意する必要がある．

次に，低次の Zernike 多項式について表 3.1 の順で個々に見ていく．各多項式が表す波面の鳥瞰図を図 3.6 に示す．

最低次の定数項 Z_1 は収差としての意味はなく無視してよい．

次の Z_2, Z_3 は波面の傾斜を表しており，物体上の 1 点の結像を考える限りこれは収差ではなく像の横ずれを示す．ただし視野内の各点の結像において Z_2, Z_3 の係数が異なるということは不規則な像の横ずれがあることを意味し，幾何光学収差論における歪曲収差 (distortion) に対応する．

Z_4 の項はデフォーカス項である．物体上の 1 点の結像においては，像の光軸方向へのずれであり，像面もしくは物体面を光軸方向に移動することで補正が可能なので，光学系特有の収差とは区別すべきものである．しかし視野内の各点の結像においてこの項の係数が異なる場合は，視野内での光軸方向の像面位置が一定でない，すなわち幾何光学収差論における像面湾曲に対応することになる．なお，この項にデフォーカス項という名前がついていることから，デフォーカス収差が厳密に Z_4 項で表現されると思いがちであるが，そうではない (付録 J 参照)．実際のデフォーカス収差の波面は球形であり，これを放物面で近似したものが収差関数におけるデフォーカス項である．したがって，実際のデフォーカスは，収差関数におけるデフォーカス項に球面収差が加わったものである．光学系の開口数が大きいと球面収差成分は無視できない．

次の Z_5 から Z_9 の項が瞳座標の 4 次に比例する収差で，これらは通常「3 次収差」と呼ばれる．4 次の項が「3 次収差」と呼ばれるのは，幾何光学収差論における呼称に由来するからである．幾何光学収差論では横収差の瞳座標に対する依存性から次数を決めているため式 (3.3),(3.4) から波面収差の次数より 1 だけ次数が低くなる．これら 5 個の収差は非点収差 (Z_5, Z_6)，コマ収差 (Z_7, Z_8)，3 次球面収差 (Z_9) である．

非点収差 (astigmatism) は，像面内の直交する 2 方向でピントの合う位置が

3.3 Zernike 多項式による波面収差の表現法

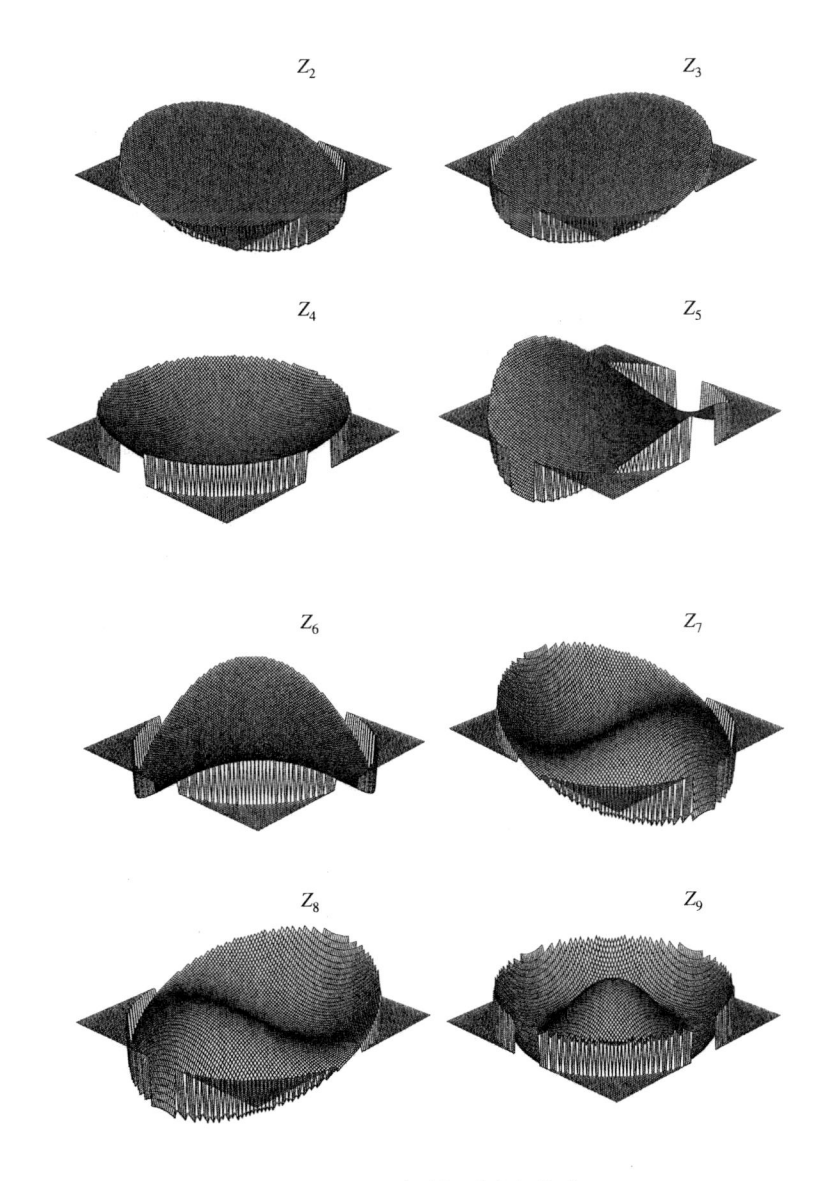

図 **3.6** Zernike 多項式が表す波面収差 Z_2 から Z_9 までの鳥瞰図.

ずれる収差である．Z_5 の項は x 軸方向と y 軸方向でのピントずれ，Z_6 の項は x 軸と $\pm 45°$ をなす軸方向でのピントずれを示し，これらの 2 つの項であらゆる方向の非点収差を表現することができる．Z_5 で表される非点収差が視野全体に存在する場合，縦横の格子縞チャートを観察すると，縦線と横線に同時にピントを合わせることができない．ただし一般に結像光学系は軸対称にできているから，製造誤差を考えなければ視野中心で非点収差が発生することはなく，周辺で視野の動径方向とそれに直交する方向の間で発生する．

Z_7, Z_8 の項はコマ (coma) 収差と呼ばれる[*1]．製造誤差のない光学系では視野周辺で発生し，これには正弦条件の不満足も影響している[*2]．またこの収差は，レンズ系に偏心があった場合に発生する典型的な収差でもある．コマ収差が存在する場合は像がぼけるだけでなく，ぼけ方が像面内で非対称になるため，とくに計測機器などでは忌み嫌われる．Z_7, Z_8 の項に対応する式をみると，幾何光学収差論のコマ収差に対応する項 $\rho^3 \cos\theta$ のほかに，像の横ずれ項 $\rho\cos\theta$ が付加されている．この項は座標原点が最良像点に一致するための補正項である．この補正作用は Zernike 多項式の重要な特質であるので，以下に説明する．

最良像点は，一般的には点像強度が最大となる像点位置として定義される．式 (3.12) からこの位置はまた波面収差の二乗平均が最小となる位置でもある．Zernike 多項式で表される収差は，どの収差においても，像空間における座標原点において波面収差二乗平均が最小になるようにバランスが取られている．たとえば Z_7 の項においては，横ずれによる補正項がない場合，点像強度分布のピークは図 3.7(a) に示すように原点からかなりずれてしまう．これを補正項に

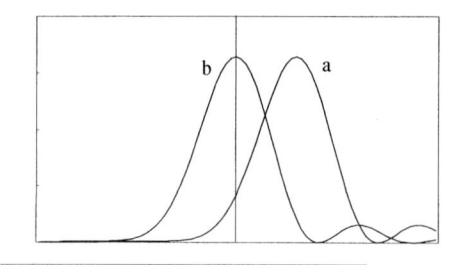

図 3.7 3 次コマ収差に対応する点像強度分布
(a) 幾何光学収差論の 3 次コマ収差，(b) Zernike 多項式による 3 次コマ収差．

[*1] 名前の由来は，この収差があるときの点像が彗星 (comet) のような尾を引いた形状を呈することによる．
[*2] 2.1 節を参照．

よって自動的に補い，図 3.7(b) のように座標原点で強度が最大となるような構造になっている．ここで補正に使った項は本来別の収差として分類されているものであり[*1]，他の収差の補正に用いた分のツケは補正項の本来の部分に計上される．言い換えれば，図 3.7(a) に示される強度分布劣化のうち，横ずれ分は Z_7 のコマ収差ではなく Z_2 の横ずれ収差分に含めるというシステムになっているのである．Zernike 多項式では他のすべての収差についてもこのような自動補正がなされる．このような背景から各収差を表す多項式がやや複雑な構造をしているとも解釈できる．

Z_9 の 3 次球面収差は，球面収差 (spherical aberration) と分類されるもののうち最も次数が低いものである．製造誤差のない軸対称光学系では，視野中心では非点収差もコマ収差も存在しないが，唯一球面収差だけは存在する．この収差の主成分は表から明らかなように ρ^4 の項であり，それ以外は上述した補正項である．

3.4 波面収差の計測方法

3.4.1 干渉計による方法

波面収差を測定する最も普遍的で，かつ最も精度の高い方法が干渉計を用いる方法である．干渉計としてはトワイマン–グリーン (Twyman–Green)，マッハ–ツェンダー (Mach–Zehnder)，フィゾー (Fizeau) などいろいろな構成の干渉計構成を使うことができるが，図 3.8 にはトワイマン–グリーン干渉計を用いた例を示す．

2 次元イメージセンサの上に形成された干渉縞からフリンジスキャン[*2]の手法を経て各点の位相を特定し，2 次元の位相マップを得，これから波面収差を直接計測する．この方法は，計測精度が高いだけでなく，波面収差の空間分解能も高くできるので，高次収差の定量的な判定にも適している．

干渉計による方法としてやや特殊なのはシェアリング干渉と呼ばれる方法であり，比較的簡単に実現できる．一般にシェアリング干渉計という計測器は，入

[*1] たとえば Z_7 の補正項である横ずれ項は本来 Z_2 という番号をもっている．
[*2] 干渉する 2 光束間の位相差を変化させて干渉縞を観測することで位相を確定する手法．

射光を強度で2分し，1方向に微小量だけ横ずらしした後，光の進行方向が同一になるように再び重ね合わせ，発生する干渉縞を解析することで入射光の位相分布を計測するものである．この構成を結像光学系を通過した光に応用することで波面収差を計測する場合の例を図 3.9 に示す．被検レンズにレーザー光を入射させ，像面を通過後に計測用レンズで平行光にする．この平行光を平行平板ガラスで反射させると，表面反射と裏面反射による2つの波面が横ずれして重なり，これによって形成される干渉縞をイメージセンサで検出する．厳密にはイメージセンサの位置は被検レンズの瞳位置と共役である必要がある．得られた干渉縞はわずかにずれた自分自身との干渉であり，この縞形状から元の波面を逆算する際の手法については鶴田[4]に詳しく説明されている．横ずらしが1方向の場合，ずらした方向に変化のない収差には感度がないため，これを

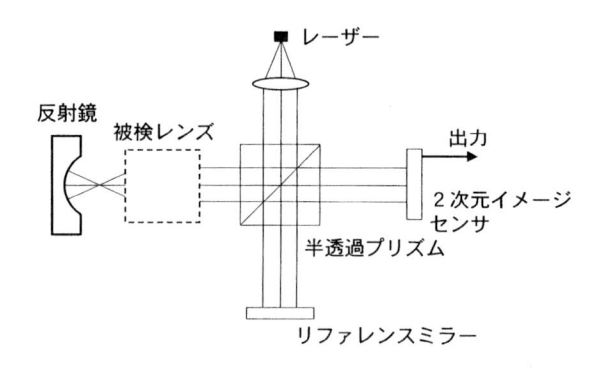

図 3.8 トワイマン–グリーン干渉計による波面収差計測

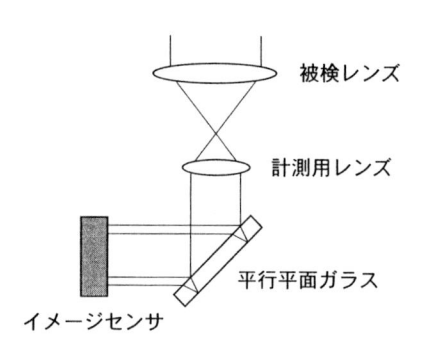

図 3.9 シェアリング干渉による波面収差計測

補うために一般に直交する2方向にずらすことが行われる．入射光の横ずらしには平行平板ガラスのほかに回折格子や複屈折光学素子などが用いられる[*1]．

3.4.2 シャック–ハルトマン法による方法

干渉計方式とは対照的に，シャック–ハルトマン (Shack–Hartmann) 法[5]による計測の原理は非常に幾何光学的である．具体的には瞳を多数の部分に分割し，それぞれの部分瞳から来る光の横ずれ(横収差に相当)を計測する．計測された横収差から，式 (3.3),(3.4) を用いて波面収差を求めることができる．

図 3.10 はこの方法の概略図である．検査するレンズの物体面には，収差を測定したい位置にピンホールを置く．このレンズの像面より後に計測用のレンズを配置し，計測用レンズの瞳位置に2次元に配列された複数のマイクロレンズアレイを置く．マイクロレンズアレイを通過した光は，多数のピンホール像を撮像素子上に形成する．このピンホール像の位置を正確に測定し，各々のピンホール像の理想位置からのずれを求めると，これが横収差を与える．このデータから波面収差を復元する手法は 3.2.2 項で述べたとおりである．計測用レンズの収差は，別に被検レンズの像面にピンホールを置けば同じ構成で測定できる．高次収差まで精度よく求めるためには，マイクロレンズの数を増やして瞳の分割数を多くしなければならないが，むやみに分割を増やすと1個のマイクロレンズあたりの光量低下を招き，またピンホール結像の開口数も小さくなる

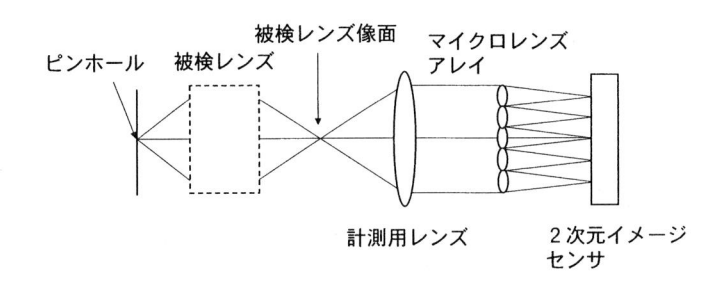

図 3.10 シャック–ハルトマン法による波面収差計測

[*1] 複屈折応用素子としてはウォラストン (Wollaston) プリズム，ロション (Rochon) プリズム，サバール (Savart) 板など偏光方向により光の伝搬方向・伝搬位置が変わる素子が用いられる．これらの素子と偏光板を用いて干渉縞を観測する．

のでバランスの取れた分割数に最適化する必要がある．最近ではマイクロレンズアレイが作る多数のピンホール像の1つ1つに，次に述べる位相回復手法を適用した折衷型も提案されている[6]．

3.4.3 位相回復による方法

位相回復を用いた方法[9]は，一般的には点像と既知情報を手がかりに，反復計算を行って波面収差を推定するものである．図3.11はこの方式の概略図である．

測定するレンズの物体面に回折限界以下の大きさの微小なピンホールを配置する．このピンホールを通過した光は，回折によってレンズの瞳内全体にほぼ一様に拡がるものとする(逆に言えばそれだけ小さいピンホールを使う必要がある)．このレンズによるピンホール像を撮像素子で検出し，点像強度分布を測定する．これと既知情報である光の波長とレンズの開口数をもとに反復計算を開始する．反復計算自体はGerchberg–Saxton法[10]と呼ばれる手法が一般的である．原理は簡単なのでここで説明しておく．

まず計算開始にあたって適当な波面収差を仮定する．たとえば無収差を仮定してもよいし，すでに存在がわかっている収差があればそこから始めてもよい．これを瞳関数の位相部分に与えて初期値とする．レンズの開口数が既知であるので，フーリエ変換の計算をすれば点像振幅分布が容易に得られる．この点像振幅分布の絶対値の二乗が点像強度分布である．点像強度分布の計算値が計測された値に一致すれば最初の波面収差の仮定が正しかったことになるが，実際

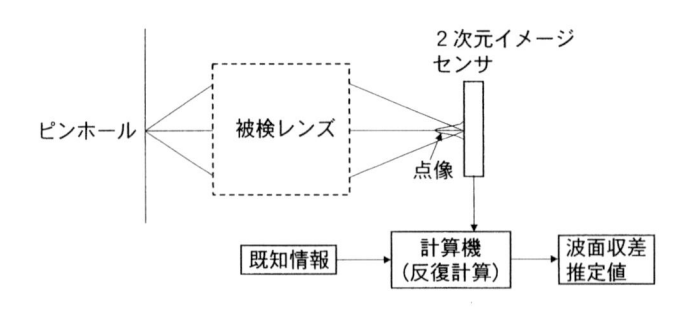

図 3.11 位相回復法による波面収差計測

にはまず一致することはない．そこで点像振幅分布の強度部分のみ，計算値を計測値に強制的に置き換え，位相部分はそのままにして逆フーリエ変換する．これによってこんどはレンズの瞳面上の複素振幅分布が得られる．得られた複素振幅分布は本来瞳の外側では 0 にならねばならないが，点像強度を計測値で入れ換えたため，瞳の外側まで光が拡がってしまう．そこでこんどは，この瞳上複素振幅分布の強度部分だけを本来の値 (開口外ではすべて 0，開口内では一定) に強制的に置き換える．これを再度フーリエ変換して点像振幅分布を求め，また強度だけを強制的に計測値に置き換える．これを何度も繰り返してゆくと，次第にフーリエ変換後の強度が実際の値に近づいてくる．フーリエ変換後の瞳上振幅分布の強度部分がほぼ実際の値 (開口外ではすべて 0，開口内では一定) に一致すれば，そのときの位相分布は実際の波面収差の高精度な推測値になっている．この位相回復法は波面収差推定だけでなく，多方面に応用できる．

一般に位相回復法では解の一意性が問題になるが，自然には起こりえないような特殊な状況を仮定しない限り，大抵の場合は収束するといわれている．

3.4.4 格子像を用いる方法

光学像から位相回復の手法を用いずに波面収差を求める方法で，回折格子の像をコヒーレントに近い状態で照明し，被検結像光学系によって形成した像の横ずれを計測することにより瞳面上の特定の点における波面収差値を決定する．瞳上の多点における波面収差値を計測するには多数回の計測を行わねばならないが，特殊な光学系の追加が不要である．

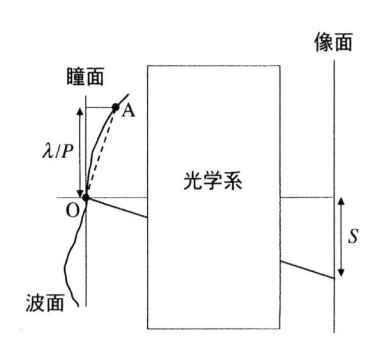

図 3.12 格子像を用いた波面収差計測
0 次と +1 次の回折光を選択的に用いることにより瞳上で図の点 O,A のみに光が到達する．

物体面上に配置した回折格子をほぼコヒーレントに近い状態で照明し,瞳上には0次および+1次回折光だけが到達するようにする[*1]. 0次回折光は常に瞳の中心Oに位置し,+1次回折光が到達する点Aは格子ピッチをPとすると中心Oから瞳座標でλ/Pだけ離れる.この様子を図3.12に示す.瞳中心Oと点Aからの光が2光束干渉を生じて格子像を形成するが,瞳中央での波面収差値を0,点Aでの波面収差値をW_Aとすると,この格子像の無収差状態からの横ずれ量Sは次の式で与えられる.

$$S = W_A \frac{P}{\lambda} \quad (3.16)$$

式(3.16)は,像のずれSが瞳中心Oと点Aを結ぶ線の傾斜に対応することを考えれば明らかであろう.瞳上の別の点を計測する際には格子の向きを変えたり,格子のピッチを変えたりして繰り返し同じ計測を行う.こうして適当な量のデータを取得した後,波面収差関数にフィッティングを行う.

3.5 偏光特性を考慮した結像

本節では物体や光学系に偏光特性がある場合の結像計算について考える.ピッチの細かい回折格子などで生じる回折の偏光特性は次章で述べるベクトル回折理論の考慮が必要であるが,単純な偏光特性をもつ物体や偏光素子を有する光学系を評価する場合には,スカラー回折理論の枠組みがそのまま使える.本節ではこれを説明する.

まず2.2,2.3節で説明したスカラー回折理論の結像公式を再度記述する.式(2.23)から,物体を照明する光の方向余弦が$\left(\xi_s, \eta_s, \sqrt{1-\xi_s^2-\eta_s^2}\right)$で与えられるようなコヒーレント照明時の像の複素振幅分布$U(x, y, \xi_s, \eta_s)$は

$$\begin{aligned}U(x, y, \xi_s, \eta_s) =& C \iint_{-\infty}^{\infty} d\xi d\eta\, \tilde{o}(\xi, \eta) G(\xi + \xi_s, \eta + \eta_s) \\ &\times \exp\{ik[(\xi+\xi_s)x + (\eta+\eta_s)y]\}\end{aligned} \quad (3.17)$$

で与えられる.部分コヒーレント状態の像強度分布$I(x, y)$は式(2.32)から光

[*1] 一般的な回折格子を用いてこのような状況を実現するためには,不要な回折光を遮断しなくてはならない.これを避けるために回折格子の構造を最適化した報告[7,8]がある.

3.5 偏光特性を考慮した結像

源の拡がりを $S(\xi_s, \eta_s)$ として,

$$I(x,y) = \iint_{-\infty}^{\infty} d\xi_s d\eta_s\, S(\xi_s,\eta_s) |U(x,y,\xi_s,\eta_s)|^2 \qquad (3.18)$$

となる.ここで物体に偏光特性がある場合,物体から出射する光の振幅はスカラー関数では記述できないので,各偏光成分ごとに表現する.簡単のため,ここでは x, y 方向の直線偏光を基底とした次のジョーンズベクトル $\boldsymbol{o}(x,y)$ でこれを記述する.

$$\boldsymbol{o}(x,y) = \begin{pmatrix} o_x(x,y) \\ o_y(x,y) \end{pmatrix} \qquad (3.19)$$

式 (3.19) 右辺で用いた x,y 方向の偏光成分の振幅を成分とする 2 次元の複素ベクトルをジョーンズベクトル (Jones vector) と呼んでいる.ジョーンズベクトルに作用して偏光特性を変化させるのはジョーンズ行列 (Jones matrix) と呼ばれ,2 行 2 列の複素行列である.ジョーンズベクトル,ジョーンズ行列についての詳しい説明は偏光に関する専門書に譲り,ここではこれ以上立ち入らない.さて今,物体から出射した光の偏光特性が光学系によって変えられるような場合は,結像公式において瞳関数をジョーンズ行列で記述しなければならない.すなわち,式 (3.17) の瞳関数 $G(\xi,\eta)$ は,

$$\boldsymbol{G}(\xi,\eta) = \begin{pmatrix} G_{xx}(\xi,\eta) & G_{xy}(\xi,\eta) \\ G_{yx}(\xi,\eta) & G_{yy}(\xi,\eta) \end{pmatrix} \qquad (3.20)$$

で与えられる行列 $\boldsymbol{G}(\xi,\eta)$ で記述される.光学系に偏光特性がない場合は式 (3.20) で $G_{xx} = G_{yy}, G_{xy} = G_{yx} = 0$ とすればよい.像の振幅分布はジョーンズベクトルで表現され,

$$\boldsymbol{U}(x,y) = \begin{pmatrix} U_x(x,y) \\ U_y(x,y) \end{pmatrix} \qquad (3.21)$$

と記述される.$U_x(x,y), U_y(x,y)$ はそれぞれ像複素振幅の x, y 方向の偏光成分である.式 (3.17) のフーリエ基底の部分,すなわち平面波の形で記述された光伝搬を表す項についてはスカラー回折理論では特に偏光方向による区別はないので,ベクトル化する必要はない.これらをまとめると,式 (3.17) は

$$U(x,y,\xi_s,\eta_s) = C \iint_{-\infty}^{\infty} d\xi d\eta\, \boldsymbol{G}(\xi+\xi_s, \eta+\eta_s)\, \tilde{\boldsymbol{o}}(\xi,\eta)$$
$$\times \exp\{ik\left[(\xi+\xi_s)x + (\eta+\eta_s)y\right]\} \quad (3.22)$$

と書き換えられる[*1]. 式 (3.22) に光源の拡がり $S(\xi_s,\eta_s)$ を考慮して得られる像の強度分布のベクトル表現 $\boldsymbol{I}(x,y)$ は

$$\boldsymbol{I}(x,y) = \begin{pmatrix} \iint_{-\infty}^{\infty} d\xi_s d\eta_s\, S(\xi_s,\eta_s)|U_x(x,y,\xi_s,\eta_s)|^2 \\ \iint_{-\infty}^{\infty} d\xi_s d\eta_s\, S(\xi_s,\eta_s)|U_y(x,y,\xi_s,\eta_s)|^2 \end{pmatrix} \quad (3.23)$$

で与えられる. $\boldsymbol{I}(x,y)$ は各成分が振幅ではなく強度なので, ジョーンズベクトルではない. ベクトル $\boldsymbol{I}(x,y)$ の各成分の和が全強度となる.

式 (3.23) で偏光特性のある結像を計算する場合, 問題になるのは瞳関数 $\boldsymbol{G}(\xi,\eta)$ の位相項である. これを正確に決定するためには, 光線追跡自体をジョーンズベクトルで行わねばならない. これを偏光光線追跡 (polarization ray tracing) と呼んでいる[11]. これは, 空間に固定した x,y 座標に対して, 対応する x,y 方向の偏光成分についての波面収差を独立に求めるものである. 幾何光学的な光線追跡計算部分は両偏光成分に対して共通であるが, 光学系の中に位相板や偏光板などの偏光光学素子が挿入されている場合にはそれらのジョーンズ行列を作用させながら光路長計算を行う. 偏光素子でなくてもレンズ面での表面反射率の偏光方向による差や, 反射防止膜のような光学薄膜の偏光特性も目的に応じて計算に反映させる[*2]. レンズを構成する材料の微量な複屈折の考慮も場合によっては重要である. ベクトル光線追跡においてはこれら偏光特性をもつ要因をすべて考慮しなくてはならない. 最終的に像面に到達した時点での両偏光成分の強度と位相が求まれば, これから各々の成分の波面収差と光学系による光吸収率が求まり, これらの値が瞳関数 $\boldsymbol{G}(\xi,\eta)$ を構成する. 行列 $\boldsymbol{G}(\xi,\eta)$ の非対角成分が 0 であるか, または無視できる場合には, 入射光の偏光方向が x,y 成分の両方を有するようにしておけば 1 回のベクトル光線追跡の結果から G_{xx}, G_{yy} 成分が求められる. しかし非対角成分が無視できない場合には, 1 度

[*1] 本節の説明はあくまでスカラー理論への偏光情報の取り入れ方であるから, 式 (3.22) の左辺は偏光特性を取り入れたスカラー振幅であり, 電場を表しているとは考えない方がよい.

[*2] 光学薄膜による波面収差の考慮法は付録 L で説明した.

に4つの成分すべてを決めることはできないので,入射光としてまずx方向に直線偏光した光を追跡し,光学系通過後の偏光のx成分からG_{xx}を,y成分からG_{yx}を求め,同様にしてy方向に直線偏光した光の追跡によりG_{yy}とG_{xy}を求める.これら2回のベクトル光線追跡において,位相計算(光路長計算)の際の原点を揃えておく必要があり,基準光路長を差し引いて波面収差を求める際に,各成分の追跡結果に対して同じ値を差し引かなければならない.

文　献

1) F. Zernike : *Physica*, 1(1934), 689.
2) *Code-V ver8.40 reference manual*, vol.1, Optical Research Associates(1999), pp.2A595–2A596.
3) R.W. Shannon and J.C. Wyant : *Applied Optics and Optical Engineering*, vol.X, Academic Press(1987), pp.193–221.
4) 鶴田匡夫:応用光学 I, 培風館 (1990), 第4章, pp.87–92.
5) B. Blatt and R.V. Shack : *Optical Science Center Newsletter*, Univ.Arizona, 5(1971), 15.
6) 高橋　徹ほか:光学, 33–3(2004), 183–191.
7) J.P. Kirk and C.J. Progler : *Proc.SPIE*, 3679(1999), 70–76.
8) H.Nomura : *Proc.SPIE*, 4346(2001), 25–35.
9) 前田純治・村田和美:光学, 11–3(1982), 230–240.
10) R.W. Gerchberg and W.O. Saxton : *Optik*, 35–2(1972), 237–246.
11) J.P. McGuire, Jr. and R.A. Chipman : *Appl.Opt.*, 33–22(1994), 5080–5100.

4

ベクトル回折理論における結像

　本章ではベクトル回折理論とその結像理論への応用について述べる．まず4.1節でスカラー回折理論の限界とベクトル回折の必要性についてふれ，次に4.2節，4.3節において物体面および像面におけるベクトル回折の扱いについて説明する．ベクトル回折を用いた計算は走査型光学系，特に光ディスク光学系で頻繁に用いられるため，4.4節でこれらの光学系に応用するための説明を行う．4.5節では2つの理論を比較する上で特に重要な点をまとめて述べ，結像式中で必要な補正について説明した．さらに，これに関連してスカラー回折理論においても受光素子の形態によっては結像の式に補正が必要になることを4.6節で説明する．ベクトル回折の計算法自体について詳述することは本書の目的ではないが，代表的な2つの解析法について付録M,Nに概略説明を用意した．なお，本章では，煩雑を避けるためほとんどすべての考察において媒質の屈折率を1と仮定している．媒質の屈折率が一般にnである場合は，あらかじめ考えている結像光学系の開口数と波長の両方をnで割れば屈折率1の媒質(空気)中と同様に扱うことができる[*1]．

4.1　スカラー回折理論の限界

　ここまでの結像の考察で用いてきたスカラー回折理論は非常に簡明でわかりやすく，結像光学系においてはフーリエ変換でその骨格を表示することができるなど多くの利点をもつ．しかも精度もはなはだ良好であり，大部分の光学系

[*1]　たとえば液浸光学系で開口数 1.2, 波長 0.5 μm, 媒質の屈折率 $n = 1.5$ の場合は空気中で開口数 0.8, 波長 0.33 μm の場合と同じである．結像式の構造から明らかであろう．

の考察において十分な結果を与えてくれる．しかし光をスカラー波として扱うスカラー回折理論は所詮は近似であり，必然的にその限界が存在する．

スカラー理論が破綻するのは，端的に言えば回折現象における偏光依存性が無視できなくなった場合である．スカラー回折理論では得られない情報であるから，より厳密な理論を用いるしかない．

実際に回折における偏光依存性が無視できなくなるのは主に下記のような場合である．

1) 物体の構造が極めて微小な場合．
2) 物体の厚みが大きい場合．
3) 物体を照明する光の入射角が非常に大きい場合．
4) 結像光学系の開口数が非常に大きい場合．

これらの場合，結像を詳細に調べるにはベクトル回折理論を用いなければならない．ただし「ベクトル回折理論」という用語は，「スカラー回折理論」ほどはっきりとした手法を意味していない．光を電磁波として捉え，マックスウェル方程式に準じて光学系の回折における偏光特性が語れる程度に解析すればベクトル回折で扱ったということになる[*1]．

次に，上記の場合にスカラー回折理論が破綻する理由を考える．

図 4.1 は，照明された反射物体における光の反射の様子を示したものである．照明光源は簡単のため点光源と仮定した．この点光源からの光が対物レンズで平行光となり，物体を照明する．ここで，物体は図に示したように矩形溝から

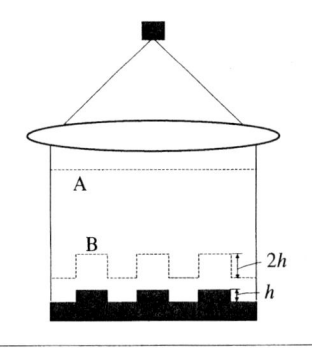

図 4.1 物体上での反射前後の位相変調
スカラー回折理論では物体の形どおりに変調される．

[*1] 逆に言うとスカラー回折理論という用語は，単に光をスカラー波として扱ったという意味だけでなく，物理的なモデルに関するいくつかの前提を含んでいる．

なる反射型の回折格子であると仮定する．物体で反射した光を対物レンズが再度集めて，像面に格子の像を結像するわけであるが，この過程をスカラー回折理論で描写してみよう．

まず，反射回折格子を照明する光は垂直入射の平面波であるから，物体面上での振幅分布は定数であり，これについては問題ない．しかし反射回折格子で反射した直後の光については，スカラー回折理論では入射照明光振幅分布に，物体の振幅分布を掛けて求める[*1]．したがって今，反射回折格子の表面の反射率が一定であるとすると，反射直後の光の強度分布は一定で，位相だけが完全に格子の形状どおりに変調されることになる．すなわち，図 4.1 で点線 B で示したような位相をもつ光が反射されてくると考えるわけである．反射の際，回折格子の溝部分に入射した光は反射による往復で溝の深さの倍の光路長をたどるので，位相変調は溝の深さの 2 倍分となる．ここにすでに問題があり，物体で反射した直後の光は，厳密には図 4.1 の点線で示したような単純な形状で表すことはできない．

金属でできている反射型回折格子の場合，格子の溝部分は，3 方を金属に囲まれた空間である．スカラー回折理論では，この空間内全域に光があたかも溝に注がれた水のように行きわたると考える．したがって，図 4.1 で反射してきた光の等位相面はまるで格子内で凍らせた氷を抜き取ったような形をしている．しかし実際には光の電場はこの溝の中の空間に自由に分布できるわけではない．偏光方向にもよるが，光は電磁波であるから溝の壁において所定の境界条件を満たさねばならない．とくに完全導体で近似できる格子においては，電場の接線成分は格子表面で 0 にならねばならない．溝が広い場合には溝の壁付近での局所的な事象として無視することができるが，溝が非常に狭い場合 (波長程度あるいはそれ以下) は，この境界条件が溝内の光の分布全体に大きな影響を与える．格子が完全導体でかつ溝幅が波長の半分以下，という極端な場合には，格子の溝の壁に平行な偏光成分をもつ光は溝の中に入ることさえ困難になる[*2]．このような事情を無視して反射後の光振幅分布を単純なルールに従って求めれ

[*1] この方法は光をスカラー波として扱ったことによる必然的な帰結ではないが，スカラー回折理論においてはこのモデルを前提とする．

[*2] この現象を利用して金属細線による偏光板が実用化されている．

ば，解析の結果に破綻が生じるのは当然である．また，格子の周期が小さいほど (溝の幅が狭いほど) 破綻が際立つことも理解できる．

また，図 4.1 において，スカラー回折理論がエネルギー保存則を満たさないことも指摘できる．スカラー回折理論では，物体で反射した直後の光の振幅分布をフーリエ変換して回折波の振幅を求めるから，図 4.1 で点線で示したように位相分布に急峻な曲がりをもつ光は当然，無限に高次の回折光まで生じることになる．ところが，図 4.1 においては，回折角が 90°を超える回折光は空間を伝搬することができない．この光は近接場光 (エバネッセント (evanescent) 光とも呼ぶ) といって，実際にはエネルギー保存則に参加しない波である．しかるにスカラー理論では反射直後の光と回折波の関係は単なるフーリエ変換なので，エネルギー保存は Parseval の公式，すなわち

$$\iint_{-\infty}^{\infty} |\tilde{o}(\xi,\eta)|^2 d\xi d\eta = \iint_{-\infty}^{\infty} |o(x,y)|^2 dxdy \tag{4.1}$$

で与えられる．左辺の積分は回折光強度の総和を表し，右辺は物体透過 (または反射) 直後の光強度の総和を表す．つまり，無限の高次回折光までエネルギー保存則に参加することで，初めてエネルギー保存則が成立している．ということは，周期の非常に小さい回折格子においては，空間を伝搬できる回折光の数が非常に少ないので，エネルギー保存則ははなはだしく破られるということになる[*1]．

このエネルギー保存則の問題は，スカラー回折理論破綻の第 3 の条件である，「物体を照明する光の入射角が非常に大きい場合」にも関係している．なぜなら照明光の入射角が変わると，空間を伝搬可能な回折光の次数範囲が変化するからである．スカラー回折理論では，照明光の入射角が変化しても各回折光の振幅は変化しないから，伝搬可能な回折光の次数範囲が変化すれば当然進行波全体のエネルギーの総和も変化する．これもまた，スカラー回折理論が非伝搬回折光まで含めてエネルギー保存が成り立っていることの帰結である．実際にはエネルギー保存則を満たすために，各次数の回折光の振幅は照明光の入射角変

[*1] 有限な伝導率をもつ金属回折格子などでは，発生した近接場光が表面プラズモンと共鳴して金属に大量吸収されたりする．これは近接場光を経てエネルギーが移動していることを示すが，ベクトル回折計算ではこの分は物体による吸収として計上される．

化に伴って変わっているのである．

次に物体の厚さについてであるが，図 4.1 に示した凹凸形状を有する反射回折格子の場合でも，スカラー回折理論では厚み 0 の位相変調物体として考える[*1]．実際には回折格子は厚みのある 3 次元形状をしているから，ここに入射した光は 3 次元の壁の構造を感じるはずであり，照明条件に応じた影を生じることになるが，それが無視される．よって，回折格子の周期がそれほど小さくなくても，厚みが非常に大きい場合にはスカラー回折理論の結果は事実から乖離する．

最後に光学系の像側の開口数が非常に大きい場合については，点像強度分布に大きな偏光依存性が現れる．これについては 4.3 節で詳細に述べる．

このように，物体として反射型回折格子を例にとってスカラー回折理論の破綻を説明したが，この結論は一般の物体に対しても同じである．ただし一般的な物体は回折格子よりは基本空間周波数が低いため，ここで示した例ほどには破綻が顕著にならない．

4.2　物体面におけるベクトル回折

物体上での回折がスカラー回折理論から乖離している場合は，結像の式における物体振幅分布の項を考え直さねばならない．たとえば式 (2.22) においては $\tilde{o}(\xi,\eta)$ の項が物体の回折で発生する回折光を記述しているが，スカラー回折理論が成り立たない条件では物体振幅分布 $o(x,y)$ のフーリエ変換で回折光を求めることはできない．

与えられた物体に対し，回折光をマックスウェル方程式に準じて厳密に計算する方法は数多く存在するが，現在光学結像解析の世界で主流となっているのは厳密結合波 (Rigorous Coupled Wave, RCW) 法[1] と時間領域差分 (Finite-Difference Time-Domain, FDTD) 法[2] の 2 種類である．前者は回折の問題をひとまず解析的に解き，計算機上で数値解を出すための行列演算を行う手法であり，後者はマックスウェル方程式を差分形式で表現し，計算機上で光波の伝搬を空間軸，時間軸の両方に沿って逐次計算していく手法である．矩形の回折

[*1] これもまた光をスカラー波として扱ったことによる必然的な帰結ではないが，スカラー回折理論における暗黙の前提の 1 つである．

格子など，構造が簡単な場合は RCW 法の方が高速かつ正確に計算できる場合があるが，形状が複雑になると FDTD 法の方が柔軟に対応できる．これら 2 つの方法について，その解析法の概略説明を付録 M,N に用意した．

さて，上述した RCW 法や FDTD 法を用いると，平面波で照明した物体 $o(x,y)$ から出射する回折光を厳密に求めることができる．今，垂直入射照明で照明した場合の回折光の電場を $\tilde{\boldsymbol{E}}(\xi,\eta)$ と記すことにする[*1)]．光の電場は一般に 3 次元であるが，平面波として自由空間中を伝搬する回折光を考えた場合，伝搬方向の電場成分は常に 0 であるから，光軸上の物体から発した回折光の瞳上での電場は瞳面内の 2 成分で表される[*2)]．よって $\tilde{\boldsymbol{E}}(\xi,\eta)$ は x,y の 2 成分を用いて

$$\tilde{\boldsymbol{E}}(\xi,\eta) = \begin{pmatrix} E_x(\xi,\eta) \\ E_y(\xi,\eta) \end{pmatrix} \tag{4.2}$$

と書ける．この値を RCW 法または FDTD 法などを用いて計算し，3.5 節で説明した偏光を考慮した結像式にそのまま代入してみる．すなわち式 (3.22) から入射角の方向余弦が $\left(\xi_s, \eta_s, \sqrt{1-\xi_s^2-\eta_s^2}\right)$ であるような斜め照明に対する像の振幅分布 $\boldsymbol{U}(x,y,\xi_s,\eta_s)$ はジョーンズ行列形式の瞳関数 $\boldsymbol{G}(\xi,\eta)$ を用いて暫定的に次のように書ける．

$$\begin{aligned}\boldsymbol{U}(x,y,\xi_s,\eta_s) =& C \iint_{-\infty}^{\infty} d\xi' d\eta' \, \boldsymbol{G}'(\xi'+\xi_s',\eta'+\eta_s')\tilde{\boldsymbol{E}}(\xi,\eta) \\ & \times \exp\left\{ik\left[(\xi'+\xi_s')x+(\eta'+\eta_s')y\right]\right\}\end{aligned} \tag{4.3}$$

この場合の振幅 $\boldsymbol{U}$ は像面における電場 $\boldsymbol{E}$ である．暫定的に，と書いた理由はすぐ後で述べる．ここで「′」が付いているのは射出瞳の瞳座標および射出瞳座標で表記した瞳関数であることを示し，結像光学系の倍率を β とすると，

$$\xi = |\beta|\xi', \quad \eta = |\beta|\eta' \tag{4.4}$$

[*1)] $\tilde{\boldsymbol{E}}$ は RCW 法や FDTD 法などの厳密な解析により求められた回折光の電場分布であって物体面上での電場 $\boldsymbol{E}$ のフーリエ変換という意味ではないが，本書ではスカラー回折理論の結像式との類似からこの表記法を用いる．なお場合によっては磁場 $\boldsymbol{H}$ で記述することもあるが，結像式中での取り扱いはまったく同じである．ただし像面での光強度の定義によっては最終的に磁場 $\boldsymbol{H}$ を電場 $\boldsymbol{E}$ に変換する必要がある．これについては次節参照．

[*2)] 物体の位置が軸上から離れている場合は回折光が瞳を斜めに通過するので事実上電場には z 成分 (光軸方向の成分) も現れてしまうが，この z 成分は光が傾いていることを表しているだけであり，これを無視して軸上の場合と同様に扱ってかまわない．

$$\boldsymbol{G}(\xi,\eta) = \boldsymbol{G}'(\xi',\eta') \tag{4.5}$$

である.光源の強度分布を $S(\xi_s,\eta_s)$ とすればこれに対応する部分コヒーレント像の強度分布 $\boldsymbol{I}(x,y)$ は式 (3.23) そのままであり,

$$\boldsymbol{I}(x,y) = \begin{pmatrix} \iint_{-\infty}^{\infty} d\xi_s d\eta_s\, S(\xi_s,\eta_s)|U_x(x,y,\xi_s,\eta_s)|^2 \\ \iint_{-\infty}^{\infty} d\xi_s d\eta_s\, S(\xi_s,\eta_s)|U_y(x,y,\xi_s,\eta_s)|^2 \end{pmatrix} \tag{4.6}$$

となる[*1].式 (4.3) で結像光学系に偏光変換作用がないと考えられる場合はジョーンズ行列形式の瞳関数 $\boldsymbol{G}(\xi,\eta)$ は通常のスカラー瞳関数 $G(\xi,\eta)$ に置き換えてよい.

式 (4.3) は限定された条件[*2]のもとではこのままで使えるが,より一般的に用いるには多少の補正を要する.

まずベクトル回折理論においては,回折光の電場振幅は照明光の入射角に依存するため,式 (4.3) 中の $\tilde{E}(\xi,\eta)$ は $\tilde{E}(\xi,\eta,\xi_s,\eta_s)$ としなければならない[*3].よって,式 (4.3) を計算する際には,異なる入射角の照明に対する $\tilde{E}$ をあらかじめ計算しておかねばならない.ベクトル回折の計算は一般に時間がかかるので,実際には考慮する入射角の範囲を複数の領域に分割し,同一領域内では $\tilde{E}$ が一定であるなどと近似して計算を行う.照明光の入射角範囲が狭ければ,もちろん代表的な入射角に対する $\tilde{E}$ を用いるだけでよいが,これは計算結果の収束状況などから判断する.

もう1つの補正は,物体面での入射光と出射光の傾斜補正である.この補正が要求される理由については4.5節で詳しく述べるが,ここでは結論だけを書く.今,出射回折光と入射照明光が光軸となす角度の余弦をそれぞれ ζ_d, ζ_s とするとこれらは

$$\zeta_d = \sqrt{1-(\xi+\xi_s)^2-(\eta+\eta_s)^2} \tag{4.7}$$

$$\zeta_s = \sqrt{1-\xi_s^2-\eta_s^2} \tag{4.8}$$

[*1] 式 (4.3) における U が電場であるから式 (4.6) の強度 I は電場エネルギー密度であるが,結像式が磁場 H で記述されている場合は磁場エネルギー密度に対応する.
[*2] 4.5節の最後に条件をまとめた.
[*3] 表記 $\tilde{E}(\xi,\eta,\xi_s,\eta_s)$ においても,変数 ξ,η は式 (2.23),(3.22) の $\tilde{o}(\xi,\eta)$ における ξ,η と同義である.すなわち ξ,η は物体の空間周波数に対応し,照明光の入射角にかかわらず 0 次回折光に対して 0 となる.

と表せる[*1]. これらの補正を反映すると式 (4.3) は

$$\boldsymbol{U}(x,y,\xi_s,\eta_s) = C \iint_{-\infty}^{\infty} d\xi' d\eta' \, \boldsymbol{G}'(\xi' + \xi_s', \eta' + \eta_s') \tilde{\boldsymbol{E}}(\xi,\eta,\xi_s,\eta_s) \sqrt{\frac{\zeta_d}{\zeta_s}}$$
$$\times \exp\left\{ik\left[(\xi' + \xi_s')x + (\eta' + \eta_s')y\right]\right\}$$
(4.9)

となる[*2]. $\sqrt{\zeta_d/\zeta_s}$ によって与えられる補正項は,結像光学系の物体側開口数または照明の開口数が非常に大きい場合に重要であり,それ以外の条件では補正項がかなり小さな量となるので無視しても差し支えない.式 (4.3),(4.9) では,瞳から像への光の伝搬を記述するフーリエ基底の部分はスカラー回折理論の場合と変わっていないが,像側の開口数が非常に大きい場合はこの部分もベクトル成分を考慮した計算に置き換える必要がある.この点については次節で議論する.

式 (4.3) ではベクトル回折計算から求められた回折光の 2 次元 (ξ,η) 分布を用いた表現になっている.このためには物体の 3 次元構造に対して RCW 法や FDTD 法などによる回折光の厳密計算を行わねばならないが,計算時間やメモリの使用量などの問題からそれほど頻繁には行われない.実際によく計算されるのは回折格子のような 2 次元構造の物体である.

いま図 4.2 に示すように,x 軸方向にのみ構造をもつ物体を考え,照明光の y 軸方向の方向余弦を 0 であると仮定すると,この場合の物体による光の回折は xz 平面内で考えてよい.このとき回折は x 軸 (瞳面では ξ 軸) 方向のみに生じるから回折光は $\tilde{\boldsymbol{E}}(\xi,\eta)$ ではなく $\tilde{\boldsymbol{E}}(\xi)\delta_{\eta 0}$ と表せる.さらに xz 平面内で物体に入射する光の電場が y 成分のみをもつ状態 (TE モード) では回折光が電場の y 成分だけで表すことができるので,スカラー関数 $\tilde{E}_y(\xi)\delta_{\eta 0}$ で記述することができる[*3].

この回折光分布を結像計算に取り入れる.物体の構造は y 軸方向に一定であ

[*1] 2.2 節で述べたように,ベクトル回折理論では入射瞳,射出瞳の原点は必ず光軸と平行な光線に対応している必要がある.すなわち瞳座標は光線の方向余弦の光軸に直交する成分そのものでなければならない.光学系の都合で決まる主光線の位置を原点にとることはできない.

[*2] ζ_s は積分変数ではないので積分記号の外に出してよいが,補正項の性格を明瞭にするためこのような記述にした.4.5 節参照.

[*3] 磁場が y 成分のみの場合は TM モードであり,回折光は磁場の y 成分を表すスカラー関数

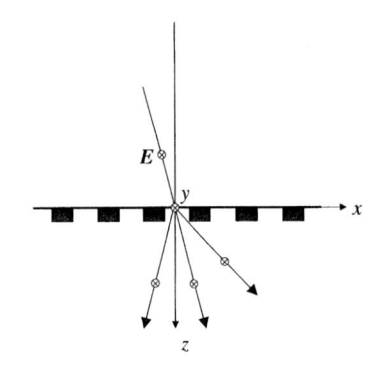

図 4.2 物体が x 軸方向にのみ構造をもつ場合の TE モードの回折 電場をスカラーとして扱える.

るとしても,照明光の y 軸方向の方向余弦は一般的に 0 ではない.しかし回折光の振幅が照明光の y 軸方向の方向余弦に依存しないと仮定すれば[*1],結像の式 (4.9) において $\tilde{E}(\xi, \eta, \xi_s, \eta_s)$ を η_s に依存しないスカラー関数 $\tilde{E}_y(\xi, \xi_s)\delta_{\eta 0}$ で置き換えればよい.光学系の偏光特性を考慮する必要がなければ瞳関数もスカラーと考えてよく,結像式全体が次のスカラー関数の積分

$$U(x, y, \xi_s, \eta_s) = C \iint_{-\infty}^{\infty} d\xi' d\eta' \, \tilde{E}_y(\xi, \xi_s)\delta_{\eta 0} \, G'(\xi' + \xi'_s, \eta' + \eta'_s)\sqrt{\frac{\zeta_d}{\zeta_s}} \\ \times \exp\{ik[(\xi' + \xi'_s)x + (\eta' + \eta'_s)y]\} \tag{4.10}$$

となる.ただしこの場合の補正項は

$$\zeta_d = \sqrt{1 - (\xi + \xi_s)^2} \tag{4.11}$$

$$\zeta_s = \sqrt{1 - \xi_s^2} \tag{4.12}$$

である.

光源分布が $S(\xi_s, \eta_s)$ である場合の部分コヒーレント像の強度分布は

$$I(x, y) = \iint_{-\infty}^{\infty} d\xi_s d\eta_s \, S(\xi_s, \eta_s)|U(x, y, \xi_s, \eta_s)|^2 \tag{4.13}$$

$\tilde{H}_y(\xi)\delta_{\eta 0}$ で表せる.いずれにしても,物体も入射光も y 軸方向には一定であるという仮定が必要である.

[*1] 物体構造が存在する方向と直交する方向,すなわち物体が一定の方向に照明光の入射角が変化しても回折光が変化しないという仮定であり,直感的にも受け入れやすい.

で与えられる.

式 (4.10) の成立には, 回折光の振幅分布が照明光の y 軸方向の方向余弦に依存しないという仮定が必要であるが, スカラー回折理論の式 (2.23) に非常に近くわかりやすいのでしばしば用いられている.

4.3 像面におけるベクトル回折

前節において, 物体面で生じるベクトル回折効果は, RCW 法や FDTD 法などの厳密計算手法で求めた物体の回折波振幅を結像公式に代入することで考慮できることを示した. 次に, 光学系の像面で発生するベクトル効果について述べる.

像面におけるベクトル効果の説明には, 高開口数の光学系における厳密な点像強度分布を議論した B.Richards and E.Wolf[3] の解説をするのがわかりやすいが, その前にごく基本的な事柄から述べる.

図 4.3 は, 光学系から像面に達した光が干渉する様子を示したものである[*1]. 図で像面に S 偏光として到達する偏光成分は紙面に垂直であり, 入射光が傾いても干渉は同一偏光成分間の干渉だけである. この場合光の電場は図の x 成分 (紙面に垂直な成分) しかもたないので干渉も x 成分のみで考えればよい. 一方, P 偏光として到達する光は図に示すように y 成分と z 成分の両方をもっている. これら2成分に対しては各成分ごとに光の干渉を考えねばならない. 像面の中心 O においては図で上下から来た光 (光軸に対し対称に入射する平面波) が同じ光路長をたどるので, それらの y 成分は同相となるから強め合うが, z 成分は逆相となり打ち消しあって 0 になる. しかし点 O から離れるにつれて上下から来た光の光路長差が大きくなるため, 干渉後の y 成分はしだいに減衰してゆく. 一方 z 成分は中心 O では 0 であるが, O を離れると打ち消し合いの条件から外れるために, 逆に大きな値になっていく.

つまり図 4.3 の結像を P 偏光で考えた場合, 光の y 成分だけで考えるならほ

[*1] これ以降, 図 4.3 のように入射光は光軸に平行であると仮定するが, 後述するように軸外結像であっても結果は変わらない. また, 簡単のためここでは像面座標を瞳座標と同じ向きにとっている. 本書における結像の式に取り込むときには座標の反転を考慮する必要があるが, 後でわかるとおりほとんど特別な配慮は必要ない.

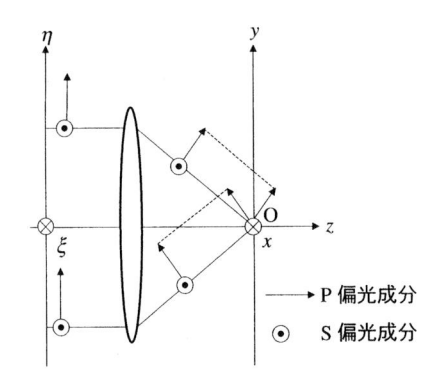

図 4.3 結像光学系から像面に入射する光 P,S 偏光成分で事情が異なる.

ぼスカラー回折理論の予想に近い強度分布が像面に形成されるが，z 成分についてはそれとはまったく異なる強度分布がもたらされてしまうことが予想される．基本的にスカラー回折理論の枠組みではこの z 成分が無視されている．光学系の像側の開口数が小さい場合はそもそも z 成分が小さいから問題ないが，開口数が大きくなると z 成分も大きく，無視できない．

スカラー回折理論の場合は，2.2 節の式 (2.18) からフーリエ変換の式

$$U(\mathrm{P}) = C \iint_a d\xi d\eta \exp\{ik(\xi x + \eta y + \zeta z)\} \tag{4.14}$$

を得た．積分範囲 a は瞳面上の開口半径である．点像強度分布 $I(\mathrm{P})$ は $I(\mathrm{P}) = |U(\mathrm{P})|^2$ で与えられる．

次に偏光方向を考慮した点像強度分布を導出する．図 4.3 において y 方向に直線偏光した入射光が作る点像を考察しよう[*1]．この場合，入射光の電場は瞳面上では y 成分だけである．

偏光を考慮する場合，1.2 節で説明した 2 つの $\sqrt{\cos\theta}$ 補正[*2]については再考を要する．まず図 4.4 において，入射瞳上で振幅一定の入射光が，レンズ通過後の収束球面波上で $\sqrt{\cos\theta}$ の振幅分布に変換されるという点については偏光を考慮した場合も正しい．ただし光強度として，電磁場のエネルギー保存則を表すポインティングベクトル $\boldsymbol{S}$ で考える必要がある．$\boldsymbol{S}$ の定義を改めて書くと

[*1] 任意の偏光状態の入射光を考慮するには，別に x 方向の直線偏光の場合を考えて合成すればよいがこれについては本節で後述する．

[*2] 入射平面波から収束球面波になるとき，および像面に斜めに入射するときの振幅変化に対応する補正．

4.3 像面におけるベクトル回折

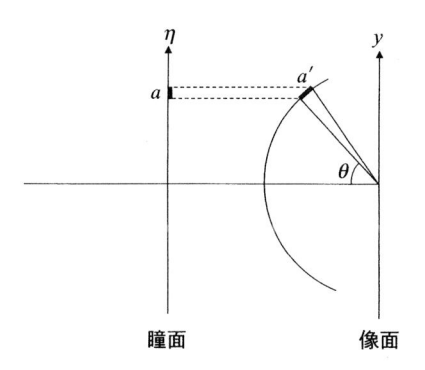

図 4.4 瞳面から波面への伝搬に伴う面積変化

$$S = \frac{1}{2} E \times H^* \qquad (4.15)$$

である.図 4.4 に示した入射瞳上の面積素片 a, および波面上の面積素片 a' 上での光のポインティングベクトル $S^{*1)}$ をそれぞれ S_a, $S_{a'}$ と記すことにすると,エネルギー保存則から

$$|S_a|\cos\theta = |S_{a'}| \qquad (4.16)$$

となる.n を媒質の屈折率,ε_0, μ_0 をそれぞれ真空の誘電率と透磁率であるとすると,自由空間中を伝搬する光のポインティングベクトル S は電場 E を用いて

$$|S| = \frac{n}{2}\sqrt{\frac{\varepsilon_0}{\mu_0}}|E|^2 \qquad (4.17)$$

で与えられる.図 4.4 に示した瞳面上の面積素片 a, 波面上の面積素片 a' 上での光の電場 E をそれぞれ E_a, $E_{a'}$ と記すことにすると,式 (4.16),(4.17) から容易に

$$|E_{a'}| = |E_a|\sqrt{\cos\theta} \qquad (4.18)$$

が得られる.ただし a と a' における媒質の屈折率は同じであると仮定した.

次に光が像面に達した場合の照射面積に関する考慮であるが,これはスカラー波のときと偏光を考慮した場合とで異なる.

[*1)] いずれも面積素片に対し垂直である.

図 4.5 から明らかなように,光線が紙面内にあるとすると,像面に P 偏光で入射してくる光の寄与は

$$|\boldsymbol{E}_t| = |\boldsymbol{E}|\cos\theta, \quad |E_z| = |\boldsymbol{E}|\sin\theta \tag{4.19}$$

であり,S 偏光で入射してくる光に対しては

$$|\boldsymbol{E}_t| = |\boldsymbol{E}|, \quad E_z = 0 \tag{4.20}$$

である.ここで $\boldsymbol{E}_t$ は電場の像面内成分を表す.式 (4.19),(4.20) をもとに,常に P 偏光,S 偏光を区別しながら像面への寄与を考える必要がある.

図 4.6 は,瞳を光の出射側 (像面側) から見た状態である.図より ξ 軸と角度 φ をなす方向の点 Q において,入射光の電場成分 E_y を P 偏光成分 E_P と S 偏光成分 E_S に分解すると,

$$E_\mathrm{P} = E_y \sin\varphi = E_y \frac{\eta}{\sqrt{\xi^2+\eta^2}} \tag{4.21}$$

$$E_\mathrm{S} = E_y \cos\varphi = E_y \frac{\xi}{\sqrt{\xi^2+\eta^2}} \tag{4.22}$$

となる.ただし式 (4.21),(4.22) で点 Q の瞳座標を (ξ,η) とした.式 (4.19),(4.20) から E_P の面内成分に $\cos\theta$ が,z 成分に $\sin\theta$ が余分に掛かることを考えると,像面上での電場のベクトル成分を改めて (E_x, E_y, E_z) とおくと,これらは $E_\mathrm{p}, E_\mathrm{S}$

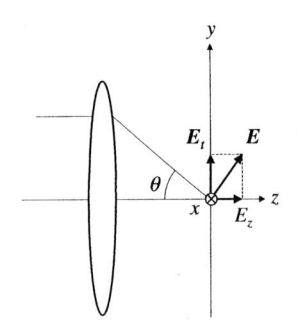

図 4.5 像面における入射光の面内成分 $\boldsymbol{E}_t$ と光軸方向成分 E_z

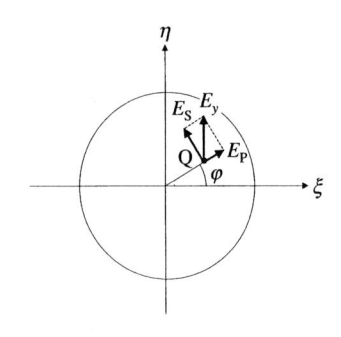

図 4.6 入射光の P,S 偏光成分への分解

を用いて次のように表すことができる.

$$E_x = E_{\rm P} \cos\theta \cos\varphi - E_{\rm S} \sin\varphi \tag{4.23}$$

$$E_y = E_{\rm P} \cos\theta \sin\varphi + E_{\rm S} \cos\varphi \tag{4.24}$$

$$E_z = E_{\rm P} \sin\theta \tag{4.25}$$

式 (4.23)〜(4.25) に式 (4.21),(4.22) を代入し, $\sin\theta = \sqrt{\xi^2 + \eta^2}, \cos\theta = \zeta$ であること, および式 (4.18) を考慮して, 波面上の点 Q(ξ,η) からの寄与 $\delta E^{\xi,\eta}$ は

$$\delta E_x^{\xi,\eta} = \frac{\xi\eta}{\xi^2 + \eta^2}\sqrt{\zeta}(\zeta - 1)\exp\{ik(\xi x + \eta y - \zeta z)\}dS \tag{4.26}$$

$$\delta E_y^{\xi,\eta} = \frac{\xi^2 + \eta^2\zeta}{\xi^2 + \eta^2}\sqrt{\zeta}\exp\{ik(\xi x + \eta y - \zeta z)\}dS \tag{4.27}$$

$$\delta E_z^{\xi,\eta} = \eta\sqrt{\zeta}\exp\{ik(\xi x + \eta y - \zeta z)\}dS \tag{4.28}$$

となる. 積分変数 dS は単位球面上の面積素片であるから,

$$dS = \frac{d\xi d\eta}{\zeta} \tag{4.29}$$

が成り立ち, これを用いて変数変換すると最終的に

$$E_x({\rm P}) = C\iint_a \exp\{ik(\xi x + \eta y - \zeta z)\}\frac{\xi\eta}{\xi^2 + \eta^2}\left(\sqrt{\zeta} - \sqrt{\frac{1}{\zeta}}\right)d\xi d\eta \tag{4.30}$$

$$E_y({\rm P}) = C\iint_a \exp\{ik(\xi x + \eta y - \zeta z)\}\frac{1}{\xi^2 + \eta^2}\left(\eta^2\sqrt{\zeta} + \xi^2\sqrt{\frac{1}{\zeta}}\right)d\xi d\eta \tag{4.31}$$

$$E_z({\rm P}) = C\iint_a \exp\{ik(\xi x + \eta y - \zeta z)\}\eta\sqrt{\frac{1}{\zeta}}d\xi d\eta \tag{4.32}$$

が得られる. 磁場についてはマックスウェル方程式

$$\nabla \times \boldsymbol{E} = -\frac{\partial \boldsymbol{B}}{\partial t} \tag{4.33}$$

から求めればよい. たとえば H_x について計算すると

$$H_x({\rm P}) = C\iint_a \exp\{ik(\xi x + \eta y - \zeta z)\}\frac{1}{\xi^2 + \eta^2}\left(\xi^2\sqrt{\zeta} + \eta^2\sqrt{\frac{1}{\zeta}}\right)d\xi d\eta \tag{4.34}$$

となる．これは $E_y(\mathrm{P})$ を xy 平面内で 90°回転させたものに等しい．ここまでで述べた偏光を考慮した点像の解析は，1956 年に R.Burtin[4] によって発表された．一般にはより詳細に議論した B.Richards ら[3] の方がよく知られている．

式 (4.30)~(4.32) を導出する過程で，入射光は図 4.3 に示したように瞳面上において光軸に平行であることを仮定した．光が光軸に対し角度をなして入射する場合，ベクトル計算においてもスカラー回折理論の場合と同様，軸上と同じ結果が得られる．これは，瞳面 a から波面 a' への補正がスカラー回折理論の場合と実質的に変わらないこと，および像面上への寄与については軸上と軸外で異なる理由がないこと，から明らかである．すなわち，像面上に形成された点像の各電場成分においても，正弦条件が成立する限り軸上結像と軸外結像には差がなく，これらを同等に扱ってよい．また，軸外結像がテレセントリック[*1]でない場合は，スカラー回折理論の場合と同様，軸上結像において瞳が偏心している場合と等価であり，式 (4.30)~(4.32) の積分範囲の中心をずらすだけでよい．軸上と軸外の結像を同一の扱いで解析できるという事実はベクトル回折による結像計算を非常に簡明にする．式 (4.30)~(4.32) で像面上での電場成分が求められたので，具体的な点像強度分布の計算結果をみておこう．

一般に像面上に存在する受光素子もしくは感光剤によって光が検出されるものとすれば，光の強度としては電場エネルギー密度 I_E を用いるのが妥当である場合が多い．ここに媒質の比誘電率を ε とすると

$$I_E = \varepsilon(|E_x|^2 + |E_y|^2 + |E_z|^2) \tag{4.35}$$

である[*2]．

図 4.7 は，y 軸方向に直線偏光した光が焦点面につくる点像の電場エネルギー密度分布の等高線図である．図において (a) が開口数 0.999 の場合，(b) が 0.37 の場合である．また図 4.8(a),(b) はそれぞれ開口数 0.999, 0.37 の場合の偏光方

[*1] 主光線と光軸が平行となる状態．
[*2] 結像式が磁場 H で記述されている場合はまず像面での磁場 H を電場 E に変換し，その後式 (4.35) の計算を行う必要がある．受光素子によっては必ずしも I_E が妥当とは限らない．厳密を期すならば，感光物質中での光と物質の相互作用を正確に考慮した上で，ポインティングベクトル S の発散 $\nabla \cdot S$ から体積素子中で吸収された全光エネルギー量を考える必要がある．ただし光エネルギーが伝導電流のみに変換される場合，$\nabla \cdot S$ は伝導率を σ として σI_E に一致する．

4.3 像面におけるベクトル回折

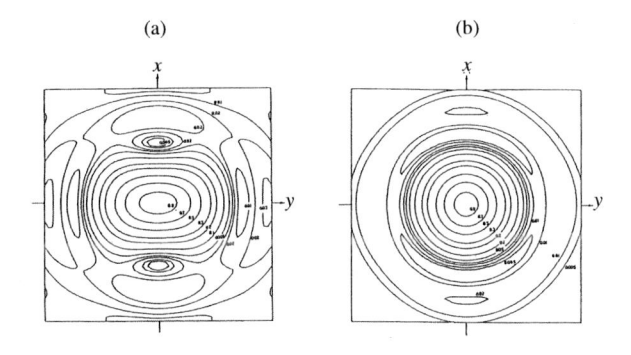

図 4.7 偏光を考慮した点像強度分布の等高線図
入射偏光は y 方向. (a)NA=0.999,(b) NA=0.37.

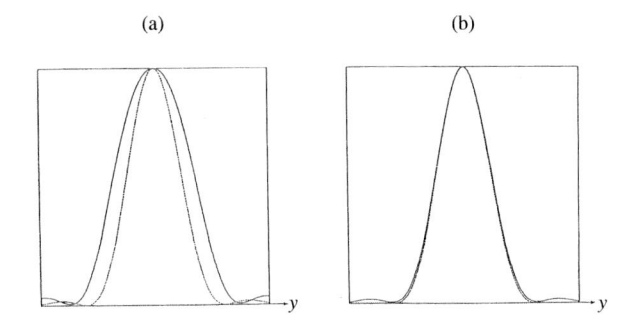

図 4.8 偏光を考慮した点像強度分布の偏光方向 y 軸に沿った断面図
点線はスカラー理論による値. (a)NA=0.999,(b)NA=0.37.

向 (y 軸) に沿った断面図である．図中で点線で示したのはスカラー理論による点像強度分布である．図からわかるように開口数が大きくなると点像の偏光方向に沿った拡がりはスカラー理論の結果よりもかなり大きくなる．この点像肥大化の主要な原因は，電場エネルギー密度中の $|E_z|^2$ 成分である．図 4.9 は開口数 0.999 における電場エネルギー分布の等高線図を (a) 像面内成分 $|E_x|^2 + |E_y|^2$ と (b) 像面に直交する成分 $|E_z|^2$ に分けて示したもので，これらを足したものが図 4.7(a) である．図から点像の中央で 0 になる $|E_z|^2$ が点像の拡がりを大きくしていることがわかる．なお，面内で入射偏光に直交する $|E_x|^2$ 成分は開口数 0.999 においてもなお無視できる程度である．

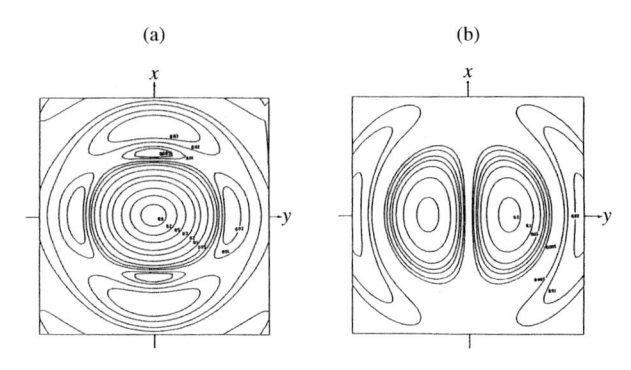

図 4.9 点像強度分布の電場成分別表示
NA=0.999 における (a) 像面内成分, (b) 光軸方向成分.

このように結像光学系の開口数が極端に大きい場合, 偏光方向に沿った点像拡がりがスカラー理論の結果より著しく大きくなり, 予期した解像力を得られなくなる. この効果は直線偏光照明を用いた場合に顕著であるが, 円偏光や非偏光の場合も影響を受ける[*1]. いずれにしても大きな開口数の結像光学系で効率よく分解能を引き出すには, 点像が拡がらない方向 (つまり偏光に直交する方向) をうまく生かすように照明条件を整えることが肝要である.

ここまでは点像を議論してきたが, 次に拡がりのある物体の結像計算について述べる. 物体から瞳までのベクトル回折の扱いはすでに 4.2 節で説明したので, 像面側の開口数が大きく瞳から像までの光の伝搬においてスカラー回折の取り扱いができない場合を説明する.

結像前半の基本になるのは式 (4.9) である. この式 (4.9) において, 単なるフーリエ変換で済まされている瞳から像までの伝搬をベクトル化するのが目的である. 4.2 節および本節で述べたとおり, 軸上結像と軸外結像の区別が不要であるから, ここでも式 (4.9) 中で回折光の電場を表す $\tilde{\boldsymbol{E}}(\xi, \eta, \xi_s, \eta_s)$ は 2 次元ベクトルと考えてよい. 瞳から像までの伝搬については, 入射光が y 方向に偏光している場合は式 (4.30)〜(4.32) において求められているから, これを式 (4.9) に反映すればよい. 入射光が x 方向に偏光している場合は, 式 (4.30)〜

[*1] 任意の楕円偏光状態にある入射光に対する点像については次に述べる一般化されたベクトル結像式を用いればよい. また, 非偏光状態については, 直交する直線偏光に対する点像エネルギー密度分布を別々に求め, それらを足し算することで得られる.

(4.32) において ξ と η および x と y をそれぞれ交換し，交換後の η および y の符号を反転させれば，

$$E_x(\mathrm{P}) = C \iint_a \exp\{ik(\xi x + \eta y - \zeta z)\} \frac{1}{\xi^2 + \eta^2}\left(\xi^2\sqrt{\zeta} + \eta^2\sqrt{\frac{1}{\zeta}}\right) d\xi d\eta \tag{4.36}$$

$$E_y(\mathrm{P}) = C \iint_a \exp\{ik(\xi x + \eta y - \zeta z)\} \frac{\xi\eta}{\xi^2 + \eta^2}\left(\sqrt{\zeta} - \sqrt{\frac{1}{\zeta}}\right) d\xi d\eta \tag{4.37}$$

$$E_z(\mathrm{P}) = C \iint_a \exp\{ik(\xi x + \eta y - \zeta z)\}\xi\sqrt{\frac{1}{\zeta}} d\xi d\eta \tag{4.38}$$

となる．式 (4.9),(4.30)～(4.32),(4.36)～(4.38) より，物体から像までをベクトル回折で扱った結像式として次の式を得る[*1)]．

$$\begin{aligned}\boldsymbol{E}(x,y,\xi_s,\eta_s) =& C\iint_{-\infty}^{\infty} d\xi' d\eta'\, \boldsymbol{V}(\xi'+\xi_s',\eta'+.\eta_s',\zeta_d')\boldsymbol{G}'(\xi'+\xi_s',\eta'+\eta_s')\\ &\times \tilde{\boldsymbol{E}}(\xi,\eta,\xi_s,\eta_s)\sqrt{\frac{\zeta_d}{\zeta_s}}\exp\{ik[(\xi'+\xi_s')x + (\eta'+\eta_s')y]\}\end{aligned} \tag{4.39}$$

ただし

$$\zeta_d' = \sqrt{1-(\xi'+\xi_s')^2 - (\eta'+\eta_s')^2} \tag{4.40}$$

ここで $\boldsymbol{E}(x,y,\xi_s,\eta_s)$ および $\tilde{\boldsymbol{E}}(\xi,\eta,\xi_s,\eta_s)$ はそれぞれ照明光の入射角が (ξ_s,η_s) であるときの像面上の電場および瞳面上の電場であり，

$$\boldsymbol{E}(x,y,\xi_s,\eta_s) = \begin{pmatrix} E_x(x,y,\xi_s,\eta_s) \\ E_y(x,y,\xi_s,\eta_s) \\ E_z(x,y,\xi_s,\eta_s) \end{pmatrix} \tag{4.41}$$

$$\tilde{\boldsymbol{E}}(\xi,\eta,\xi_s,\eta_s) = \begin{pmatrix} \tilde{E}_x(\xi,\eta,\xi_s,\eta_s) \\ \tilde{E}_y(\xi,\eta,\xi_s,\eta_s) \end{pmatrix} \tag{4.42}$$

と表せる．なお式 (4.42) 右辺の符号については，(ξ,η) 軸の正の方向にベクトル成分があるときを正とする．像面上での電場は 3 成分からなるが，すでに述

[*1)] これ以降は入射瞳座標と射出瞳座標を区別する必要があるので，射出瞳座標を示す「′」をつける．また，z に依存する位相項は瞳関数 $\boldsymbol{G}'$ 中に波面収差として含める．

べたことから瞳面での電場は2成分のみと考えてよい．電場の各成分に関して瞳から像までの伝搬における振幅変化を表す3行2列の行列 V は次の式で与えられる[*1)]．

$$V(\xi,\eta,\zeta) = \begin{pmatrix} \frac{1}{\xi^2+\eta^2}\left(\xi^2\sqrt{\zeta}+\eta^2\sqrt{\frac{1}{\zeta}}\right) & \frac{\xi\eta}{\xi^2+\eta^2}\left(\sqrt{\zeta}-\sqrt{\frac{1}{\zeta}}\right) \\ \frac{\xi\eta}{\xi^2+\eta^2}\left(\sqrt{\zeta}-\sqrt{\frac{1}{\zeta}}\right) & \frac{1}{\xi^2+\eta^2}\left(\eta^2\sqrt{\zeta}+\xi^2\sqrt{\frac{1}{\zeta}}\right) \\ \xi\sqrt{\frac{1}{\zeta}} & \eta\sqrt{\frac{1}{\zeta}} \end{pmatrix} \quad (4.43)$$

式 (4.30)～(4.32) における指数関数の z に関する部分は，式 (4.39) ではデフォーカス収差として瞳関数 G' に繰り込まれている．部分コヒーレント照明への拡張は，式 (4.35),(4.39) から電場エネルギー密度を求め，これを照明光源の拡がりの範囲で変数 ξ_s, η_s について積分すればよい．これは

$$\begin{aligned}I_E(x,y,\xi_s,\eta_s) =& \varepsilon\big(|E_x(x,y,\xi_s,\eta_s)|^2 + |E_y(x,y,\xi_s,\eta_s)|^2 \\ & + |E_z(x,y,\xi_s,\eta_s)|^2\big)\end{aligned} \quad (4.44)$$

$$I(x,y) = \iint_{-\infty}^{\infty} d\xi_s d\eta_s\, S(\xi_s,\eta_s) I_E(x,y,\xi_s,\eta_s) \quad (4.45)$$

と書ける．簡単な像の計算例とその考察を付録Oに示す．

式 (4.39) は物体側，像側ともにベクトル回折の考慮を行ったものであるが，像側のみにベクトル回折を適用し，物体側はスカラー回折で済ませる場合もある[*2)]．その場合は式 (4.39) 中の電場 $\tilde{E}(\xi,\eta,\xi_s,\eta_s)$ を式 (3.19) で定義したジョーンズベクトル $o(x,y)$ のフーリエ変換 $\tilde{o}(\xi,\eta)$ で置き換え，補正項 $\sqrt{\zeta_d/\zeta_s}$ を省略する．すなわち式 (4.39) のかわりに

$$\begin{aligned}U(x,y,\xi_s,\eta_s) =& C\iint_{-\infty}^{\infty} d\xi' d\eta'\, V(\xi'+\xi_s',\eta'+\eta_s',\zeta'^*) G'(\xi'+\xi_s',\eta'+\eta_s') \\ & \times \tilde{o}(\xi,\eta)\exp\{ik[(\xi'+\xi_s')x + (\eta'+\eta_s')y]\}\end{aligned}$$
$$(4.46)$$

[*1)] 図 4.3, 4.4, 4.5 では簡単のため瞳座標と像面座標の向きを反転していなかったが，式 (4.42) の符号の約束を上に述べたとおりにすればこのままの形で結像の式に取り込むことができる．

[*2)] 物体側の開口数が小さく像側の開口数が大きい場合などに適用できる．

を用いる．ジョーンズベクトルは電場の方向を指しているので，式 (4.46) で得られた U は電場と解釈してよい．

本章の冒頭で述べたように，本節では媒質の屈折率については 1 を仮定した．像空間の媒質の屈折率が n である場合は，開口数 a と波長 λ をともに n で割って考えれば媒質の屈折率が 1 である場合の結果をそのまま当てはめてよい[*1]．

4.4 レーザー走査光学系におけるベクトル回折理論を用いた結像

本節では光ディスク再生光学系やレーザー走査顕微鏡などにおけるベクトル回折理論の応用について述べる．スカラー回折理論による説明はすでに 2.9 節でなされているが，基本的な光学系の構成を再度図 4.10 に示す．

図 4.10 は結像レンズの瞳面から物体を経てコレクターレンズの瞳面に配置された検出器までの構成を示している[*2]．一般にレーザー走査光学系は反射物体に対して用いることが多いが，図のように透過の構成として考えても同じである．図中の物体上の 1 点に微小なレーザースポットが形成され，このレーザースポットが物体上を移動していくことで物体の像情報が得られる．2.9 節と同様に結像レンズの瞳から入射したレーザー光が，物体で回折した後，コレクター

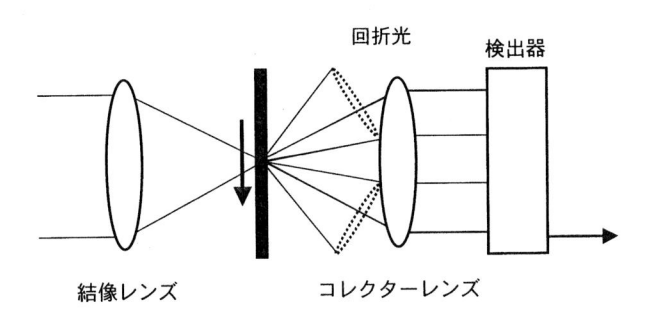

図 4.10 レーザー走査光学系の基本構成

[*1] 像の検出をなんらかの感光物質によって行う場合，最終的な像の電場エネルギー密度分布は感光物質中の値を用いる必要がある．
[*2] 2.9 節にならい検出器面上の座標は逆転させてある．また，検出器は正確にコレクターレンズの瞳面に位置している必要はない．

レンズの瞳面に設置された検出器上でどのような強度分布を形成するか,という問題を考えよう.ただし本節におけるベクトル回折の考慮は物体による回折のみとし,物体上にレーザースポットが形成される過程でのベクトル効果は考えない.

2.9節にならって結像レンズの瞳関数を $G(\xi, \eta)$, コレクターレンズの瞳位置に置かれた検出器の形状および感度分布を表す関数を $S(\xi_s, \eta_s)$ とする.スカラー理論から求められる検出器面上での光の振幅分布 $\tilde{U}(x, y, \xi_s, \eta_s)$ は式 (2.87) で与えられる.ベクトル回折理論を用いる場合は,式 (2.87) において物体のフーリエ変換で表されている部分を厳密解析による回折光の電場 (または磁場) 分布に置き換え,必要な補正項を追加することである.いま電場に注目した厳密解析を行うと仮定し,回折光の電場振幅分布を $\tilde{\boldsymbol{E}}$ で表す*1)と,検出器上の電場 $\tilde{U}(\xi_s, \eta_s)$ は

$$\tilde{U}(x, y, \xi_s, \eta_s) = C \iint d\xi d\eta \, G(\xi, \eta) \tilde{\boldsymbol{E}}(\xi - \xi_s, \eta - \eta_s, \xi, \eta) \sqrt{\frac{\zeta_s}{\zeta_d}} \quad (4.47)$$
$$\times \exp\{ik[(\xi - \xi_s)x + (\eta - \eta_s)y]\}$$

で与えられる.ただし

$$\zeta_s = \sqrt{1 - \xi_s^2 - \eta_s^2} \quad (4.48)$$

$$\zeta_d = \sqrt{1 - \xi^2 - \eta^2} \quad (4.49)$$

とする.式 (4.47) の直感的な説明は次のとおりである.

被積分関数 $G(\xi, \eta)\tilde{\boldsymbol{E}}(\xi - \xi_s, \eta - \eta_s, \xi, \eta) \exp(ik((\xi - \xi_s)x + (\eta - \eta_s)y))$ $\sqrt{\zeta_s/\zeta_d}$ は,結像レンズの瞳上の 1 点 (ξ, η) から出て,検出器上の 1 点 (ξ_s, η_s) に達する光電場の振幅を表している.このような光は,物体への入射光方向余弦が $\left(-\xi, -\eta, \sqrt{1 - \xi^2 - \eta^2}\right)$, 物体からの出射光方向余弦が $\left(-\xi_s, -\eta_s, \sqrt{1 - \xi_s^2 - \eta_s^2}\right)$ であるから,回折の次数に相当する量は $\xi - \xi_s, \eta - \eta_s$ となる.実際,物体の x, y 方向への基本周期を P_x, P_y とすれば, $\tilde{\boldsymbol{E}}$ が 0 でない値をとるのは

---

*1) 光ディスクの信号解析では,物体構造を 2 次元と考え,TE モードまたは TM モードの状態で結像を考えるのが一般的である.この場合 TE モードなら電場 (TM モードなら磁場) の 1 成分で表せるので関数 $\tilde{\boldsymbol{E}}$ はスカラー関数となる.4.2 節参照.

$$\xi - \xi_s = m\lambda/P_x, \qquad \eta - \eta_s = n\lambda/P_y \qquad (4.50)$$

の場合だけである．式 (4.50) における m, n が x, y 方向への回折次数である．被積分関数中の $\tilde{\boldsymbol{E}}(\xi-\xi_s, \eta-\eta_s, \xi, \eta)$ はこのような回折光の電場振幅を表すものであり，引数に (ξ, η) が含まれているのは入射光の入射角度に対する依存性を示している．次の位相項 $\exp\{ik[(\xi-\xi_s)x + (\eta-\eta_s)y]\}$ は，光学系に対して物体が相対的に x, y だけ移動したときに生じる回折光の位相変化を表している．この位相変化量はスカラー回折理論，ベクトル回折理論にかかわらず常に同じである．最後の $\sqrt{\zeta_s/\zeta_d}$ がベクトル回折理論を用いた場合の補正項であり，式 (4.9) に現れたものと同じである[*1]．

走査光学系としての出力信号 $I(x,y)$ は式 (2.89) と同様に

$$I(x,y) = \iint d\xi_s d\eta_s \, S(\xi_s, \eta_s) |\tilde{U}(\xi_s, \eta_s)|^2 \qquad (4.51)$$

で与えられる．

4.5 ベクトル回折理論における補正

スカラー回折理論による結像がフーリエ変換によって記述できることはすでに 1 章，2 章で説明したが，ここではベクトル回折理論を用いた場合に考慮すべきいくつかの点について述べる．

スカラー回折理論による結像で，物体から瞳，瞳から像がそれぞれフーリエ変換で結ばれていることを再度考えよう．

図 4.11 において，物体通過時に回折した光は複数の平面波に分解され，その状態で光学系に入射し，瞳面において各平面波がそれぞれ同一の点に集光する．これら回折によって生じた平面波の振幅は物体のフーリエ変換で求められるから，瞳面には物体のフーリエ変換がそのまま現れることになる．これが物体から瞳へのフーリエ変換関係である．次に瞳を通過した各回折光は残りの光学系を経て像面に達するが，このとき再び平面波の形に戻る．像面上ではこれら平面波が足し合わされて像を形成するので，式の上ではフーリエ変換になる．す

[*1] この補正項の意味については次節で説明する．

4. ベクトル回折理論における結像

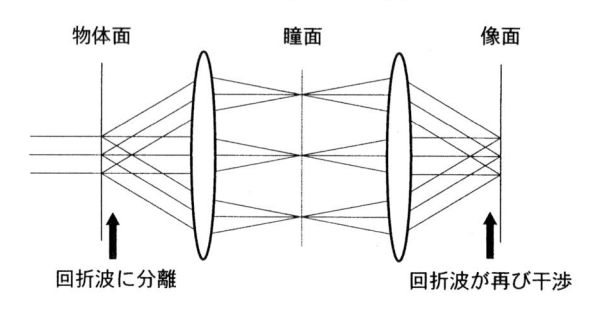

図 4.11 光学結像を回折波によって示した図

(物体面／瞳面／像面／回折波に分離／回折波が再び干渉)

なわち瞳から像もまたフーリエ変換で結ばれる．これらをまとめて簡単に表現すれば，

1) 物体通過後および像面に達する直前において，光は回折によって生じた複数の平面波として伝搬する．
2) フーリエ変換は，与えられた関数を平面波の和に分解したり，あるいはその逆を行う過程である．
3) 上記 1), 2) のことから物体から瞳，瞳から像がフーリエ変換であることが結論できる．

となる．

物体上での光の回折をベクトル回折理論を用いて行う場合も，回折計算の結果，物体から出射する回折波の振幅が求まるから，この振幅を用いてそのままフーリエ変換すればいいように思えるが，そうではない．ベクトル回折理論による回折波振幅は，ポインティングベクトルで表されたエネルギー保存則を満たすように決定されるので，ここでスカラー理論とは異なる．

簡単のため，透明な楔状の物体を光が通過する場合を考える．いま仮に物体表面における反射と内部における吸収が無視できるとすると，物体に垂直に入射した照明光 (平面波) はすべて，図 4.12(a) に示したように物体通過後角度 θ 方向に向かって進む．スカラー理論においては，このような楔は位相が直線状に変化する位相物体と考えるので，その振幅分布 $o(x)$ は

$$o(x) = \exp(ikx\sin\theta) \tag{4.52}$$

となる．式 (4.52) の両辺を式 (2.20) に従ってフーリエ変換すると，$\xi = -\sin\theta$

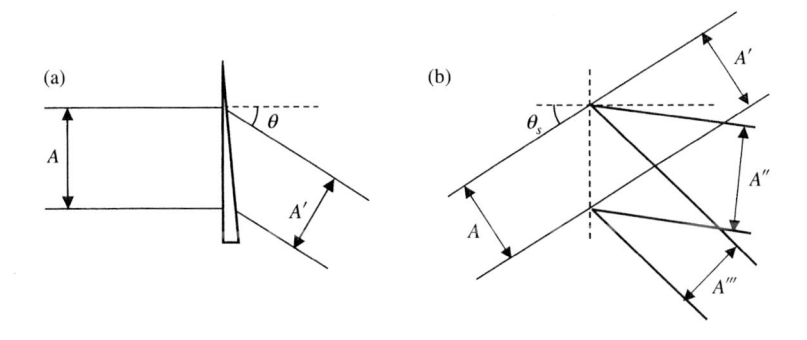

図 4.12 物体前後でのエネルギー保存則を考える図
(a) 出射回折光が 1 つの場合．入射光と出射光の幅が異なる．
(b) 複数の出射回折光が存在する場合．各回折光の幅はすべて異なる．

の場合だけ 0 でない値をもつ．これは x 軸方向の方向余弦が $-\sin\theta$ であるような方向にしか光が出射しないことを意味しており，図 4.12(a) に対応している．ただし式 (4.52) において定数 $\sin\theta$ が変化しても，ξ の値が変わるだけでフーリエ変換の値には変化がない．つまりスカラー理論では楔角が変化し，それに伴って出射方向が変わっても瞳面上での振幅には影響がない (1.3 節参照)．しかしベクトル理論では，出射回折光の振幅は楔角に依存する．次にこれを説明し，その後で結像公式における対処法を示す．

図 4.12(a) からわかるとおり，入射光の幅 A に対し，出射光の幅 A' は明らかに $\cos\theta$ 倍に狭くなっている．もともと平面波は幅が無限大と考えるが，入射光と出射光の間で幅に変化が生じるような場合には，これを考慮しないとエネルギー保存則が満たされなくなる．出射光の幅が $\cos\theta$ 倍に狭くなったということは，その分単位面積あたりの強度が $1/\cos\theta$ 倍に増大したと考えねばならず，これは振幅が $1/\sqrt{\cos\theta}$ 倍に増大することを意味する．すなわち楔角が変化すると振幅も変わる．これを順を追って考えてみよう[*1)]．

いま図 4.12(b) に示すように，物体に角度 θ_s で照明光が TE モードで入射し，複数の回折光が出射する場合を考える．簡単のため反射と吸収は無視する．図に示すように出射回折光の幅はすべて異なっているが，入射光が持ち込むエ

[*1)] このこと自体はスカラー理論でも事情は同じであるが，電磁場の見地で再度考える．

ネルギーと出射光が持ち去るエネルギーは等しくなくてはならない．これは物体面において，入射光と出射光のポインティングベクトルの z 成分 S_z の時間平均が等しくなることを意味する．いま電場を $\boldsymbol{E} = (E_x, E_y, E_z)^t$，磁場を $\boldsymbol{H} = (H_x, H_y, H_z)^t$ とすると

$$S_z = \frac{1}{2}\mathrm{Re}(E_x H_y^* - E_y H_x^*) \tag{4.53}$$

である．TE モードの回折であるから物体からの出射光の電場は紙面に垂直な y 成分 E_y のみで記述することができ，j 次回折光の振幅を T_j とするとこの出射光による電場 E_y^j は

$$E_y^j(x,z) = T_j \exp\left\{ik\left(\xi_j x + \sqrt{1-\xi_j^2}\,z\right)\right\} \tag{4.54}$$

と表せる[*1)]．マックスウェル方程式

$$\nabla \times \boldsymbol{E} = -\frac{\partial \boldsymbol{B}}{\partial t} \tag{4.55}$$

より

$$H_x^j(x,z) = -\sqrt{\frac{\varepsilon}{\mu}}\sqrt{1-\xi_j^2}\,E_y^j(x,z) \tag{4.56}$$

$$H_y^j(x,z) = 0 \tag{4.57}$$

であるから，これらを用いて j 次回折光に対する S_z を S_z^j と記すと

$$S_z^j = \frac{1}{2}\sqrt{\frac{\varepsilon}{\mu}}\sqrt{1-\xi_j^2}\,|E_y^j|^2 = \frac{1}{2}\sqrt{\frac{\varepsilon}{\mu}}\sqrt{1-\xi_j^2}\,|T_j|^2 \tag{4.58}$$

となる．出射光の全エネルギー S_T は伝搬光となるすべての次数について S_z^j を足したものになるから，

$$S_T = \sum_j S_z^j \tag{4.59}$$

入射光については式 (4.54)〜(4.58) で $\xi_j = \xi_s$ とおけばよいから，入射光の全エネルギーを S_A，電場振幅を一般性を損ねることなく 1 とすると

[*1)] ここで出射回折光の方向余弦 ξ_j は照明光の傾き ξ_s を含んでいる．よって式 (4.9) など本章における結像式の表記においては $\xi + \xi_s$ となる．η も同様．

$$S_A = \frac{1}{2}\sqrt{\frac{\varepsilon}{\mu}}\sqrt{1-\xi_s^2}\,|E_y|^2 = \frac{1}{2}\sqrt{\frac{\varepsilon}{\mu}}\sqrt{1-\xi_s^2} \tag{4.60}$$

となる．S_A と S_T が等しくなることから，

$$\zeta_s = \sum_j |T_j|^2 \zeta_j \tag{4.61}$$

ただし

$$\zeta_s = \sqrt{1-\xi_s^2} \tag{4.62}$$

$$\zeta_j = \sqrt{1-\xi_j^2} \tag{4.63}$$

である．ベクトル回折によって求められる回折光の振幅が一般に式 (4.61) を満たすように決められることは Moharam[1] をはじめとする多くの文献に明記してあるが，FDTD 法などでは最終的な計算結果が空間内の電磁場分布であり，ここから回折光の振幅を求めるのは各自の計算に任される．一般的には，求められた電磁場分布をフーリエ変換した後に，エネルギー保存則を満たすように規格化を行うことになるが，他の厳密解析手法で得られる振幅と同じ条件にするにはエネルギー保存の条件を同一にしなくてはならない．つまり式 (4.61) で与えられるエネルギー保存則を遵守して回折光の振幅係数を決める必要がある．

式 (4.61) における ζ_s, ζ_j の項は，照明光，出射光ともに光軸からの角度が大きくなるにつれて物体面上でのエネルギー密度が減少する，いわゆる冬の効果を表している．すなわちベクトル回折計算による回折光の振幅が式 (4.61) を満たすということは，照明光と出射光の両方について冬の効果が考慮されていることを示す．このことが結像の式においてどのような影響があるかを考える．

スカラー回折理論においては物体から瞳，瞳から像をフーリエ変換と考えるが，このとき物体から斜めに光が出射する際の振幅補正[*1]がすでに含まれている．したがってベクトル回折理論による回折光振幅をスカラー回折理論の式に入れると，この補正が 2 度行われることになる．これを防ぐために，結像の式に逆補正 $\sqrt{\zeta_j}$ を入れる必要がある．これが式 (4.9),(4.10),(4.39) に現れる補正項 $\sqrt{\zeta_d}$ の意味である．

[*1] 出射角を θ とすると，出射後に光束幅が $\cos\theta$ 倍に減少するため，振幅を $1/\sqrt{\cos\theta}$ 倍にする補正．1.3 節で詳述している．

次に照明光については,式 (4.9) を例にとって考えると,光源上の 1 点 (ξ_s, η_s) から出射した照明光が平面波となって物体を照明する.式の上では光源と物体面の関係もフーリエ変換であるから,ここでも斜め入射照明光の物体面上での振幅減少補正[*1]はすでに含まれている.したがって光源上の強度が一定ならば,光源上のどの点から来た照明光も物体上を同じ強度で照らすことになり,入射角にかかわらず物体面の単位面積に入射するエネルギーは一定である.ところが式 (4.61) のエネルギー保存則は単位面積あたりの入射エネルギーが入射角に依存することを仮定しているので,式 (4.61) を満たすように定められた回折光振幅についてはこの乖離を解消するための補正が必要になる.この補正量は,入射エネルギーを一律 $1/\cos\theta_s$ 倍にすればよいから,回折波振幅に $1/\sqrt{\zeta_s}$ を掛ければよい.これが式 (4.9),(4.10),(4.39) に現れた補正項 $1/\sqrt{\zeta_s}$ の意味である.

以上の 2 点を考慮し,式 (4.9),(4.39) において補正項 $\sqrt{\zeta_d/\zeta_s}$ を挿入する[*2].

最後に,ベクトル回折による結像式における補正項の使い分けについて,改めてここでまとめておく.

1) 物体側も像側も開口数が大きくなく,照明光の入射角も大きくない場合は式 (4.3) で十分である.この場合,形式上スカラー回折理論の式と変わらなくなる.

2) 物体側開口数が大きいかまたは照明光の入射角が大きく,かつ像側の開口数が大きくない場合は式 (4.3) に補正を加えた式 (4.9)(2 次元回折の場合は式 (4.10)) を用いる.

3) 物体側開口数が大きいかまたは照明光の入射角が大きく,さらに像側の開口数も大きい場合は,像側のベクトル回折効果まで考慮した式 (4.39) を用いる.

4) 像側の開口数は大きいが,物体側についてはベクトル回折扱いをしない(スカラー回折を用いる)場合は式 (4.46) を用いる.

[*1] 入射角を θ_s とすると物体照明範囲が $1/\cos\theta$ 倍になるため,物体上の強度を一定にするため振幅を $1/\sqrt{\cos\theta_s}$ 倍にする補正.像面での補正と同様に考えればよい.

[*2] 繰り返すが,この補正項は回折光の振幅が式 (4.61) のエネルギー保存則を満たす場合に正しい.式 (4.61) が最も一般的な条件であるが,たとえばエネルギー保存の規格化を式 (4.61) の左辺が 1 となるように行っている場合には,$1/\sqrt{\zeta_s}$ の補正は不要になる.この差は入射エネルギーとして何を仮定するかの差であり,規格化の条件をよく確認することが肝要である.

角度や開口数がどの程度の値をもって大きいとするかは，求めている計算精度にも依存する．実際の解析においては補正項の有無や像面側のベクトル効果考慮によって発生する差を確認した上でその都度決定するのがよい．

4.6　スカラー回折理論における補正

ここまでで考察した結像式の補正項は，主に物体面，瞳面，像面の間でのエネルギー保存から導き出されたものであり，言い換えれば面を通過するエネルギーに注目した議論であった．しかし，実際問題として重要なのは像面に存在するなんらかの感光物質によって検出された像の強度分布である．瞳から像までの結像をベクトル計算して像面上の電場の x, y, z 成分が求められている場合は，実際に感光物質との間で生じている相互作用を忠実に考慮することができるので，結像式自体が変化することはなく，感光の物理過程の計算にすべてを反映させることができる．しかしスカラー回折理論ではこのようなわけにはいかないので，感光過程によっては結像の式自体に手を加える必要が生じる．スカラー回折理論における結像ではフーリエ変換の形に補正を加える必要がないことを述べてきたが，以下に，スカラー回折理論において新たな補正項が必要になる場合について説明する．

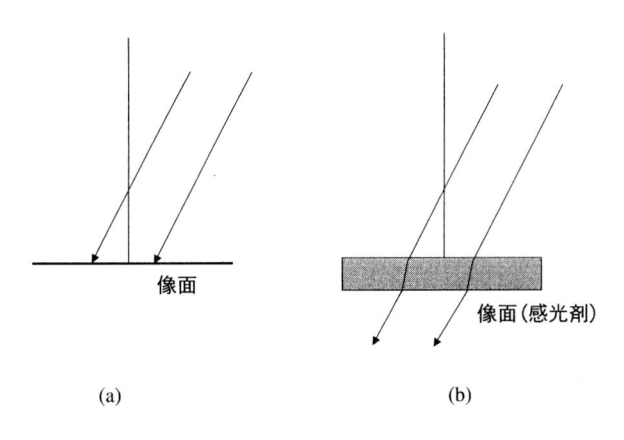

図 4.13　像強度分布を検出する受光素子
(a) 厚みのない 2 次元素子,(b) 厚みのある感光剤．

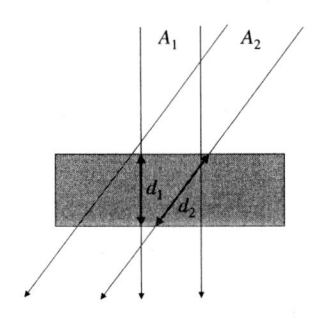

図 4.14 厚みのある感光材の中を通過する光

図 4.13(a) は，像強度分布が厚みのない 2 次元の受光素子で検出される場合を示している．この受光素子で入射光が完全に吸収されるとすると，検出された像強度分布は像面を通過した光のエネルギーの総量に比例することになり，この場合，結像の式は本書でこれまでに述べてきたとおりでよい．一方図 4.13(b) は，厚みのある感光材が像面上に塗布してあり，この感光材によって入射した光の一部が吸収される場合を示している．具体例としては，フォトレジストなどを想定するとよい．このような場合，実質的に検出される光強度はやや異なる[5]．

図 4.14 は，図 4.13(b) をより詳しく示したものである．一般に，同じ振幅をもった平面波を像面で検出する場合，傾いて入射した光の方が垂直に入射した光よりも弱く感じられるのは当然のように思える．傾いた光の方が像面上の広い領域を照らすので，単位面積あたりの強度は低下せざるを得ず，これは冬の効果そのものである．次に，図 4.14 に示した感光材の単位体積素片 V について考えてみよう．簡単のため感光材表面での屈折は無視する．垂直入射の平面波 A_1 はたしかに像面内の単位面積あたりの強度は大きいが，V を通過する距離は図の d_1 である．一方，斜めに入射した平面波 A_2 は，像面内単位面積あたりの強度は小さいが V を斜めに通過するのでその距離 d_2 は d_1 より長い．強度が小さい分通過距離が長いので，結局体積素片 V 中で吸収される光エネルギーは平面波 A_1, A_2 に対し同じ，という結論になる[*1)．これは，別の表現をすれば，厚みのない受光体では感光に寄与しなかったポインティングベクトルの像

---

*1) 感光材中での吸収による光の減衰は無視する．

4.6 スカラー回折理論における補正

面内成分が,厚みのある感光材においては感光に寄与している,という意味である.このような場合は感光材内の各点でポインティングベクトル $\boldsymbol{S}$ の発散から吸収される光エネルギー量を求めることが必要になる.

受光体の屈折率が1に等しく受光体表面における入射角と屈折角が同じである場合は,上で述べた単位面積あたりの強度と受光体の通過距離が互いに相殺するので,像面上での斜め入射による振幅減衰効果は存在しない.これは冬の効果が発生しないことを意味する.よってスカラー回折理論の結像式ですでに折り込み済みになっている冬の効果 $\sqrt{\cos\theta}$(像面上での振幅減衰効果,1.2節参照)を打ち消すための逆補正 $1/\sqrt{\cos\theta}$ を瞳面において加える必要がある.より一般的に受光体の屈折率が n である場合は屈折の影響によって受光体内での光の通過距離が変わってくる.今,像面に入射する光の方向余弦の面内成分が式 (2.23) に合わせて $(\xi'+\xi'_s, \eta'+\eta'_s)$ であるとすると,受光体の屈折率が n のとき受光体内部での方向余弦面内成分は $((\xi'+\xi'_s)/n, (\eta'+\eta'_s)/n)$ であるから,$\zeta'_{d,n}$ を

$$\zeta'_{d,n} = \sqrt{1-\left(\frac{\xi'+\xi'_s}{n}\right)^2 - \left(\frac{\eta'+\eta'_s}{n}\right)^2} \tag{4.64}$$

で定義すると,スカラー回折理論の結像式 (2.23) において次のような補正が加わる.瞳座標に「′」が付いているのは射出瞳座標であることを示す[*1].

$$\begin{aligned}U(x,y,\xi_s,\eta_s) =& C\iint_{-\infty}^{\infty} d\xi d\eta\,\tilde{o}(\xi,\eta) G(\xi'+\xi'_s,\eta'+\eta'_s) \\ &\times \sqrt{\frac{1}{\zeta'_{d,n}}} \exp\left\{ik\left[(\xi'+\xi'_s)x + (\eta'+\eta'_s)y\right]\right\}\end{aligned} \tag{4.65}$$

式 (4.65) の補正は像面上での光をベクトル扱いしていないことによるものなので,物体側でベクトル回折を用いた式 (4.3),(4.9) においても適用する必要がある.改めて書くと,式 (4.3) に対しては

[*1] 像側の媒質の屈折率が1でない場合も,射出瞳座標として像面上での光の方向余弦に媒質の屈折率を掛けたものを用いている限り,この式をそのまま用いてよい.

$$U(x,y,\xi_s,\eta_s) = C \iint_{-\infty}^{\infty} d\xi' d\eta'\, G'(\xi'+\xi'_s, \eta'+\eta'_s) \tilde{E}(\xi,\eta,\xi_s,\eta_s)$$
$$\times \sqrt{\frac{1}{\zeta'_{d,n}}} \exp\{-ik[(\xi'+\xi'_s)x + (\eta'+\eta'_s)y]\} \quad (4.66)$$

式 (4.9) に対しては

$$U(x,y,\xi_s,\eta_s) = C \iint_{-\infty}^{\infty} d\xi' d\eta'\, G'(\xi'+\xi'_s, \eta'+\eta'_s) \tilde{E}(\xi,\eta,\xi_s,\eta_s) \sqrt{\frac{\zeta}{\zeta_s}}$$
$$\times \sqrt{\frac{1}{\zeta'_{d,n}}} \exp\{ik[(\xi'+\xi'_s)x + (\eta'+\eta'_s)y]\}$$

$$(4.67)$$

となる．

上記の補正においては，受光体通過中に光が減衰しないことを仮定しているため，吸収の非常に強い受光体においては実質的に厚み 0 の場合に近づくことになるが，この状況を補正項に正確に反映することは難しい．

例外的に厚み自体が 0 であっても冬の効果が現れない場合も考えられる．図 4.15 にその構成を示す．図に示すように非常に小さな感光分子がまばらに並んでいるような受光体ではもはや面構造とは考えられず，空間的に指向性がないため，やはり冬の効果は現れない．感光分子の大きさが 0 であれば厚みも 0 ということになるが，感光分子が 3 次元空間内の点である限り指向性がないことに変わりはなく，この場合も式 (4.65) と同じ補正が必要になる[*1]．

ここまでをまとめると下記のようになる．

1) 受光体の厚みが 0 でなく，かつ光の吸収があまり大きくない場合 (受光体

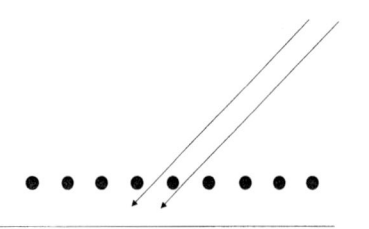

図 **4.15** 微小な感光分子が面上にまばらに並んだ受光体
指向性はなく冬の効果を受けない．

[*1] 図 4.15 からも直感的に明らかなように，要は真上から来る光と真横から来る光に対する感光分子の反応が同じと見なせるかどうかが問題なのである．

内での光の減衰がほぼ無視できる場合) には，スカラー回折理論の結像式および物体側のみベクトル回折を考慮した結像式に式 (4.65) で加えた補正項が必要である．
2) 受光体の厚みが 0 ではないが，光の吸収が非常に大きい場合は，式 (4.65) の補正項は過剰補正となる．正確な補正項の設定は難しい．
3) 受光体の厚みによらず，3次元的に等方な感度をもつ感光分子がまばらに並んでいるような場合は，スカラー回折理論の結像式および物体側のみベクトル回折を考慮した結像式に式 (4.65) で加えた補正項が必要である．
4) 上記以外の場合には，補正は不要である．

いずれの場合も，像面側の開口数が極めて大きい場合以外は補正項の絶対値は 1 に近く，これを考慮するかどうかは要求される計算精度などから適宜判断すればよい．

文　献

1) M.G. Moharam and T.K. Gaylord : *J. Opt. Soc. Am.*, 72–10(1982), 1385–1392.
2) A. Taflove and S.C. Hagness : *Computational Electrodynamics*, 2nd ed., Artech House(2000).
3) B. Richards and E. Wolf : *Proc. R. Soc. London Ser.*, A253(1959), 358–379.
4) R. Burtin : *Optica Acta*, 3(1956), 104–109.
5) H. Ooki : *Proc.SPIE*, 4832(2002), 390–393.

5

光学的超解像

5.1 超解像の定義と分類

　光学的な超解像はまず目的において大きく2つに分けられる．顕微鏡のように試料を観察する場合と，半導体製造用露光装置のように所望の像を形成する場合とである．観察する場合には物体と像には忠実性が要求されるが，所望の像を作ることのみが目的の場合には忠実性は要求されない．所望の像を作るために，物体をどのように細工してもよい．次節で述べられる位相シフトマスクはその典型例といえる．
　また，カットオフ周波数(限界周波数)を高くする(解像限界を細かくする)というものと，カットオフ周波数は高くしなくてもよいがコントラストを向上させるものという2つに分類することができる．光学系によって作られる像強度分布の中で最も細かい周期というのは，光学系瞳の両端から来る光によって作られる干渉縞である(図5.7参照)．従来の古典的な結像理論では，周期的な物体を仮定し，直接光(0次光)と物体の基本周期による1次回折光による干渉像に着目し，直接光と1次回折光が瞳両端を通るときが解像限界であると考える．その際，照明光によっては1次回折光が瞳を通過できず直接光のみが像面に届くためにコントラストは低下する．この古典的解像限界でのコントラストを高くするために斜入射照明法が使われている．さらに，0次光と1次光という先入観念を取り払い，±1次回折光間の干渉パターンを考え，それらが瞳の両端に来たときに高コントラストを得るようにしたのが，位相シフトマスクである．単純な(蛍光などを用いない)共焦点走査型顕微鏡による超解像も，±1

5.1 超解像の定義と分類

表 5.1 超解像技術の分類

	観察（忠実性が要）	像形成（忠実性が不要）
コントラスト向上	位相差顕微鏡 光ディスク再生光学系	斜入射照明 ハーフトーンマスク
従来理論から見た場合に，限界解像力の向上と考えられる	共焦点走査顕微鏡	位相シフトマスク
限界解像力の向上	蛍光共焦点走査顕微鏡 近接場光	非線形レジスト多重露光 2光子吸収レジスト量子干渉 2光子吸収レジスト偏光干渉 近接場光

次回折光間の干渉パターンによるものと理解でき (2.9 節参照), 直接光との干渉パターンではないので, 顕微鏡で要求される物像間の忠実性を満足しているとは言い難い. 走査型のピックアップ光学系では, 受光する側の瞳透過率分布を制御することで, 高コントラストを得ることができる. 走査型光学系と通常光学系の等価原理 (2.9 節参照) からもわかるように, これは斜入射照明法と同じ原理と考えることができる.

この瞳の両端からの光の干渉で作られる像よりも細かい周期の像は作ることができないという原則を超えるためには 2 光子吸収反応などの非線形効果 (5.5 節) あるいは蛍光 (5.3 節) などの新たな物理的操作を加えなければならない. または, 光学系による結像にとらわれない近接場光 (5.4 節) を用いることになる. さらには, 量子光学的な効果を用いて超解像を得ることも提案されている (5.6 節).

いくつかの代表的超解像技術を表 5.1 に分類する[*1]. 位相差顕微鏡はコントラストがない弱位相物体にコントラストをつけて観察するということで, コントラスト向上の分類に入れた. 位相情報を強度情報に変換しているが, 弱位相物体という条件下では忠実性が無視されているわけではない.

超解像技術は多くの分野で実際に活用され, さらなる改良, 新規な手法の開発が継続されている. 実際に適用する場合にはノウハウといってもよいさまざまなことが考慮されており, それらをすべて記述することは本書の意図するところではない. しかし, 他分野での超解像技術の基本的な考え方を知っておく

[*1] 超解像技術は現在鋭意に研究開発されており, 技術選択, 技術分類は絶対的なものではなく, 著者の主観が入ったものである.

ことは，自分野での超解像技術の研究を遂行する上で有益であろう．

5.2 コントラスト向上技術

解像限界は変わらないが限界内で結像を向上させる技術がいろいろ考えられている．まず，その代表的なものとして，半導体製造用露光装置で実用化されている解像力向上技術 (resolution enhancement technology) である斜入射照明法，位相シフトマスクの原理[1~4)]について述べる．また，光ディスク分野でのコントラスト向上技術についてふれる．

5.2.1 斜入射照明法

集積回路をシリコンウエファ上に作るために，その上に塗布されたレジスト(感光剤)にパターンを露光し，それを現像し，レジストのない箇所をエッチング(粒子をぶつけるドライエッチング，液体につけるウエットエッチングの両方がある)するのが基本プロセスである(図 5.1)．露光工程はマスクあるいはレチクルと呼ばれる原版のパターンを投影光学系によってレジスト上に形成する．理想的な部分コヒーレント照明下の結像となっている．集積回路の密度を上げるためには，孤立パターン，周期パターンとも微細化が必要である．簡単のため，細かなピッチのラインアンドスペース (L/S) パターンの結像を考えてみる．パターンが細かくなると，図 5.2 に示すように 1 次回折光は大きく回折するので，光源の中心部からの照明光に対する 1 次回折光は投影レンズの瞳を通過できず，像形成には寄与せずに DC 成分となってコントラストの低下の原

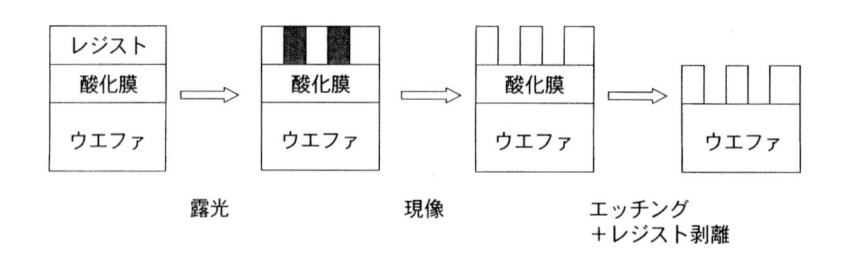

図 5.1 基本プロセス

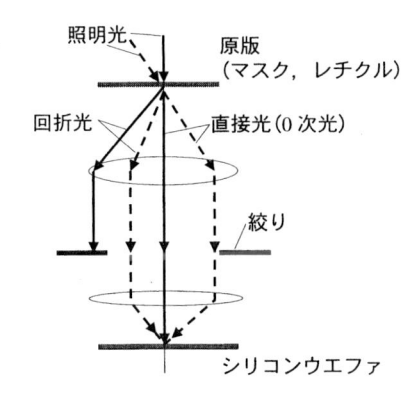

図 5.2 回折光のけられ
瞳中央部の照明光は，パターンピッチが細かくなると1次回折光が瞳を通過できなくなる．

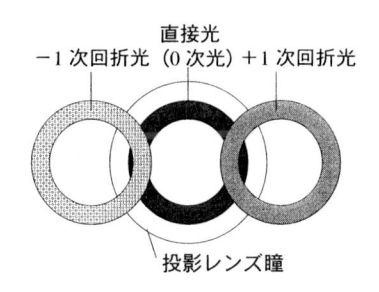

図 5.3 輪帯照明の直接光，回折光の投影レンズ瞳内での位置

因となっている．そこで，光源の中心部分をなくしてしまったのが輪帯照明である[*1)5)]．図 5.3 に 0 次光，±1 次光の瞳上での位置を示す．

IC では基本的なパターンは縦横方向のパターンである．図 5.3 をみると，輪帯光源の上下の位置の光源の ±1 次回折光は瞳を通らないので，コントラスト低下の原因になっている．さらに回折光が上下に生じた場合も考慮して，この部分をなくした照明法が図 5.4 に示すような 4 極照明と呼ばれる方法である[6)]．輪帯照明も，4 極照明も半導体の微細化において実用上非常に大きな貢献をしている．

さらに細かなパターンを焼き付けるために，投影レンズの開口数ぎりぎりまで使うために，図 5.5(a) に示すような 2 極照明というものも考えられている．この場合にはもう一方の方向は高分解能は達成できないので，マスクを交換して 2 重露光することが必要となる．入射角度が大きくなると，P 偏光は望ましい干渉をしなくなる (付録 O 参照)．たとえば面法線に対して 45° で入射した左右 2 つの光束は偏光方向が直交しているので強度を考えたときにまったく干渉しない．このため，図 5.5(b) に示すように，照明光を S 偏光とすることが提

---

*1) レジストの露光量と現像後の残膜量との関係は非線形であり，そのために 2 光束干渉縞であっても，アスペクト比の高い矩形状のレジストパターンが現像後に形成される．なお，この非線形は 5.5 節の超解像に有効なものではない．

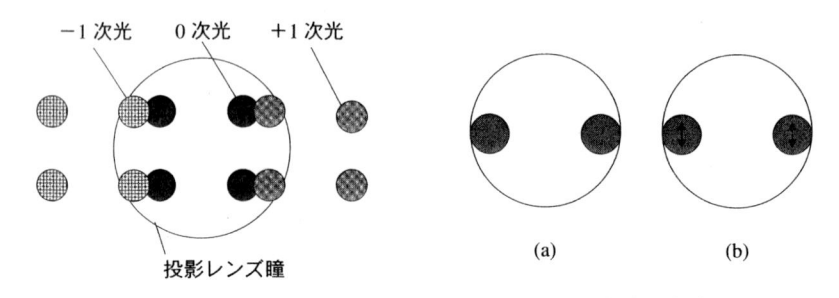

図 5.4 4 極照明の直接光，回折光の投影レンズ瞳内での位置

図 5.5 極端な斜入射照明
(a) は 2 極照明と呼ばれ，基本的に 2 回露光が必要．(b) は偏光照明であり，P 偏向光によるコントラスト低下をなくしている．

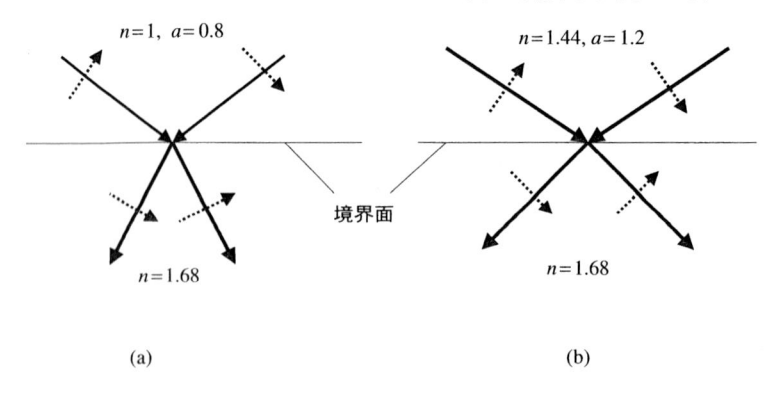

図 5.6 P 偏向光の様子
(a) は通常の場合．(b) は水浸の場合で，レジスト内でも光線が傾いており，P 偏向光は望ましい干渉をしない．

案されている．

　実際にはレジストの屈折率が高いために空気中からレジストに入射するとともに光線が大きく屈折し，レジスト中では光線の角度は緩やかになっており，偏光を考慮する必要性はあまりない．しかしながら，短波長化による解像力向上が困難になってきており，ウエファと投影レンズの間を水に浸す (水浸) ことが考えられている．水の中では波長が短くなり高解像が達成できるからである．この場合には水からレジストに入射するときに大きく屈折しないので，P 偏光はレジスト中で望ましい干渉をしなくなり，偏光の考慮は必須である．図 5.6 には，波長 193 nm (ArF エキシマレーザー) での水の屈折率を 1.44，レジス

トの屈折率を 1.68 とし，通常光学系で開口数 $a = 0.8$ の場合，水浸で $a = 1.2$ の場合の屈折の様子と P 偏光の向きを示してある．

5.2.2 位相シフトマスク

部分コヒーレント結像における OTF の議論で，一般にインコヒーレントは高解像，コヒーレントは高コントラストと述べられる．像面側から見ると，最も細かなパターンは図 5.7 に示すように瞳の両端からの 2 光束干渉によって作られるものであって，照明の状態如何にはかかわらないはずである．このような点を吟味してみると，図 5.8 に示すような位相シフトマスクをコヒーレント照明すると，ピッチ $\lambda/(2\sin\theta')$ のパターンが高コントラスト (原理的には 1) で形成されることがわかる[7,8]．白黒マスクの白 (透過部分) の部分について，1 つおきに位相シフターをおいて透過する光の位相が $\lambda/2$ ずれるようにしている．この場合，直接光 (0 次回折光) は存在せず，±1 次回折光間の干渉でパターンが作られる．位相シフトマスク透過部の位相が 0 である部分間のピッチを P とすると，1 次回折光の方向余弦は $\sin\theta = \lambda/P$ であり，結像倍率 $|\beta| = 1$ とすると形成されるパターンのピッチは $P' = P/2$ である[*1)]．瞳ぎりぎりで通過し

$$P'\sin\theta' = \frac{\lambda}{2}$$

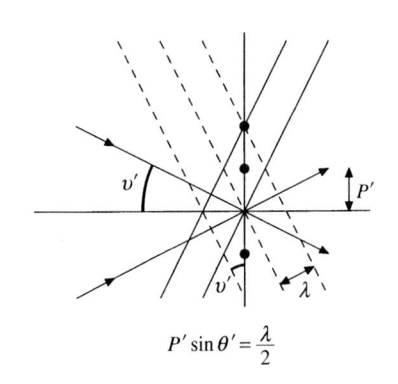

図 5.7 瞳両端からの光による干渉像
照明法の如何にかかわらず，像側から見れば瞳の両端からの光の干渉による像が最も細かいピッチとなる．

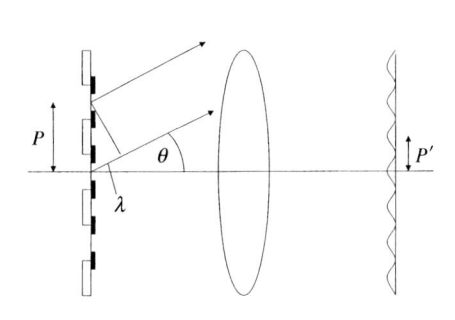

図 5.8 位相シフトマスク

[*1)] 光リソグラフィーの分野では形成されたパターンの細かさを表すのにハーフピッチを用いる．この場合なら $P/4$ になる．

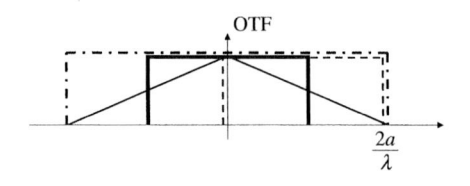

図 5.9 位相シフトマスクの OTF

た場合の形成されるパターンピッチは $P' = \lambda/(2a)$ となる (a は開口数).

図 5.9 には簡単のため円形瞳ではなく 1 次元瞳における部分コヒーレント結像の OTF($\sigma = 0$ の平行照明と斜め照明, $\sigma = 1$, $\sigma = 0$ の位相シフトマスク) が示されている. 位相シフトマスクの場合の解像限界は, いわゆるインコヒーレント OTF の解像限界を超えるものではないが, コヒーレント結像ではコントラストは高いが解像限界はピッチ λ/a という従来の教科書的な記述からみれば, 解像限界を超えたものと考えることができる[*1]. 斜め照明では空間周波数の正または負の 1 方向にのみ利得の向上が図られるが, 位相シフトマスクでは両方向で向上し, OTF の周波数軸での積分 (インフォメーションボリュームに相当) を考えると増大している[*2].

位相シフトマスクでは光軸に対称な 2 光束干渉のため理想的 ($\sigma = 0$) には焦点深度が無限に大きくなるという長所もある[*3]. 斜め照明では, 特定のパターンピッチでは直接光 (0 次回折光) と 1 次回折光が光軸に対して対称に傾いて入射するので深度が深くなるが, 他のピッチでは対称にはならないので深度は深

[*1] 部分コヒーレント結像の OTF は直接光 (0 次光) と回折光の干渉だけを考えているもの (=弱回折近似) であって, 一般性は十分ではない. またコヒーレント照明における ATF は物体の振幅透過率の伝達を述べているだけで, 再生像強度を直接評価しているわけではない. 教訓的に重要なのは, 一般的に認められている理論を, その適用条件あるいは前提条件を吟味せずに拡大解釈してはいけないということである.

[*2] 完全なコヒーレント照明 $\sigma = 0$ では光の局部的な集光などの問題があるために, 実際の位相シフトマスクでは $\sigma \approx 0.2 \sim 0.3$ で使われる.

[*3] 半導体露光装置ではウエファの反り, オートフォーカス誤差, パターンの段差などのためにこの深度が大きいことが非常に重要である[11].

くならない．位相シフト法ではパターン自身によって回折光の向きが決まるので，そのような問題がない．

位相シフトマスクは，いろいろな研究がなされ，多くの変形されたタイプがある．その中でハーフトーン位相シフトマスクは最も重要なものである[9]．遮光部に若干の透過率 (6～10% 程度) をもたせかつ透過部に対して 180° の位相差をもたせることで，孤立パターンの回折リングを打ち消させようというものである．コンタクトホールという，集積回路の上下方向の配線部を作製するのに有効である．また，周期パターンに斜入射照明した場合，0 次光に対して 1 次光は弱くなってしまう．ハーフトーンマスクを用いると，これらの強さをほぼ同じにすることができるので，斜入射照明とハーフトーンマスクの組み合わせは有効である．

5.2.3　光ディスクの分野でのコントラスト向上技術

光ディスクの分野で提案されたコントラスト向上技術についてふれる．光ディスク光学系は走査型光学系であるため，検出器形状の工夫によるコントラスト向上は通常光学系における光源形状の工夫に相当する．式 (4.47) の解釈 (式 (2.87) の解釈ともなる) からも明らかなように，検出器面上の 1 点では，一般に複数の異なった次数をもつ回折光が重なっている．これら回折光は互いに干渉し，光学系に対し物体が相対的に移動するに伴って強度変化を引き起こす．この強度変化が走査光学系の出力信号になるわけであるが，重なっている回折光の次数は検出器面上の場所によって異なっている．図 5.10 はこの様子を示したもので，太い線で描かれた円が検出器面を示す．検出器面の大きさと結像レンズの瞳面の大きさが同じ場合は，0 次回折光の範囲は検出器面の範囲に一致する．これに対し 0 次以外の回折光が到達する範囲は，円の直径は同じであるがその中心がずれる．図では 0 次および ξ_s 方向にずれた ±1 次回折光のみが検出器面内に到達する場合を示している．検出器内は円の境界によって 5 つの領域に分けられるが，このうち A と表記した 2 つの部分はともに 0 次回折光しか来ない部分である．B,C と表記した部分は 0 次回折光に加えてそれぞれ −1 次，+1 次回折光が重なる領域である．また，中央の領域 D では 3 つの回折光すべてが重なる．このように回折光の重なり方が変わると，物体が移動する際の強度変化

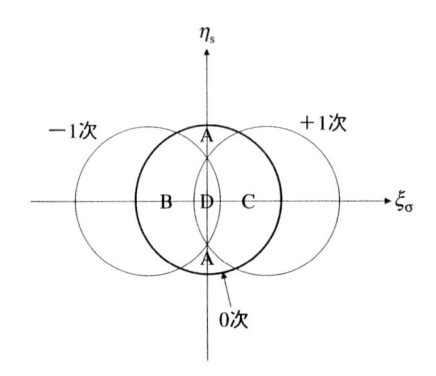

図 5.10 検出器上における回折光の重なり. それぞれの円が回折光の次数に対応する.

の様子も変わる．極端な場合，回折光の重なり具合によって強度変化が逆位相になる領域もある．このような逆位相信号を発生させる領域は出力信号 (走査光学系の像に相当する) のコントラストを劣化させるため，このような部分を意図的に遮光して信号を改善することができる[*1]．また，回折光が 1 つしか来ていない図 5.10 の A 領域のような部分は干渉する相手がないので物体が移動しても光強度は変化しない．このような光強度一定の部分も出力信号への寄与がないと判断して遮光することがある．これらは一括結像における照明光学系の最適化によるコントラスト向上と同様な技術と解釈できる．

5.3 共焦点走査光学系

2.9 節で述べた走査型結像光学系のタイプ II の構成を共焦点走査光学系と呼ぶ．この構成はしばしば超解像光学系として扱われるが，2.9 節に示したように，通常の透過または反射型の共焦点光学系では厳密な意味での超解像にはならない．共焦点走査光学系のメリットは，落射照明と組み合わせた場合に物体上のピントが合った部分だけを観察できることにある．ピントの合わない部分からの光は遮断されるので，ピント位置を変えながら多数の画像データを取得し，これらをすべて足し合わせれば極めて深度の深い像を構成することができ

[*1] 一般に記録信号はさまざまな大きさがあるため，回折光の重なり領域も一意的ではなく，領域の数も図 5.10 よりはるかに多い．このためすべての記録信号に対し効果のある遮光法を見出すのは容易ではない．

る．また，物体から戻ってくる光強度がピント位置に敏感であることを利用して物体の高さ計測を行うこともできる[*1]．このほか，共焦点走査光学系では光学系内で発生したフレアーなどのノイズ光を遮断できるので，像のコントラストの点では有利である．

しかし共焦点走査光学系を蛍光顕微鏡に応用する場合は，話は別である．この場合は，横分解能にも縦分解能にも超解像が得られる．ここで通常の共焦点走査光学系の結像を示す式 (2.95) を再度記すと，

$$U_d(x_d, y_d, x, y) = C \iint ds dt \, \text{ASF}(s,t) o(s+x, t+y) \text{ASF}_s(x_d - s, x_d - t) \quad (5.1)$$

となる．式 (5.1) は，物体振幅 o と往路光学系の点像振幅分布 ASF の積で与えられる反射光が復路光学系 (点像振幅分布 ASF_s) を通過して結像したときの検出器上での振幅を表している．蛍光顕微鏡においては，照明光強度と蛍光物体の分布の積で物体の発する蛍光強度が決まり，これが復路光学系でインコヒーレント結像されて検出器上強度となる．よって，式 (5.1) における振幅関数をすべて強度の関数に置き換えれば共焦点走査型蛍光顕微鏡の結像式が得られる．すなわち

$$I_d(x_d, y_d, x, y) = C \iint ds dt \, \text{PSF}_{\text{ex}}(s,t) I_o(s+x, t+y) \text{PSF}_{\text{fl}}(x_d - s, y_d - t) \quad (5.2)$$

となる．I_o は物体強度でありこの場合は蛍光物体の密度に相当する．また点像強度分布 PSF の添え字 ex, fl はそれぞれ励起光 (照明光)，蛍光に対応する．前者が往路光学系，後者が復路光学系である．一般に励起光と蛍光の波長はかなり違うので，PSF の差も有意である．共焦点走査型蛍光顕微鏡としての信号出力 $I(x, y)$ は式 (5.2) を検出器面積 $D(x_d, y_d)$ で積分したものであるから

$$I(x, y) = C \iint dx_d dy_d \, D(x_d, y_d) I_d(x_d, y_d, x, y) \quad (5.3)$$

である．簡単のため検出器面積が 0 であったとすれば式 (5.2) で $x_d = y_d = 0$ とおいて，

[*1] 透過観察ではこれらのメリットが生きない．

$$I(x,y) = C \iint dsdt\, \mathrm{PSF}_{\mathrm{ex}}(s,t) I_o(s-x, t-y) \mathrm{PSF}_{\mathrm{fl}}(-s,-t) \qquad (5.4)$$

となり，この場合共焦点走査型蛍光顕微鏡の等価的な点像強度分布は通常のインコヒーレント結像における励起光波長と蛍光波長の点像強度分布の積になっていることがわかる．したがって OTF を計算すると，励起光波長と蛍光波長に対するインコヒーレント結像 OTF の合成積となるから，共焦点走査型蛍光顕微鏡が横分解能において超解像を有することがわかる．

図 5.11 は共焦点走査型蛍光顕微鏡の MTF 特性を示したものであり，(a) は通常の結像光学系の MTF，(b) は走査型蛍光顕微鏡の MTF を示す．実際には励起光波長と蛍光波長が関係するが，この図では簡単のため両波長の差は考慮していない．図からわかるとおり，(b) では遮断周波数が (a) の場合の 2 倍に拡大されている．なお (b) はあくまで検出器面積が無限小の場合であり，面積が大きくなるにつれて MTF は (b) から急速に (a) に近づく．これについては式 (5.3) に戻って解析すればよいが，超解像効果を維持する 1 つの目安としては検出器面積は復路蛍光結像光学系の像側の開口数を a とすると少なくとも $\lambda/(2a)$ より小さくなければならない[*1]．微弱な蛍光を検出する蛍光光学系でこれだけの微小な検出面積を用いるのは難しい．ただし走査型蛍光顕微鏡では，共焦点構成でない場合でも分解能は励起光波長で決まる．これは従来の一括結像型蛍光顕微鏡の分解能が蛍光波長で決まることと対照的であり，一般に励起光波長

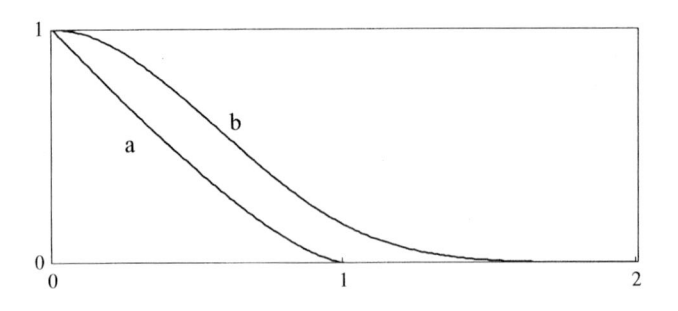

図 5.11 共焦点走査型蛍光顕微鏡の MTF
(a) 通常光学系の MTF, (b) 共焦点走査型蛍光顕微鏡の MTF. 励起光波長と蛍光波長の差は考慮していない．

[*1] λ は蛍光波長である．

の方がかなり短いことを考えると，図 5.11 に示す超解像効果が期待できなくても走査型蛍光顕微鏡の方が分解能において優れている．

むしろ共焦点走査型蛍光顕微鏡における最大の特徴は縦分解能 (光軸方向分解能) である．この説明には 3 次元結像の理解が必要であり，付録 P に簡単な説明を載せた．図 P.1(b) は通常のインコヒーレント結像における結像光学系の通過周波数帯域を示しており，これは 3 次元 OTF が 0 でない値をもつ領域である．上で述べたように，等価的な点像強度分布が通常結像の二乗になる共焦点走査型蛍光顕微鏡ではその OTF が通常の OTF の合成積となり，簡単のため励起光波長と蛍光波長が同じであるとすると，通過周波数帯域は図 P.1(b) の自己相関となる[12]．これを図 5.12 に示す．

図 5.12 からわかるように共焦点走査型蛍光顕微鏡は，横方向 (像面内) の空間周波数 μ が 0 のときにも光軸方向 η に有限な空間周波数帯域をもっている．この意味を図 5.13 に示す．

図 5.13 に示した物体は，光軸に直交する方向に一様な分布を有する多層薄膜のような構造をもち，横方向 (像面内) の空間周波数が 0 であり，光軸方向にのみ空間周波数帯域を有する．このような物体の光軸方向の構造は，図 5.13(a) から明らかなように通常の照明による観察では反射照明であっても透過照明であっても観察することはできない．しかし共焦点走査型蛍光顕微鏡 (図 5.13(b)) においては，光軸方向に特定の位置にある蛍光物体からの光だけを取り出すこ

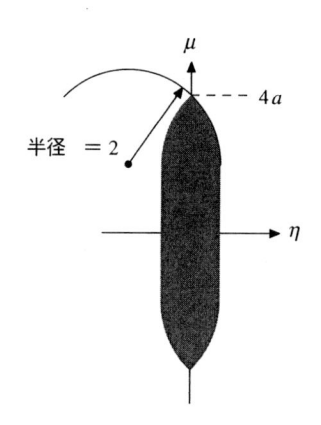

図 5.12 共焦点走査型蛍光顕微鏡の 3 次元通過周波数帯域

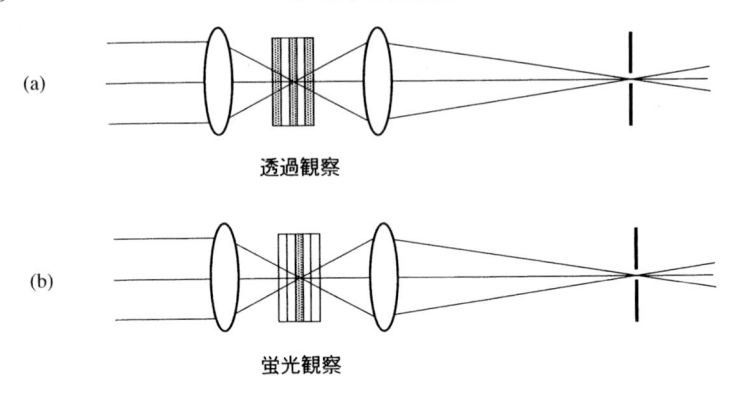

図 5.13 光軸方向にのみ空間周波数のある物体の共焦点走査型顕微鏡による解像
(a) 透過物体, (b) 蛍光物体.

とができ，横方向の構造がなくても光軸方向の構造を知ることができる．これが図 5.12 に示す 3 次元通過周波数帯域において μ が 0 のときにも η に有限な空間周波数帯域があることの具体的な意味である[*1]．この縦方向分解能はセクショニング能力とも呼ばれ，共焦点走査型蛍光顕微鏡の最大の特徴である．画像としてはやはりピントが合った位置以外からの光が遮断されるので[*2]，これを利用して多数の画像から全面にピントが合った画像を構成したり物体の 3 次元構造を再構築することができる．

5.4 近接場光の応用

近接場光 (エバネッセント (evanescent) 光) とは，空間中を伝搬することのできない光である．伝搬することがないのでそのままでは見ることもできないが，物体の観察にこの光を組み合わせることで超解像を実現することができる．近接場光は決して作り出すのが難しい光ではなく，むしろいたるところに存在している光である．最も身近なのはプリズムなどにおける光の全反射面の外側に現れる近接場光であろう．

[*1] 蛍光光学系が前提であるから，物体構造は蛍光物質の密度で構成されるものでなければならない．
[*2] この点では反射型共焦点走査型光学系と同じであるが，厚みをもった物体の内部についても特定の部分だけを選択的に見ることができるのは蛍光光学系だけの特徴である．

5.4 近接場光の応用

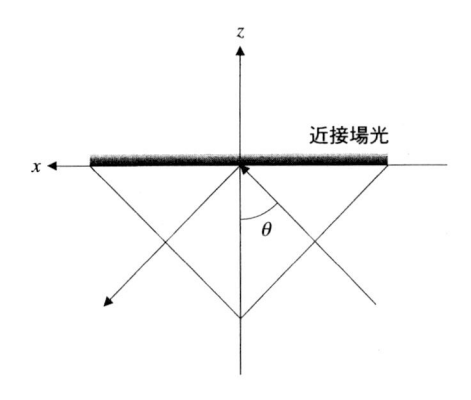

図 5.14 全反射面の外側に生じる近接場光

図 5.14 で，プリズム内部から全反射面に入射する光の入射角が θ だとすると，反射面においてこの光の横方向の波動ベクトル成分 k_x は $k_x = k_0 n \sin\theta$ となる．ここで $k_0 = 2\pi/\lambda$ であり，n はプリズムの屈折率である．また，プリズム内は自由空間であるから式 (1.30) における k_x, k_y, k_z は下記の条件を満足する必要がある．

$$k_0^2 n^2 = k_x^2 + k_y^2 + k_z^2 \tag{5.5}$$

図 5.14 では k_y 成分がないので，式 (5.5) から $k_z = k_0 n \cos\theta$ となる．この光がプリズムから外に出るとき，境界面での接線成分となる k_x 成分はプリズム内外で保存されるため，プリズム外でも $k_x = k_0 n \sin\theta$ である．しかしプリズム外では式 (5.5) に $n = 1$ を代入した式

$$k_0^2 = k_x^2 + k_y^2 + k_z^2 \tag{5.6}$$

が成り立たねばならない．これに $k_x = k_0 n \sin\theta$ を代入すると

$$k_z = k_0 \sqrt{1 - n^2 \sin^2\theta} \tag{5.7}$$

となり，$\sin\theta > 1/n$ のとき虚数となる．したがってこのときプリズム外の光は z 方向に減衰する．

近接場光のもう 1 つの身近な例は，開口または回折格子における光の回折で生じるものである．回折格子を例にとると，垂直入射した波長 λ の j 次回折光

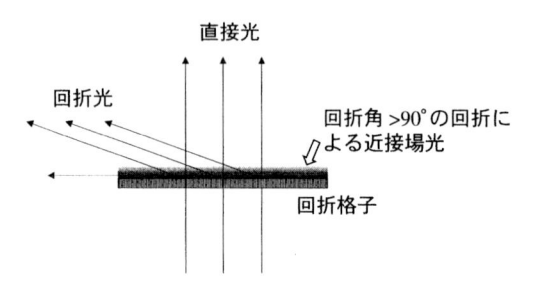

図 5.15 伝搬光になる回折光と近接場光になる回折光

の回折角は $\sin\theta = j\lambda/P$ で与えられる．したがって $\sin\theta$ の絶対値が 1 を超えるような回折光は存在せず，次数 j の絶対値は P/λ を超えない整数以下ということになるが，これもまた空間中を伝搬できる回折光に限って成り立つことである．図 5.15 では入射光の波動ベクトルは進行方向である k_z 成分のみをもっているが，回折によって

$$k_{x,j} = j\lambda/P \tag{5.8}$$

で与えられる横成分が発生する．あとは全反射の場合と同じ話であり，横成分が 1 を超えれば k_z 成分は式 (5.6) から虚数にならざるをえない．すなわち，$\sin\theta$ が 1 を超える回折光は完全に消滅するのではなく，近接場光となって格子にへばりついているのである．同じように微小な開口を通過した光についても，$|\sin\theta| > 1$ の場合は近接場光となる．これらの例からわかるように近接場光は波動ベクトルの横成分が大きすぎ，その帳尻合わせのために縦成分が虚数化し，その結果縦方向に減衰してしまう波であるといえる．

ただし，近接場光がこのように空間的に限定された部分に局在しているのは，その部分に別の構造体がない場合だけである．もし近接場光の存在する部分に場を乱すような構造を有する物体が存在したなら，これと光の相互作用[*1)]で近接場光の一部は伝搬光に姿を変える．したがって近接場光で照明された物体を通常の結像光学系で観測することは可能である．

次に結像光学系で近接場光を利用する方法について述べる．利用目的は大きく 2 つに分けられる．1 つは物体の照明領域を限定する目的，もう 1 つは回折

[*1)] 回折，散乱，蛍光物体の励起による蛍光の発生など．

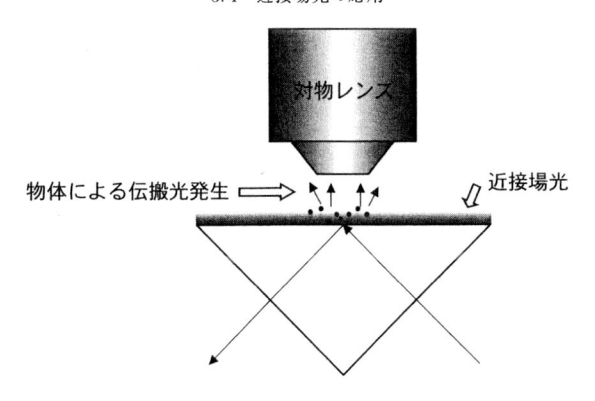

図 5.16 近接場光による照明領域制御.

限界の横分解能を打破する目的である.

物体の照明領域を限定できる理由については，図 5.16 に示したとおりである．全反射プリズムの全反射面の上に観察する試料を置くと，試料が厚みをもっていても実際に照明される領域は全反射面から漏れ出した近接場光の存在する範囲だけである．試料が生物の細胞などのような細かい構造を有している場合，これらの物体の微小構造による回折で近接場光は伝搬光に姿を変え，結果として近接場光が存在している部分の試料だけが結像光学系を通して観測される．このメリットは共焦点走査型光学系と同じで，物体の 1 断面だけを選択的に観測できることである．

回折限界の横分解能が打破できる理由については，近接場光による観察が実質的に開口数無限大の結像光学系での観察と等価になりうることを考えれば明らかである．無限の解像力による物体の結像は光の回折によって阻まれているが，これは回折によって発生した回折光のうち有限個の回折光しか空間を伝搬できないことに起因している (実際にはさらにそのうちの限られた数の回折光しか結像光学系の瞳を通過できない)．近接場光まで観測にかかるのであれば伝搬の可否は問題にならず，事実上無限に高次の回折光まで結像に関与できる．したがって従来光学系の回折限界の概念はもはや成り立たない．

実際にこの目的を具体化したのが近接場顕微鏡であり，その構成には種々の提案がなされているが，基本的なものは図 5.17 に示すようなプローブを用いた

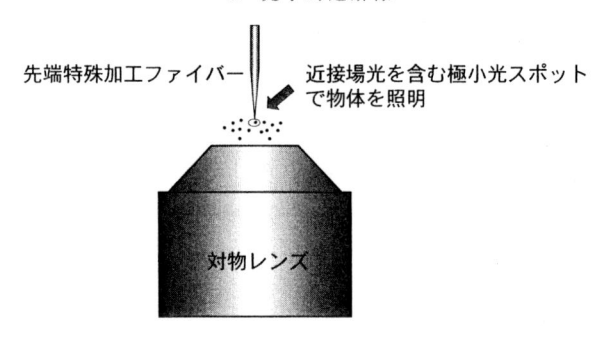

図 5.17 走査型近接場光顕微鏡
ファイバー端から光を照射するタイプ.

走査型のものである.

　特殊な加工によって先端の径が光の波長より十分小さくなっているファイバーで試料を照明する[*1]. ファイバーの先端からは伝搬光と近接場光の両方が出てくるが,試料とファイバー先端を十分に近接させていれば,近接場光の働きによって照明領域が光の波長よりも小さくなる.この状態で照明領域を走査すれば試料を波長以下の分解能で観測できることになる.この場合のスカラー回折理論による結像の式は,2.9節で述べた走査型結像光学系の結像式において,点像振幅分布 ASF にファイバー先端での (近接場光を含めた) 光振幅分布を代入して得られる.光振幅分布が非常に小さければ,等価的に極めて開口数の大きい (1 よりもはるかに大きい) 結像光学系を構成できることになる.なお,近接場顕微鏡の構成としては図 5.17 以外にもさまざまなタイプが提案されている.近接場顕微鏡は回折限界の制約がないため高分解能光学系として有望であるが,その一方で何が見えているのかについての適切な解釈が必要になる.極めて微小な粒子を観測する場合にはもはや巨視的な物性値で記述されたマックスウェル方程式による考察は適当でない場合もあり,双極子モーメントの伝搬から結像の様子を論じた研究[13]もある.近接場顕微鏡技術全般については,やや古くなったが河田の解説記事がわかりやすい[14].

　[*1] 一般にこのような探針 (プローブ) を用いた顕微鏡を走査型プローブ顕微鏡 (Scanning Probe Microscope, SPM) と呼ぶ.原子間力顕微鏡やトンネル顕微鏡も SPM である.

5.5 物体の非線形応答を用いた超解像

　光学系や受光素子,感光剤などに光強度に対する非線形な応答があれば超解像の原動力となる.たとえば光強度に依存して透過率の変化する光学素子や,光強度に対し非線形に感光が進む感光材などである.このような原理を用いた超解像技術は,光ディスクの世界で最も多く提案されている.

　図 5.18 は光ディスクを入射光強度によって透過率が変化する薄膜で覆った超解像[15]である.信号の記録された盤面上の薄膜は飽和吸収を生じる物質でできている.光の吸収によって物体を構成する原子や分子は基底状態から励起状態に遷移するが,あまりに多量の光を吸収すると基底状態の原子がなくなり,吸収が生じなくなる.これが飽和吸収であり,このようなことが生じる物質を可飽和吸収体 (saturable absorber) と呼ぶ.現象としては強い光を当てた部分のみ光の透過率が上昇する.図 5.18 でディスク上のレーザースポットの強度分布を $I(x,y)$ とし,この光で照射された薄膜の透過率 T が定数を C として

$$T(x,y) = CI(x,y) \tag{5.9}$$

で与えられるとすると,記録面上でのレーザースポット強度 $I_r(x,y)$ は

$$I_r(x,y) = T(x,y)I(x,y) = C\{I(x,y)\}^2 \tag{5.10}$$

となる.レーザー走査光学系の解像力は物体を照射するレーザースポットの大

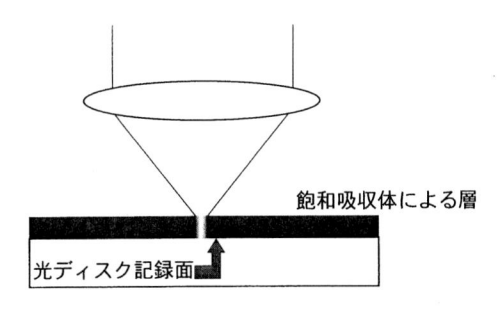

図 5.18　可飽和吸収薄膜を用いた光ディスク超解像

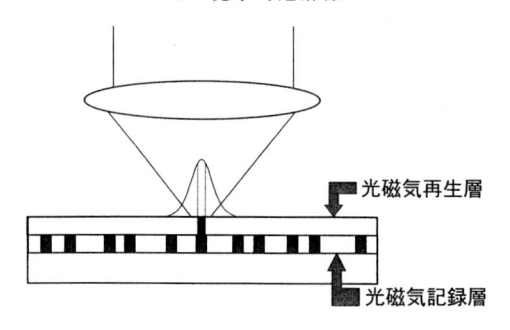

図 5.19 磁気的超解像
記録層と再生層の白と黒は磁化の向きの上下を示す.

きさで決まるが，式 (5.10) の場合はレーザースポット強度分布が通常の場合の二乗になるので，これをフーリエ変換すると周波数帯域は 2 倍に拡がる．つまり限界解像は 2 倍向上する．

図 5.18 では非線形応答が光と物質の相互作用によってもたらされたが，必ずしも光の作用である必要はない．図 5.19 はレーザースポットによる熱で非線形応答がもたらされる例である．これは磁気的超解像 (Magnetically induced Super Resolution, MSR)[16] と呼ばれる手法であり，光磁気ディスクに応用できる．光磁気ディスクでは，記録面に磁化の方向という形で信号が書き込まれている．再生時はこれにレーザースポットを照射し，極カー効果 (polar Kerr effect)[*1] によって反射光の偏光状態変化を偏光光学系で検出することで読み出しを行う．MSR では一般に用いられる記録面を再生層と呼ばれるもう 1 つの磁性体膜で覆う．この膜は記録面に記録された磁気的な信号を遮ってしまうが，レーザースポットの照射によって温度が上昇すると保磁力が減衰し，記録面に記録された信号が浮き出してくる[*2]．このとき記録面の信号がそのまま浮き出すのではなく，レーザースポットがもたらす熱分布に従って信号の限定された部分が浮き出す．すなわち追加した磁性体膜は，記録信号面を覆う微小開口として作用する．この開口によって光磁気ディスクを照射しているレーザースポットの実効サイズが小さくなるため，解像力が向上する．同じ原理を光磁気型で

[*1] 磁化によって左右円偏光に対する屈折率が変わる現象で，直線偏光を入射させると一般に傾いた楕円偏光になって反射される．
[*2] 記録層における磁化の向きが再生層に転写されるということである．

はない通常の光ディスクに応用した提案もなされている[17].

このように,光ディスク光学系をはじめとするレーザー走査光学系では,物体を照射するレーザースポットの実効サイズが小さくなるような工夫をすれば直ちに解像力の向上に結びつく.しかし,走査型ではない結像光学系においてはこのようなわけにはいかない.

走査型以外の結像光学系は,視野全体を一括して結像する.この場合,仮に像面に光強度に対して非線形な応答をもつ物質を配置したとしても,回折限界による解像力を超えることはできない.光学系の解像限界を超えた場合,像面にはそもそも像が形成されないので,ここにどんな物体をもってきても失われた情報は取り戻すことができないからである.これは,一括結像光学系が走査光学系に対し本質的に超解像を達成しにくいことを示している.

しかし限定された目的に対しては一括結像光学系に非線形応答を用いた超解像を得ることもできる.図 5.20 は光リソグラフィーにおいて提案された非線形多重露光 (NOn-Linear Multiple EXposure, NOLMEX) 法[18,19]である.

NOLMEX 法の目的は,像面上に光学系の解像限界周期よりも細かい周期を有するラインアンドスペースパターンを形成することにある.光学系を改良する必要はなく,像面に一般的なフォトレジストとは特性の異なる 2 光子吸収レジストを塗布しておけばよい.このレジストは 2 光子を同時に吸収した場合にのみ感光過程が進むため,光強度の二乗に比例して感光する.このようなレジストを用いても解像限界を超える周期パターンを形成することはできないが,解像限界内のパターンを形成し,これを横ずらしして 2 回露光すれば結果的に解像限界を超えるパターンが得られる.この手順を示したものが図 5.20 である.回折限界近くでは周期パターンの光学像強度分布は正弦波になるため,非線形な特性をもたないレジストでは図中の (a1),(a2) に示すような露光がなされる.(a1),(a2) は逆相なので,これらを足すと定数になる.つまり通常レジストでは 2 回の露光後にパターンが消失してしまう.しかし 2 光子吸収レジストであればレジスト内に感光によって形成された像[*1]は (b1),(b2) に示すようにもはや正弦波ではなく,2 回の露光後に半周期のパターンが残る (図中の (c)).

[*1] これを潜像 (latent image) という.

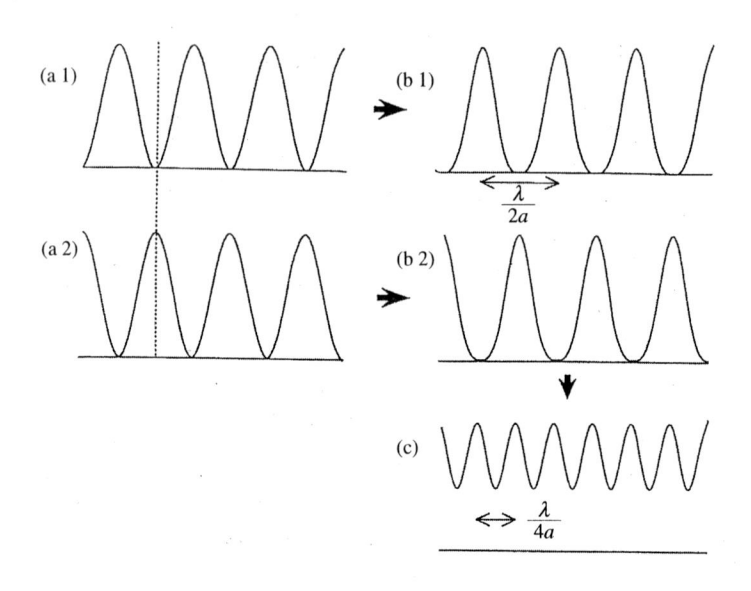

図 5.20 非線形レジストを用いた光リソグラフィー超解像
位相の反転した 2 つの周期 P のパターン (a1),(a2) を露光，これを 2 光子吸収レジストで感光すると (b1),(b2) となりその和は (c) となる．

光リソグラフィーでは像と物体の相似性はまったく問題にならず，微細なレジストパターンを発生することのみが重要であるため，このようなコンセプトでも超解像技術となりうる[*1]．

5.6 光の量子的な性質を用いた超解像技術

　光の量子的な性質を利用した超解像技術はまだ実用化の段階ではなく，また量子光学は本書の範疇外でもあるが，その概要を把握しておくことは量子光学と結像光学の接点を理解する上でも有意義である．5.5 節の NOLMEX 法の説明で述べたように，一括結像に非線形応答を用いた超解像を得ようとすると結果的に複数回の露光が必要になる．その後 3 つの異なる波長を用いた同時露光

[*1] 実際，この方法によって微細なパターンを解像できているわけではなく，非線形効果で発生したひずみによる高調波成分をうまく抜き出しているのである．

5.6 光の量子的な性質を用いた超解像技術

ミラー

A

C

B ビーム
   スプリッター D 受光面

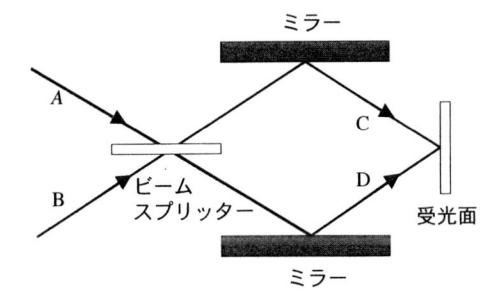

ミラー

図 5.21 Boto らの方法

により，1回の露光で超解像が得られる方法が提案された[20]．この方法はこれから述べる相関のある光子[*1)]による量子光学的超解像議論への契機となった．

相関のある光子対による2光束干渉から，古典的な干渉による干渉縞に比べ周期が半分の超解像干渉縞が作られる方法が図 5.21 に示されている[21)]．

ここではまず超解像干渉縞の生成を述べる前に，通常の干渉縞の生成について量子光学的に考えてみる．いま，図の A 方向からのみ光子が 1 光子数状態 $|\psi\rangle = |1\rangle_A |0\rangle_B$ で入射するとする[*2)]．$\hat{a}, \hat{b}$ をそれぞれ入射側 A,B での消滅演算子とすると，この系を透過後の射出側での消滅演算子 $\hat{c}, \hat{d}$ は

$$\begin{pmatrix} \hat{c} \\ \hat{d} \end{pmatrix} = \begin{pmatrix} \exp(i\phi) & 0 \\ 0 & 1 \end{pmatrix} \cdot \begin{pmatrix} -1 & 0 \\ 0 & -1 \end{pmatrix} \cdot \frac{1}{\sqrt{2}} \cdot \begin{pmatrix} -1 & i \\ i & -1 \end{pmatrix} \cdot \begin{pmatrix} \hat{a} \\ \hat{b} \end{pmatrix}$$
$$= \begin{pmatrix} \frac{1}{\sqrt{2}} \exp(i\phi) \hat{a} - \frac{1}{\sqrt{2}} i \exp(i\phi) \hat{b} \\ -\frac{1}{\sqrt{2}} i \hat{a} + \frac{1}{\sqrt{2}} \hat{b} \end{pmatrix} \quad (5.11)$$

と表される[*3)]．ここで，式 (5.11) 中辺の3つの行列は右側から，ハーフミラーの作用，上下のミラーでの反射，射出口 C,D での位相変化を意味している[*4)]．

---

*1) 相関のある光子はもつれ光子 (entangled photon) とも呼ばれるが，その正確な定義を含め本書ではこれ以上立ち入らない．

*2) $|\psi\rangle = |1\rangle_A |0\rangle_B$ は，入口 A に 1 個，B に 0 個の確定した数の光子が飛来していることを示す．一般に n 光子数状態とは空間中のあるモード (振動数と伝搬方向が定まった状態) に n 個の光子がある状態をいう．

*3) 消滅演算子および式 (5.11) については付録 Q 参照．

*4) ビームスプリッターを示す行列は，反射の一成分の位相が 180° 跳ぶとして非対角成分の 1 つを -1 とするのが通常であるが，ここでは位相の原点を変えて対称性のよい表記にしてある．

レジスト上での消滅演算子は A,B 両方向からの和になるので

$$\hat{e} = \hat{c} + \hat{d} \tag{5.12}$$

と表せる．レジストが光子を吸収する確率は 1 光子の吸収ならば光子数に比例して決まる．光子数演算子 $\hat{n}$ は，消滅演算子 $\hat{a}$ と生成演算子 $\hat{a}^\dagger$ の積によって表される[*1)]．これらの演算子が光子数状態 $|n\rangle$ に作用したときの関係を以下に示す．

$$\hat{a}|n\rangle = \sqrt{n}|n-1\rangle \tag{5.13}$$

$$\hat{a}^\dagger|n\rangle = \sqrt{n+1}|n+1\rangle \tag{5.14}$$

$$\hat{n}|n\rangle = \hat{a}^\dagger \hat{a}|n\rangle = n|n\rangle \tag{5.15}$$

式 (5.13)〜(5.15) を用いて 1 光子が入射する通常の干渉について，レジスト上での光子数演算子 $\hat{n} = \hat{e}^\dagger \hat{e}$ の期待値を計算すると，

$$\begin{aligned}\langle \psi | \hat{n} | \psi \rangle &= \langle \psi | \hat{e}^\dagger \hat{e} | \psi \rangle \\ &= \langle 0|_B \langle 1|_A \left[\left(\frac{1}{\sqrt{2}} \exp(-i\phi) + \frac{1}{\sqrt{2}} i \right) \hat{a}^\dagger + \left(\frac{1}{\sqrt{2}} i \exp(-i\phi) + \frac{1}{\sqrt{2}} \right) \hat{b}^\dagger \right] \\ &\quad \times \left[\left(\frac{1}{\sqrt{2}} \exp(i\phi) - \frac{1}{\sqrt{2}} i \right) \hat{a} + \left(-\frac{1}{\sqrt{2}} i \exp(i\phi) + \frac{1}{\sqrt{2}} \right) \hat{b} \right] |1\rangle_A |0\rangle_B \\ &= 1 - \sin\phi\end{aligned} \tag{5.16}$$

となり，ふつうの干渉縞が得られる[*2)]．

次に，超解像干渉縞について述べる．非線形光学素子によって同時発生した 2 光子が図の A,B に 1 個ずつ同時に入るようにする．このとき入射する光の状態は

$$|\psi\rangle = |1\rangle_A |1\rangle_B \tag{5.17}$$

と表せる．また，2 光子の同時吸収を表す演算子は

[*1)] 厳密ではないが光強度が振幅の絶対値の二乗で与えられるような感覚と思えばよい．
[*2)] 式 (5.16) 左辺の意味については付録 Q 参照．

5.6 光の量子的な性質を用いた超解像技術

$$\hat{\delta}_2 = \frac{(\hat{e}^\dagger)^2 (\hat{e})^2}{2!} \tag{5.18}$$

なので[*1]，

$$\begin{aligned}
\langle \psi | \hat{\delta}_2 | \psi \rangle &= \langle 1|_A \langle 1|_B \frac{(\hat{e}^\dagger)^2 (\hat{e})^2}{2!} |1\rangle_A |1\rangle_B \\
&= \frac{1}{2!} \langle 1|_A \langle 1|_B (\hat{e}^\dagger)^2 \hat{e} \left[\frac{-i + \exp(i\phi)}{\sqrt{2}} |0\rangle_A |1\rangle_B + \frac{1 - i\exp(i\phi)}{\sqrt{2}} |1\rangle_A |0\rangle_B \right] \\
&= \frac{1}{2!} \langle 1|_A \langle 1|_B (\hat{e}^\dagger)^2 [-i - i\exp(-i2\phi)] |0\rangle_A |0\rangle_B \\
&= 1 + \cos 2\phi
\end{aligned} \tag{5.19}$$

となり，古典的な干渉縞に対し周期が半分の超解像干渉縞が作られる．このような超解像干渉縞の成因を考えるために，図 5.21 においてハーフミラーを通過した後の光子の状態を考えてみよう．まず入射光子の状態は先に述べたように $|1\rangle_A |1\rangle_B$ であるが，これを

$$|1\rangle_A |1\rangle_B = \hat{a}^\dagger \hat{b}^\dagger |0\rangle_A |0\rangle_B \tag{5.20}$$

と表す．式 (5.20) では，光子が真空状態 $|0\rangle_A |0\rangle_B$ から生成演算子によって発生したと考える．式 (5.20) が成り立つことは式 (5.13)～(5.14) から自明であるが，式 (5.20) 右辺の真空状態はどんな場所でも共通であるから，真空状態に生成演算子 $\hat{a}^\dagger \hat{b}^\dagger$ を作用させることで入射口以外の場所の光子状態も求めることができる．すなわち出射口での光子の状態は

$$\hat{a}^\dagger \hat{b}^\dagger |0\rangle_C |0\rangle_D \tag{5.21}$$

で求めることができる．ただし式 (5.21) において演算子 $\hat{a}^\dagger \hat{b}^\dagger$ は直接 $|0\rangle_C |0\rangle_D$ に作用させることはできないので，まず式 (5.11) を逆に $\hat{a}, \hat{b}$ について解く．光子状態の考察に関係のない位相変化の項を無視すると，

[*1] 分子が二乗になっているのは同時吸収が積事象であることを考えれば容易に理解できるだろう．分母の 2!は各光子を区別できないことによる．

$$\begin{pmatrix} \hat{a} \\ \hat{b} \end{pmatrix} = \frac{1}{\sqrt{2}} \begin{pmatrix} -1 & -i \\ -i & -1 \end{pmatrix} \cdot \begin{pmatrix} -1 & 0 \\ 0 & -1 \end{pmatrix} \cdot \begin{pmatrix} \hat{c} \\ \hat{d} \end{pmatrix}$$
$$= \frac{1}{\sqrt{2}} \begin{pmatrix} 1 & i \\ i & 1 \end{pmatrix} \cdot \begin{pmatrix} \hat{c} \\ \hat{d} \end{pmatrix} \tag{5.22}$$

となり,$\hat{a},\hat{b}$ が $\hat{c},\hat{d}$ で表される[*1)]. これらのエルミート共役が $\hat{a}^\dagger,\hat{b}^\dagger$ であるから,式 (5.21) に代入すると,

$$\hat{a}^\dagger \hat{b}^\dagger |0\rangle_C |0\rangle_D = -\frac{i}{\sqrt{2}} \cdot (|2\rangle_C |0\rangle_D + |0\rangle_C |2\rangle_D) \tag{5.23}$$

が得られる. すなわち2つの出射口に光子が1個ずつ現れることはなく, いずれかに2個が現れ, 他方には現れない. 1光子による干渉縞生成の場合は, 光子はいずれかの出射口から出てくるからその状態は $|1\rangle_C |0\rangle_D + |0\rangle_C |1\rangle_D$ と表せる. この状態と式 (5.23) の状態とを比較すれば, 式 (5.23) においてはあたかも2個の光子が1個の光子のように振る舞って干渉縞を生成することがわかる. したがって結果的にエネルギーが2倍, すなわち実効的波長が半分になったかのような効果が得られることが理解される. もし2個の光子が互いに独立ならば2つの出射口に光子が1個ずつ現れる可能性も存在するはずであり, 式 (5.23) によってこの可能性が絶たれているということはこれら2光子が互いに相関をもっていることを意味している.

互いに相関のある光子対の生成は, 非線形光学結晶中に入射した1つの光子からパラメトリック変換と呼ばれる非線形光学過程を経て行う. 発生する光子対は一般に波長分布をもつが, その分布の中心波長は非線形光学結晶中に入射させた光の波長の2倍である. したがって相関のある光子対によって超解像が達成されるとしても, その生成自体にそもそも半波長の光源が必要ということになり, これは量子光学的超解像のインパクトを弱める大きな要因になっている.

[*1)] 真空状態に生成演算子 $\hat{a}^\dagger \hat{b}^\dagger$ を作用させることで出射口での光子状態も求めることができるのは, 消滅演算子が式 (5.22) の関係で結ばれており, これが途中の光学系による事情をすべて反映するからである.

文　献

1) 岡崎信次ほか：はじめての半導体リソグラフィー技術, 工業調査会 (2003).
2) H.J. Levinson：*Optical Lithography*, SPIE press(2001).
3) M. Mansuripur：*Classical Optics and its applications*, Cambridge University Press(2002), Chap.31.
4) F.M. Schellenberg ed.：*Resolution Enhancement Thechniques in Optical Lithography*, SPIE-press, Vol.MS178(2004).
5) 堀内敏行ほか：公開昭 59-211269.
6) N. Shiraishi et al.：*Proc. SPIE*, 1674(1992), 741.
7) 渋谷眞人：「被投影原版」公開昭 57-62052, 公告昭 62-50811, 1441789.
8) M.D. Levenson et al.：*IEEE Trans. Electron Devices*, ED-29(1982), 1828-1836.
9) 河田　聡編：超解像の光学, 学会出版センター (1999), 7 章.
10) Y.C. Ku et al.：*J. Vaccume Science and Thechnology-B*, 6(1988), 150-153.
11) 鶴田匡夫：第 3 光の鉛筆, 新技術コミュニケーションズ (1993), 33,34 章.
12) 中村　収ほか：応用物理, 57-5(1988), 784-791.
13) C. Girard and D. Courjion：*Phys. Rev. B*, 42-15(1990), 9340-9349.
14) 河田　聡：光学, 21-11(1992), 766-779.
15) T. Wilson and C. Sheppard：*Theory and practice of scanning optical microscopy*, Academic Press, London(1984), Chap.6, pp151-152.
16) K. Aratani et al.：*Proc. SPIE*, 1499(1991), 209-215.
17) K. Yasuda et al.：*Jpn. J. Appl. Phys. Suppl.*, 28-3(1989), 103-108.
18) H. Ooki et al.：*Jpn. J. Appl. Phys.*, 33-Part2-2A (1994), L177-L179.
19) M. Shibuya et al.：*Jpn. J. Appl. Phys.*, 33(1994), 6874-6877.
20) E. Yablonovitch and R.B. Vrijen：*Optical Engineering*, 38(1999), 334.
21) A.N. Boto et al.：*Phys. Dev. Lett.*, 85(2000), 2733-2736.

付　　録

A.　光波の記述法

角振動数 ω で振動している光波 $V(\boldsymbol{r},t)$ は，一般に位置の関数を $P(\boldsymbol{r}), Q(\boldsymbol{r})$ とすると

$$V(\boldsymbol{r},t) = P(\boldsymbol{r})\cos\omega t + Q(\boldsymbol{r})\sin\omega t \tag{A.1}$$

と書ける．いま複素関数 $U(\boldsymbol{r})$ を

$$U(\boldsymbol{r}) = P(\boldsymbol{r}) + iQ(\boldsymbol{r}) \tag{A.2}$$

で定義すると，$V(\boldsymbol{r},t)$ は

$$V(\boldsymbol{r},t) = \mathrm{Re}\{U(\boldsymbol{r})\exp(-i\omega t)\} \tag{A.3}$$

と書ける．明らかに $V(\boldsymbol{r},t)$ に線形演算 $(C\cdot V(\boldsymbol{r},t), V_1(\boldsymbol{r},t) + V_2(\boldsymbol{r},t))$ を施す際は $U(\boldsymbol{r})\exp(-i\omega t)$ にそのまま行って結果の実部をとればよい．線形演算ではない場合で重要なのは光の強度 $I(\boldsymbol{r})$ の計算である．光の強度は光波 $V(\boldsymbol{r},t)$ の二乗の時間平均で与えられるので，

$$I(\boldsymbol{r}) = \frac{1}{2T}\int_{-T}^{T}\{V(\boldsymbol{r},t)\}^2 dt = \frac{1}{2T}\int_{-T}^{T}\frac{1}{4}\{U(\boldsymbol{r})\exp(-i\omega t) + U^*(\boldsymbol{r})\exp(i\omega t)\}^2 dt \tag{A.4}$$

式 (A.4) で積分時間 T を振動の 1 周期より十分長くとると $\exp(\pm i2\omega t)$ が含まれる項は積分の結果 0 になり，結局

$$I(\boldsymbol{r}) = \frac{1}{2}U(\boldsymbol{r})U^*(\boldsymbol{r}) = \frac{1}{2}|U(\boldsymbol{r})|^2 \tag{A.5}$$

となって，複素関数 $U(\boldsymbol{r})$ の絶対値を二乗したものが光の強度となる．非常に便利な表記法であることがこれでわかるであろう．

B. スカラー結像理論におけるインクリネーションファクターの整合性

B.1 相反定理と点像分布の相似性

スカラー回折理論では,開口部だけで回折積分してよいならば,発光点と受光点を入れ換えたときの受ける強度は等しくなることが,式 (1.31) より示された.これは相反定理と呼ばれる.

ここでは,結像がアイソプラナチック (像点が像面内を微小移動しても点像分布形状が変化しない) であるときに,相反定理から,物体と像を入れ換えたときの点像分布が相似になることを導く.

図 B.1 に示すように,物体面上に点 $A(x_0)$ と点 $B(x)$,像面上に共役な点 $A'(x_0')$ と点 $B'(x')$ を考える.簡単のため,物体,像とも 1 次元で考える.点 A の点像振幅分布を $\mathrm{ASF}'(x' - x_0')$,物像を入れ替えたときの点 A' の点像振幅分布を $\mathrm{ASF}(x - x_0)$ とする.相反定理より,

$$\mathrm{ASF}'(0) = \mathrm{ASF}(0) \tag{B.1}$$

となる.また,アイソプラナチックであることより,点 A の点像分布と点 B の点像分布は同じ形をしている.同様に物像を逆にしたときの点 A' と点 B' の点像分布は同じ形をしている.よって,相反定理より,点 A の点像分布による点 B' の振幅 $\mathrm{ASF}'(x' - x_0')$ と点 B' の点像分布による,点 A の振幅 $\mathrm{ASF}(x_0 - x)$ は等しく,

$$\mathrm{ASF}'(x' - x_0') = \mathrm{ASF}(x_0 - x) \tag{B.2}$$

と書ける.ここで結像倍率 β

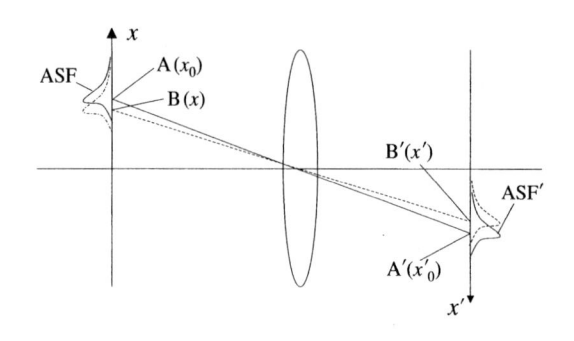

図 B.1 相反定理と点像分布の相似性

を考慮すると,

$$\beta = -\frac{x'_0 - x'}{x_0 - x} \tag{B.3}$$

$$\text{ASF}'(x' - x'_0) = \text{ASF}\left(\frac{x' - x'_0}{\beta}\right) \tag{B.4}$$

となり，明らかに ASF と ASF' は相似である．

B.2 物像の対称性 (相似性) とインクリネーションファクター

B.1 節において，相反定理とアイソプラナチズム成立の 2 つの条件のもとで，物像を反対にしたときに点像分布が相似になることが示された．

ここでは，アイソプラナチズムが成立するときに，物像を入れ換えたときの点像分布形状が相似であるためのインクリネーションファクターに課せられる条件を導く．簡単のため軸上物点を考える．

図 B.2 に示すように，物体の座標を x, y，像の座標を x', y'，入射瞳座標を光線の方向余弦 ξ, η，射出側の瞳座標を方向余弦 ξ', η' で表すことにする．ただし，入射瞳から射出瞳への結像倍率を考えて，射出瞳の方向余弦の符号は入射瞳の符号とは反対になっている (入射瞳は右上に進む光線が正であるが，射出瞳は右下に進む光線が正となっている)．入射側主点から物点までの距離を $\hat{g}$，射出側主点から像点までの距離を $\hat{g}'$，入射側の開口数を a，射出側開口数を a' とする．入射側の量と射出側の量の関係は倍率 β と以下の関係で結ばれる．

$$\beta = \frac{\hat{g}'}{\hat{g}} = -\frac{\xi}{\xi'} = -\frac{\eta}{\eta'} = -\frac{x'}{x} = -\frac{y'}{y} \tag{B.5}$$

ここで，物体高と像高は微小と考えているので常に成立する．また，瞳座標についてみると上式は正弦条件そのものであり，アイソプラナチックが成立しているので有限

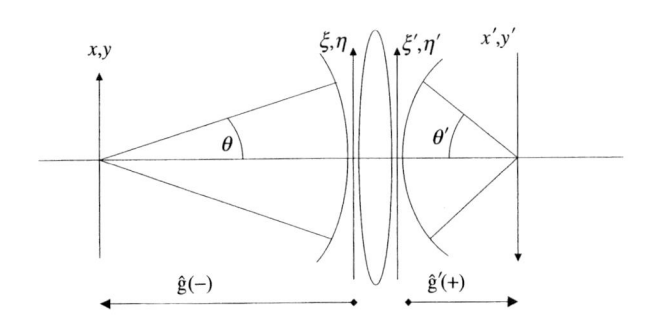

図 **B.2** 物像の対称性 (相似性) とインクリネーションファクター

な瞳座標について成り立つ.

図B.2を参照して，完全に等方的に放射する点光源の場合の点像分布 $U'(x', y')$ を求める．入射参照球面の半径を $|\hat{g}|$，射出参照球面の半径を $|\hat{g}'|$ とする．物点から入射参照球面までの距離 $\hat{g}$ に反比例した減衰，入射参照球面から射出側参照球面への変換による振幅の変化 $\sqrt{\cos\theta'}/\sqrt{\cos\theta}$，射出側参照球面から像点までの距離 $\hat{g}'$ による減衰，射出側参照球面上での微小面積 $((\hat{g}')^2 d\xi' d\eta'/\cos\theta')$ を考えて，射出側参照球面上での積分として点像分布は次のように表される．

$$\begin{aligned}
U'(x', y') &= \frac{1}{|\hat{g}|} \iint_{\xi'^2+\eta'^2 \leq a'^2} \exp\{+ik(\xi' x' + \eta' y')\} \\
&\quad \times \frac{1}{|\hat{g}'|} \cdot \frac{\sqrt{\cos\theta'}}{\sqrt{\cos\theta}} \cdot (\hat{g}')^2 \cdot \frac{d\xi' d\eta'}{\cos\theta'} \\
&= \frac{|\hat{g}'|}{|\hat{g}|} \iint_{\xi'^2+\eta'^2 \leq a'^2} \exp\{+ik(\xi' x' + \eta' y')\} \\
&\quad \times \frac{d\xi' d\eta'}{\sqrt{\sqrt{1-\beta^2(\xi'^2+\eta'^2)} \cdot \sqrt{1-(\xi'^2+\eta'^2)}}}
\end{aligned} \quad (\text{B.6})$$

同様に，物像を逆にしたときの分布関数は以下のように求まる．

$$\begin{aligned}
U(x, y) &= \frac{|\hat{g}|}{|\hat{g}'|} \iint_{\xi^2+\eta^2 \leq a^2} \exp\{-ik(\xi x + \eta y)\} \\
&\quad \times \frac{d\xi d\eta}{\sqrt{\sqrt{1-(\xi^2+\eta^2)/\beta^2} \cdot \sqrt{1-(\xi^2+\eta^2)}}} \\
&= \frac{|\hat{g}'|}{|\hat{g}|} \iint_{\xi'^2+\eta'^2 \leq a'^2} \exp\{-ik(\xi' x' + \eta' y')\} \\
&\quad \times \frac{d\xi' d\eta'}{\sqrt{\sqrt{1-\beta^2(\xi'^2+\eta'^2)} \cdot \sqrt{1-(\xi'^2+\eta'^2)}}} \\
&= U'(-x', -y')
\end{aligned} \quad (\text{B.7})$$

ここで正弦条件に相当する式 (B.5) を用いた．物像を逆転したときの点像分布の対称性 (相似性) が導かれた．単位の大きさの光源を置いたとき，点像中心強度の絶対値も一致する．

次に，物体からの射出 (放射) のインクリネーションファクター $f(\cos\theta)$ および受光側のインクリネーションファクター $g(\cos\theta')$ を考慮すると

B. スカラー結像理論におけるインクリネーションファクターの整合性

$$U'(x',y') = \frac{1}{|\hat{g}|} \iint_{\xi'^2+\eta'^2 \leq a'^2} \exp\{+ik(\xi'x'+\eta'y')\} \cdot f(\cos\theta) \cdot g(\cos\theta')$$
$$\times \frac{1}{|\hat{g}'|} \cdot \frac{\sqrt{\cos\theta'}}{\sqrt{\cos\theta}} \cdot (|\hat{g}'|)^2 \cdot \frac{d\xi' d\eta'}{\cos\theta'}$$
$$= \frac{|\hat{g}'|}{|\hat{g}|} \iint_{\xi'^2+\eta'^2 \leq a'^2} \exp\{+ik(\xi'x'+\eta'y')\} \quad (B.8)$$
$$\times f\left(\sqrt{1-\beta^2(\xi'^2+\eta'^2)}\right) \cdot g\left(\sqrt{1-(\xi'^2+\eta'^2)}\right)$$
$$\times \frac{d\xi' d\eta'}{\sqrt{\sqrt{1-\beta^2(\xi'^2+\eta'^2)} \cdot \sqrt{1-(\xi'^2+\eta'^2)}}}$$

であり,物像を逆にすると

$$U(x,y) = \frac{|\hat{g}|}{|\hat{g}'|} \iint_{\xi^2+\eta^2 \leq a^2} \exp\{-ik(\xi x+\eta y)\} \cdot f(\cos\theta') \cdot g(\cos\theta)$$
$$\times \frac{d\xi d\eta}{\sqrt{\sqrt{1-(\xi^2+\eta^2)/\beta^2} \cdot \sqrt{1-(\xi^2+\eta^2)}}}$$
$$= \frac{|\hat{g}'|}{|\hat{g}|} \iint_{\xi'^2+\eta'^2 \leq a'^2} \exp\{-ik(\xi'x'+\eta'y')\} \quad (B.9)$$
$$\times f\left(\sqrt{1-(\xi'^2+\eta'^2)}\right) \cdot g\left(\sqrt{1-\beta^2(\xi'^2+\eta'^2)}\right)$$
$$\times \frac{d\xi' d\eta'}{\sqrt{\sqrt{1-\beta^2(\xi'^2+\eta'^2)} \cdot \sqrt{1-(\xi'^2+\eta'^2)}}}$$

となる.$U(x,y)$ が $U'(-x',-y')$ に等しくなれば物像の対称性が成り立つ.式 (B.8) と式 (B.9) を見比べると,対称性が成り立つためには

$$f(\cos\theta) = g(\cos\theta) \quad (B.10)$$

が成り立たなければならないことを示している.すなわち,もし,物体側でインクリネーションファクター $\sqrt{\cos\theta}$ であれば,受光側のインクリネーションファクターも同様に $\sqrt{\cos\theta}$ でなければならないことを示している.

結像系のスカラー理論では,物体側および像側のインクリネーションファクターとしてともに $\sqrt{\cos\theta}$ を想定しているが,相反定理より導かれる物像の対称性とは矛盾しないことがわかる.

B.3 平面波展開におけるインクリネーションファクター

フーリエ変換によって平面波展開した場合の瞳面 (絞り面) での振幅の大きさを求めるときに計算上はインクリネーションファクターは現れてこないが,実際の物体面

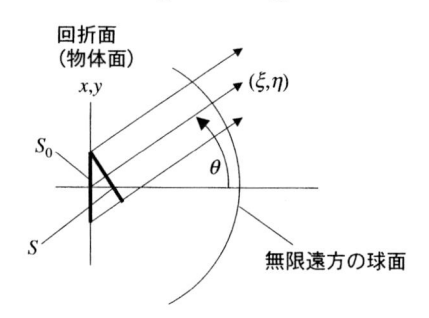

図 **B.3** 平面における回折と遠方の球面上での分布

での回折ではインクリネーションファクター $\sqrt{\cos\theta}$ が考慮されていると式 (1.34) のところで説明した．ここでは，このことを多少見方を変えて説明する．

図 B.3 に示すように，斜めに回折される場合には冬の効果とは逆に光束幅 S_0 から S に $\cos\theta$ 倍に狭くなるので，エネルギー保存則から平面波の進行方向に直交する面内での単位面積あたりの振幅の大きさは $1/\sqrt{\cos\theta}$ 倍されると考えられる．光束幅が $\cos\theta$ 倍狭いので，この光束断面上で回折積分を行うと回折積分領域が $\cos\theta$ 倍となる．この2つの効果により図 B.3 に示す無限遠方の球面上の振幅は $\sqrt{\cos\theta}$ 倍される．結局，遠方の球面上での単位立体角あたりの振幅を求める上で，インクリネーションファクター $\sqrt{\cos\theta}$ を考えることになる．

あるいは，次のように述べることができる．光束幅は狭くなるが，平面波に含まれるエネルギーは変わっていない．光束幅が $\cos\theta$ 倍狭いので，無限遠方の球面上での θ 方向の回折拡がりは $1/\cos\theta$ 倍となり，球面上の振幅は $\sqrt{\cos\theta}$ 倍される．

B.4 フレネル回折とインクリネーションファクター

式 (1.32) には問題があるが，回折角の小さいときには適用可能である．有限距離での回折を表すために，波動の伝搬を表す指数関数の肩を，x, y 座標の2次式で近似したものがフレネル回折であり，開口面上の振幅分布を $U(x_0, y_0)$ とすると以下のように表される[*1]．

$$U(x,y,z) = \frac{-i}{\lambda} \iint_{-\infty}^{\infty} dx_0 dy_0 U(x_0, y_0) \exp\left(ik\sqrt{z^2 + (x-x_0)^2 + (y-y_0)^2}\right)$$
$$\times \frac{1}{\sqrt{z^2 + (x-x_0)^2 + (y-y_0)^2}}$$

[*1] なお，1.2.2 項の図 1.9 で述べたように結像におけるフレネル回折という取り扱いは適切ではなく，フレネルナンバーの大きいときには，平面波展開で考えるべきである．

B. スカラー結像理論におけるインクリネーションファクターの整合性

$$\approx \frac{-i}{\lambda z} \iint_{-\infty}^{\infty} dx_0 dy_0 U(x_0,y_0) \exp\left(ikz\right) \exp\left(ik\frac{(x-x_0)^2+(y-y_0)^2}{2z}\right) \tag{B.11}$$

式 (B.11) の積分の前に出ている係数 $-i/\lambda$ の意味を考えてみる．分母の λ は波長が長くなると回折しやすくなるので，特定の場所への回折の寄与が $1/\lambda$ となることを示している．分子の $-i$ はホイヘンスの原理において 2 次波が 1 次波に対して $\pi/2 = \lambda/4$ 進むことを示している．

この係数 $-i/\lambda$ は，点物体 (デルタ関数) からの有限距離の回折を平面波展開で考えることで導かれる．図 B.4 に示すように平面の遮光版にデルタ関数としてピンホールが開いていたとする．遮光平面内に x, y 軸を，法線方向に z 軸を，ピンホールを原点にとると，

$$\tilde{U}(\xi,\eta) = \left(\frac{k}{2\pi}\right)^2 \iint_{-\infty}^{\infty} dx_0 dy_0\, \delta(x_0,y_0) \exp\{-ik(\xi x_0 + \eta y_0)\} = \left(\frac{k}{2\pi}\right)^2 \tag{B.12}$$

と一様な大きさの平面波の和で表される．

平面波の重ね合わせとして z 軸上での振幅 U を求めてみると，

$$\begin{aligned}
U(0,0,z) &= \left(\frac{k}{2\pi}\right)^2 \iint_{\xi^2+\eta^2<1} d\xi d\eta\, \exp\left(ik\sqrt{1-\xi^2-\eta^2}\,z\right) \\
&= \left(\frac{k}{2\pi}\right)^2 \int_0^1 d(\sin\theta)\, 2\pi \sin\theta\, \exp\left(ik\sqrt{1-\sin^2\theta}\,z\right) \\
&= \left(\frac{-i}{\lambda z} + \frac{1}{2\pi z^2}\right) \exp\left(ikz\right) - \frac{1}{2\pi z^2} \\
&\quad (\text{if } z \gg \lambda) \\
&\approx \frac{-i}{\lambda z} \exp\left(ikz\right)
\end{aligned} \tag{B.13}$$

となり，いわゆるフレネル回折の積分の前に出ている係数が導かれる．さらに，フレネル回折は回折面から波長に比べて十分に離れた距離でしか適用できないことがわかる．

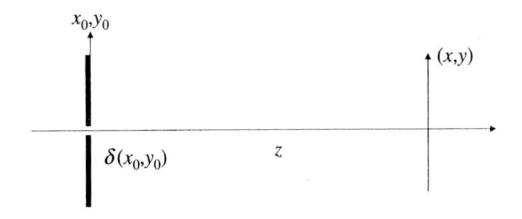

図 **B.4** ピンホールからのフレネル回折

ここで，式 (B.12) の被積分項は方向余弦 (ξ, η) に進む平面波を表している．光束幅が $\cos\theta$ 倍となるので振幅は $1/\sqrt{\cos\theta}$ 倍となる (冬の効果の逆) ことを考えなくてはならないが，距離 z 離れた面での入射のインクリネーションファクター $\sqrt{\cos\theta}$ (冬の効果) とが相殺されているので，被積分関数にはこれらが現れてこない．この物理的解釈は，以下に導出する式 (B.19) および式 (B.20) における射出と入射のインクリネーションファクター $\sqrt{\cos\theta}$ と相応する[*1]．

点物体で回折されたときの光軸から離れた場所の回折分布を停留位相法[1]を用いて近似的に求めてみる[2]．停留位相法によれば，平面波の重ね合わせによる点 (x, y, z) の振幅が次のように表される．

$$U(x,y,z) = \left(\frac{k}{2\pi}\right)^2 \iint_{-\infty}^{\infty} d\xi d\eta \, \exp\left\{ik\left(\xi x + \eta y + \sqrt{1-\xi^2-\eta^2}z\right)\right\}$$
$$= \left(\frac{k}{2\pi}\right)^2 \frac{2\pi i \sigma}{k\sqrt{|\alpha\beta-\gamma^2|}} \exp\left\{ik\left(\xi_0 x + \eta_0 y + \sqrt{1-\xi_0^2-\eta_0^2}z\right)\right\} \quad \text{(B.14)}$$

ここで，

$$f = \xi x + \eta y + \sqrt{1-\xi^2-\eta^2}\, z \quad \text{(B.15)}$$

とおくと，ξ_0, η_0 は次式を満足する，ξ, η の値である．

$$\left.\frac{\partial f}{\partial \xi}\right|_{\xi_0,\eta_0} = 0, \qquad \left.\frac{\partial f}{\partial \eta}\right|_{\xi_0,\eta_0} = 0 \quad \text{(B.16)}$$

また，α, β, γ は，次式で与えられる．

$$\alpha = \left.\frac{\partial^2 f}{\partial \xi^2}\right|_{\xi_0,\eta_0}, \qquad \beta = \left.\frac{\partial^2 f}{\partial \eta^2}\right|_{\xi_0,\eta_0}, \qquad \gamma = \left.\frac{\partial^2 f}{\partial \xi \partial \eta}\right|_{\xi_0,\eta_0} \quad \text{(B.17)}$$

さらに，σ は

$$\begin{aligned}\sigma &= +1 \quad (\text{for} \quad \alpha\beta > \gamma^2, \quad \alpha > 0) \\ &= -1 \quad (\text{for} \quad \alpha\beta > \gamma^2, \quad \alpha < 0) \\ &= -i \quad (\text{for} \quad \alpha\beta < \gamma^2)\end{aligned} \quad \text{(B.18)}$$

となっている．これらを計算して，式 (B.14) に代入して整理すると，

$$U(x,y,z) = \frac{-i}{\lambda\sqrt{z^2+x^2+y^2}} \cdot \frac{z}{\sqrt{z^2+x^2+y^2}} \exp\left(ik\sqrt{z^2+x^2+y^2}\right) \quad \text{(B.19)}$$

と 3 つの項の積の形となる．いわゆるフレネル回折の式とよく似ているが，第 1 項の

[*1] あるいは，式 (B.12) 以下の議論では，場所の座標に共役な物理量である運動量に対応する物体の空間周波数を用いているので，インクリネーションファクターが現れてこないということもできる．

分母は開口面から受光面までの距離による減衰を表している．第1項の分子は位相が $\lambda/4$ 進むことを示している．第2項は開口面法線と光線の方向の成す角および受光面法線と光線の成す角をともに θ とおけば，$(\sqrt{\cos\theta})^2$ と考えることができる．これは，射出のインクリネーションファクターと受光のインクリネーションファクターがともに，$\sqrt{\cos\theta}$ であることを示している．第3項は，開口面から受光面までの距離に比例して位相が遅れることを示している．

有限な大きさの開口の場合にも同様な議論が可能であり，回折面での振幅分布を $U_0(x_0, y_0)$，平面波の振幅を $\tilde{U}(\xi, \eta)$，被照射面の振幅を $U(x, y, z)$ とおくと，

$$\tilde{U}(\xi,\eta) = \iint_{-\infty}^{\infty} dx_0 dy_0 \, U(x_0, y_0) \exp\{-ik(\xi x_0 + \eta y_0)\}$$

$$U(x,y,z)dxdy = \left(\frac{k}{2\pi}\right)^2 \iint_{-\infty}^{\infty} d\xi d\eta \, \tilde{U}(\xi, \eta) \exp\left\{ik\left(\xi x + \eta y + \sqrt{1-\xi^2-\eta^2}z\right)\right\}$$

$$= \left(\frac{k}{2\pi}\right)^2 \iint_{-\infty}^{\infty} d\xi d\eta \iint_{-\infty}^{\infty} dx_0 dy_0 U(x_0, y_0)$$
$$\times \exp\left(-ik(\xi x_0 + \eta y_0)\right) \exp\left(ik\left(\xi x + \eta y + \sqrt{1-\xi^2-\eta^2}z\right)\right) dxdy$$

$$= \frac{-i}{\lambda} \iint_{-\infty}^{\infty} dx_0 dy_0 U(x_0, y_0)$$
$$\times \frac{1}{\sqrt{(x_0-x)^2+(y_0-y)^2+(z_0-z)^2}} \cdot \frac{z}{\sqrt{(x_0-x)^2+(y_0-y)^2+(z_0-z)^2}}$$
$$\times \exp\left(ik\sqrt{(x_0-x)^2+(y_0-y)^2+(z_0-z)^2}\right) dxdy$$

(B.20)

となる．上式の被積分関数の各項は，回折面上の1点 (x_0, y_0) から観測面上の1点 (x, y) への寄与を示しており，式 (B.19) とまったく同様の解釈ができる．

文　　　　献

1) M. Born and E. Wolf (草川　徹・横田英嗣訳)：光学の原理，第I巻，東海大学出版会 (1977)，付録 III．
2) 齋藤公博：「光ディスク再生信号解析における定式化と計算機シミュレーションに関する研究」，東京大学 2004 度博士論文，2.2 節．

C. $f\sin\theta$ レンズ

理想的な結像光学系の物体-絞り間，絞り-像間，あるいは理想的なケーラー照明系の光源-物体間のレンズは $f\sin\theta$ レンズである．

図 C.1 $f\sin\theta$ レンズ

$f\sin\theta$ レンズでは，図 C.1 に示されるようにレンズの前側焦点位置に入射した光線の角度 θ と後側焦点面上での高さ y は，$y = f\sin\theta$ の関係がある．前側焦点位置を開口絞りとして，無限遠方物体の後側焦点面上の結像を考えると，開口数が像面上で一定であることが以下のように示される．

物体距離を L_0，絞りの半径を r，レンズの焦点距離を f，無限遠方の物体高さを y_0 として，これが高さ y の点に像を結ぶとする．まず，結像倍率は開口数の比になることから，

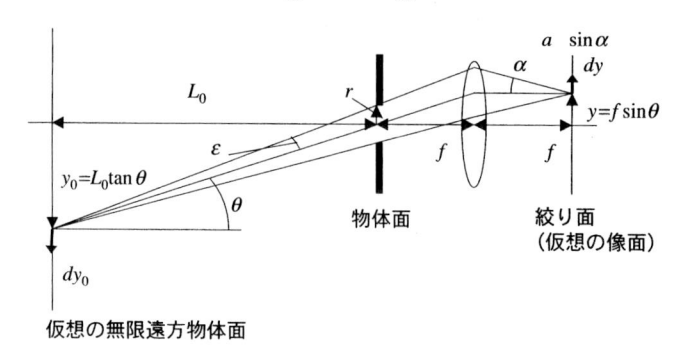

$$\frac{dy}{dy_0} = \frac{\sin(\theta+\varepsilon) - \sin\theta}{\sin\alpha} \tag{C.1}$$

となる[*1]．次に物体が無限遠方 $(L_0 \to \infty)$ にあるので角度 ε は無限に小さく，

$$\varepsilon = \frac{r\cos\theta}{L_0/\cos\theta} \tag{C.2}$$

となる．さらに，$y = f\sin\theta$ および $y_0 = L_0\tan\theta$ を微分して，

$$dy = f\cos\theta\, d\theta \tag{C.3}$$

$$dy_0 = L_0 \frac{1}{\cos^2\theta} d\theta \tag{C.4}$$

を得る．これらの 4 つの式を連立して，

$$a \equiv \sin\alpha = \frac{r}{f} \tag{C.5}$$

となり，像面上の開口数 a が一定であることが示された．

ここで無限遠方物体の光軸上の点からの光線を考えると，式 (C.5) は正弦条件が成

[*1] ここでは簡単のため前側焦点を通った主光線が像側で光軸に平行になると仮定しているが，この仮定がなくても開口数が一定になることは導ける．

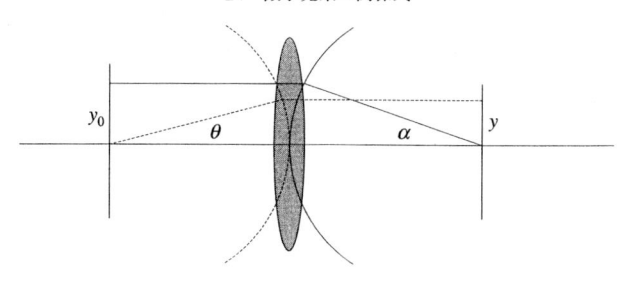

図 C.2 理想的な $f\sin\theta$ レンズの光線の様子

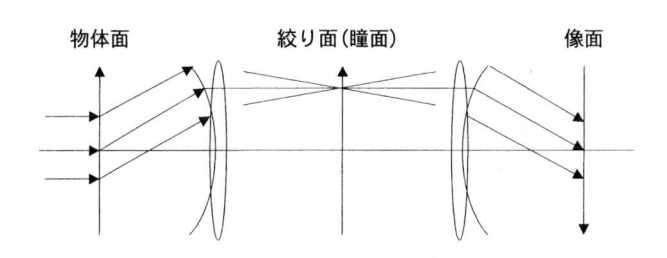

図 C.3 $f\sin\theta$ レンズを向かい合わせた構成

立していることを示している．図 C.2 に理想的な $f\sin\theta$ レンズの光線の様子を示してある．

また，理想的な結像光学系は，図 C.3 に示すように，$f\sin\theta$ レンズが向かい合わされており，物体から像への結像において正弦条件が満足する．ここで絞り面での回折を考えてみる．図 C.2 において，右側から入ってきた平面波が焦点面上で回折されたとすると，回折平面波は，回折角の方向余弦に比例した高さで，左側の焦点面上に集光することを示している．すなわち，図 C.3 の絞り面での回折と物体面での回折を同等に扱ってよいことを表している．

ケーラー照明の光学系を考えてみる．理想的には $f\sin\theta$ レンズの前側焦点面に光源面があり，後側焦点面に被照射物体がある．光源の輝度が面内で一様だとすると，被照射物体面で開口数が一定であることは照度が被照射物体面内で一様なことを示している．また，開口数が一定なので空間的コヒーレンスも被照射物体面内で一様である．

D. 微小光束の関係式

アッベの正弦条件は有限の開き角についての条件であるが，2 つの光線の開き角が無限小のときには収差が発生しないので常に成立する関係式を得ることができる．こ

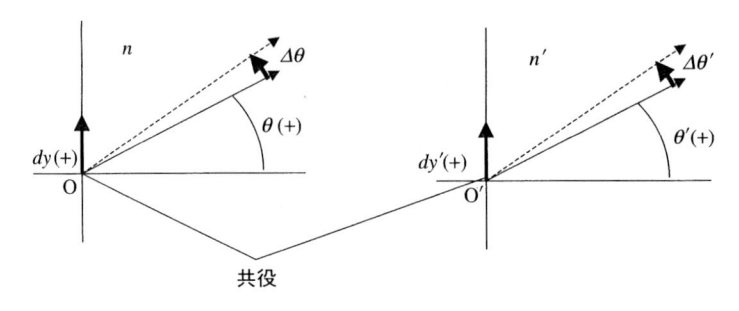

図 **D.1** Helmholtz–Lagrange の不変式

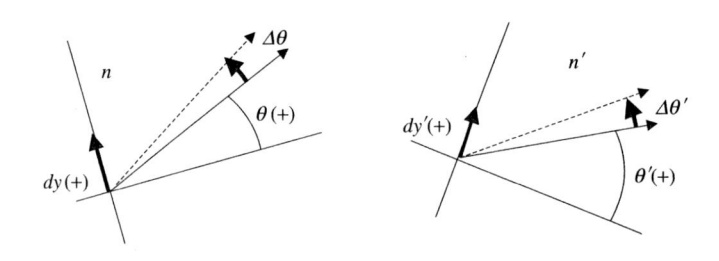

図 **D.2** Helmholtz–Lagrange の不変式の一般化

れらの関係式を知っておくことは，光学系の設計や開発において有益である．またこれらの関係式を理解することは結像を深く理解する上で役に立つであろう．

微小物体の微小光束による結像倍率は，微小光束の上下の光線の物体側での方向余弦の差と像側での方向余弦の差の比で決まる．図 D.1 には共役な 2 点 O と O′ およびそれらを通る 2 つの光線が描かれている．この図を参照して，

$$ndy\{\sin(\theta + \Delta\theta) - \sin\theta\} = n'dy'\{\sin(\theta' + \Delta\theta') - \sin\theta'\} \tag{D.1}$$

となる．この式を変形して

$$ndyd(\sin\theta) = n'dy'd(\sin\theta') \tag{D.2}$$

あるいは

$$ndy\cos\theta d\theta = n'dy'\cos\theta' d\theta' \tag{D.3}$$

と書かれる．式 (D.1) または (D.2) が Helmholtz–Lagrange の不変式と呼ばれる[*1]．
2 つの平面波の干渉でパターンが作られるという考え方から，図 D.2 のように像と

[*1] 円錐状に 2 次元に開いた光束に関しても同様の関係が成立し，Clausius の式と呼ばれる．熱平衡状態における微小釣り合いの原理からこれらの式を導くことが可能である (付録 E 参照)．

物体の向きを任意に取っても微小光束に対する関係が次式のように成り立つ．

$$ndyd(\sin\theta) = n'dy'd(\sin\theta') \tag{D.4}$$

E. 輝度不変の法則

E.1 輝度不変の法則

輝度不変の法則は物理の根幹に関わる重要な法則であり，エネルギー保存則などの基本法則に準じる法則と考えてもよいであろう．実用的にも有効であり，照度計算や照明系設計をするには，知らなくてはならない法則である．微小光束の関係式から輝度不変の法則を導くことができるが，ここでは熱平衡状態における微小釣り合いの関係[1]より，微小光束の関係も含めて導いてみる．

図 E.1 に示すように，輝度 B は単位面積 ds あたり単位放射立体角 $\cos\theta d\Omega$ ($d\Omega$ が立体角) あたりに放射される電磁波のエネルギー dF であり，

$$dF = B\,ds\cos\theta d\Omega \tag{E.1}$$

の関係がある[*1]．図 E.2 に示すように，一様な放射場の中に微小面積 ds をおく．微小面積の法線と考えている放射方向との成す角 θ の余弦 $\cos\theta$ に放射量が比例するのは，その方向に対する微小面積 ds の有効断面積が $\cos\theta$ 倍となるからである．

図 E.3 に示したように温度が一様な黒体の箱を考える．輝度 B は温度 T の関数であり，Planck の輻射則によって決まる．温度が一様であるから輝度 B も一様である．箱中の任意の 2 箇所の微小面積 ds, ds' を考える．熱平衡状態なので，これらの間に微小釣り合いの関係が成り立っている[1]．すなわち左から右へのエネルギーの流れ dF お

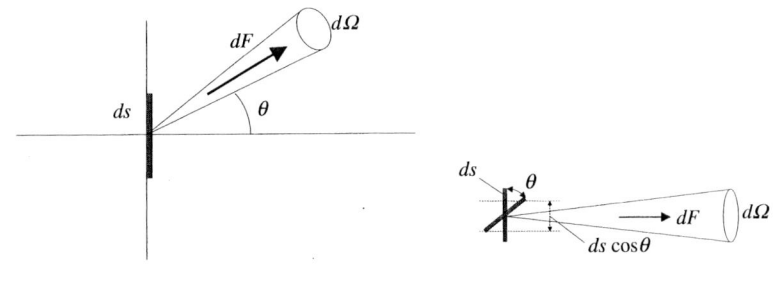

図 E.1 輝度の定義　　　　図 E.2 輝度の方向性

[*1] 1.3 節の脚注にも書いたが，単位放射立体角 $\cos\theta d\Omega$, あるいは単位波数ベクトル $d\boldsymbol{k}$ 内への放射を考えれば $\cos\theta$ は現れない．

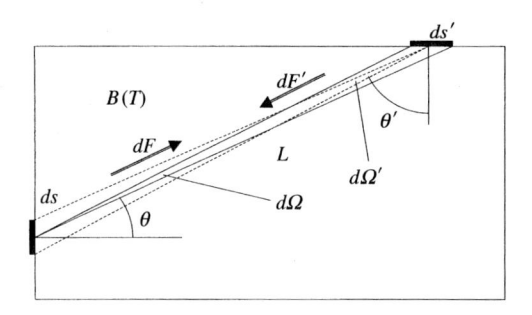

図 E.3 微小釣り合い

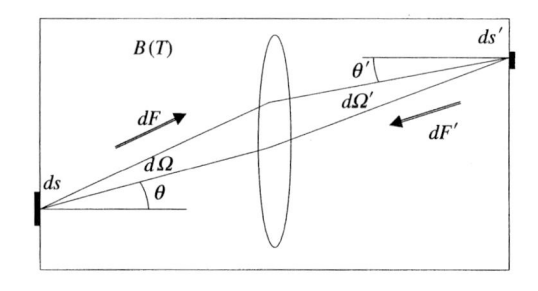

図 E.4 レンズがあるときの微小釣り合い

よび右から左への流れ dF' は等しく、ds から ds' を見込む角は $d\Omega = ds'\cos\theta'/L^2$、$ds'$ から ds を見込む角は $d\Omega' = ds\cos\theta/L^2$ なので

$$dF = Bds\cos\theta\frac{ds'\cos\theta'}{L^2} = Bds'\cos\theta'\frac{ds\cos\theta}{L^2} = dF' \qquad \text{(E.2)}$$

となる。次に図 E.4 に示すように理想的 (吸収も反射もない、吸収がないのでキルヒホッフの法則より放射もない) なレンズを箱の中に置き、2つの微小面積が微小光束によって共役 (物体と像の関係) になっているとする。このときのエネルギーの流れは同様に、

$$dF = B\cos\theta\, dsd\Omega = B\cos\theta' ds'd\Omega' = dF' \qquad \text{(E.3)}$$

と書かれるが、この式は

$$\cos\theta\, dsd\Omega = \cos\theta' ds'd\Omega' \qquad \text{(E.4)}$$

と書き直すことができる。これは Clausius の式と呼ばれているものである。子午面 (meridional 面) 内だけで考えたときは Helmholtz–Lagrange の不変式 (付録 D 参照) になる。

つぎに，ds のところに温度の高い光源を置いたとする．このときには熱平衡状態ではなくなるが，光束 (光線) の幾何光学的な関係は変わらないので，式 (E.4) は成り立っている．ds から ds' へのエネルギーの流れを考えてみる．輝度はレンズ透過の前後でダッシュをつけて区別して，式 (E.3) を修正して，

$$dF = B\cos\theta ds d\Omega = B'\cos\theta' ds' d\Omega' \tag{E.5}$$

の関係が成り立つ．式 (E.4) と式 (E.5) を見比べることで，

$$B = B' \tag{E.6}$$

と，輝度不変の法則が導かれる．Clausius の式は共役な間の関係であるが，非共役の場合にも Straubel の式と呼ばれる同様の関係式が成り立つ[2,3]．それゆえ，輝度不変の法則は共役関係でない場合を含めて，もっと広く一般に成り立つ．

輝度不変の法則は，光学系の照度計算において基本的な役割を果たす．ただし表面反射損失やガラスによる吸収損失は別途考慮しなければならない．また，拡散板やファイバーなどを通ったときには成り立たない．

なお，物体側屈折率と像側屈折率を考えると，Clausius の式，輝度不変の法則は次のように書き表される．

$$n^2 \cos\theta ds d\Omega = (n')^2 \cos\theta' ds' d\Omega' \tag{E.7}$$

$$\frac{B}{n^2} = \frac{B'}{(n')^2} \tag{E.8}$$

屈折率が入ってくる理由は図 E.5 を参照して，以下のように説明できる．真空中に像が作られているときに，屈折率 n の媒質をもってきて，その媒質中に像が作られるようにすると，像の大きさは変わらず $(ds = ds')$，立体角が $1/n^2$ になるが $(d\Omega' = (1/n^2)d\Omega)$，輝度が n^2 に比例することで，エネルギー保存則が成立するようになっている．

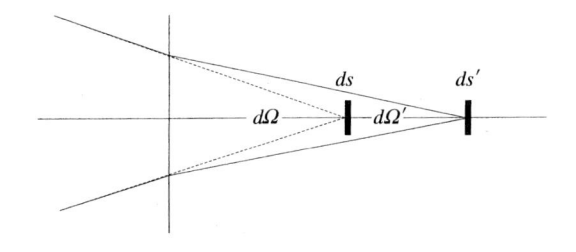

図 **E.5** 屈折率 n による立体角の変化
屈折率が変化すると，像の大きさは変わらないが光線の開き角が変わる．このとき，輝度が変化することでエネルギー保存則が成り立っている．

式 (E.8) は，Planck の輻射則に n が入ってくることとも整合性がとれている．屈折率が n の物質中では波長が $1/n$ 倍になるので，単位体積中に生じる定在波の単位周波数あたりのモード数が n^3 倍となり，単位周波数あたり，単位体積あたりの電磁場のエネルギーは n^3 倍となる．輝度は単位面積から単位放射立体角に輻射されるエネルギーなので，光速 c/n に比例する．それゆえ輝度は n^2 に比例する．単位体積あたり単位周波数あたりのエネルギー密度 $U(\nu)$ を表す Planck の輻射則および単位周波数あたりの輝度 $B(\nu)$ を表す式は，屈折率 n を考慮して次のように書かれる[4]．

$$U(\nu)d\nu = \frac{8\pi n^3}{c^3} \frac{h\nu^3}{\exp(h\nu/kT) - 1} d\nu \tag{E.9}$$

$$\begin{aligned} B(\nu)d\nu &= \frac{U(\nu)}{4\pi} \frac{c}{n} d\nu \\ &= \frac{2n^2}{c^2} \frac{h\nu^3}{\exp(h\nu/kT) - 1} d\nu \end{aligned} \tag{E.10}$$

E.2 $\cos^4$ 則

輝度不変の法則の理解を深める意味もあり，結像光学系の $\cos^4$ 則を考えてみる．画角が θ のときに照度が $\cos^4 \theta$ に比例するというものである．実際の光学系では絞りがレンズの中にあるので入射瞳の画角による変形の考慮を，歪曲収差があればその考慮をしなければならない．入射瞳で考えても，射出瞳で考えても $\cos^4$ 則が成立するが，このことを本質的に理解するには，物体，像，入射瞳および射出瞳の間の結像の関係式を知らなければならない[2,5]．

図 E.6 には，物体高さ y_0，その変化量 dy_0，入射瞳面積 ds_0，物体から入射瞳までの距離 L_0，入射側での主光線の傾き $\cos\theta_0$ が示してある．射出側も同様に示してある．全体を光軸の周りに微小角 ε 回転したと考え，物体面上の微小面積 $\varepsilon y_0 dy_0$ から入射瞳 ds_0 に放射される光量 dF が像面上の微小面積 $\varepsilon y dy$ に入射する．物体上微小面積要素から入射瞳をみる立体角は $ds_0 \cos\theta_0/(L_0/\cos\theta_0)^2$，同じく像面上微小面積要素から射出瞳をみる立体角は $ds \cos\theta/(L/\cos\theta)^2$ なので，輝度不変の法則から次式が成り立つ．

$$dF = B\cos\theta_0(\varepsilon y_0 dy_0) \cdot \frac{ds_0 \cos\theta_0}{(L_0/\cos\theta_0)^2} = B\cos\theta(\varepsilon y dy) \cdot \frac{ds \cos\theta}{(L/\cos\theta)^2} \tag{E.11}$$

これが，物体，像，入射瞳，射出瞳の関係を表す式である．ds_0, ds はそれぞれ $\cos\theta_0$ と $\cos\theta$ の関数と考えることができ，$\cos\theta$ は $\cos\theta_0$ の関数と考えられる．

照度 E は dF を微小面積 $\varepsilon y dy$ で割ればよいので，

$$E = B\frac{y_0 dy_0}{y dy} \cdot \frac{ds_0 \cos^4\theta_0}{L_0^2} = B\frac{ds \cos^4\theta}{L^2} \tag{E.12}$$

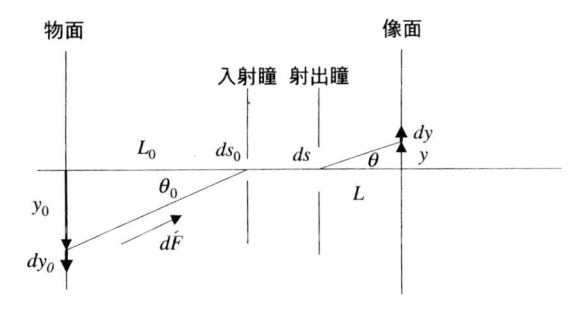

図 E.6 瞳の収差

となる．上式中辺からわかるように絞りがレンズの前にあれば ds_0 は一定値なので，入射側パラメターで考えたときの照度は，$\cos^4\theta_0$ に比例するとともに，レンズの歪曲収差の影響 $(y_0 dy_0)/(y dy)$ が入ってくる．上式右辺からわかるように絞りがレンズの後ろ側にあれば，ds は一定値なので $\cos^4\theta$ に比例する．

E.3 照度と開口数

光源の輝度が一様であれば，輝度不変の法則により開口数 a で照明された物体面上の照度は次式で表される．

$$\begin{aligned}
E &= \iint B\cos\theta d\Omega \\
&= \int B\cos\theta 2\pi\sin\theta d\theta \\
&= \int B 2\pi\sin\theta d(\sin\theta) \\
&= \int_0^a B 2\pi\xi d\xi \\
&= \pi B a^2
\end{aligned} \tag{E.13}$$

ただし物体空間の屈折率は1としている．この式は，ケーラー照明，臨界照明の区別なく成り立つ．被照射面の開口数だけで照度が決まることを示しており，開口数 a は真空中では1を超えられず，照度を上げるには光源輝度 B を上げなくてはならないことを示している．

文　　　献

1) R.P. Feynman(富山小太郎訳)：ファインマン物理学, 第 2 巻, 岩波書店 (1968), 17-5 節, 脚注．

2) M. Reiss：*J.Opt.Soc.Am.*, 35(1945), 283.
3) 鶴田匡夫：応用光学 I, 培風館 (1990), p.129.
4) Amnon Yariv：*Quantum Electronics*, 3rd ed., John Wiley and Sons Inc.(1988), §5.7.
5) 早水良定：光機器の光学 II, 日本オプトメカトロニクス協会 (1989), 8.2 節.

F. フーリエ変換の諸性質

F.1 ガウス分布のフーリエ変換

ガウス分布 $\exp(-ax^2)$ のフーリエ変換は以下のように求めることができる．

$$\int_{-\infty}^{\infty} dx \exp(-ax^2) \exp(ib\nu x) = \exp\left(-\frac{b^2\nu^2}{4a}\right) \int_{-\infty}^{\infty} dx \exp\left\{-a\cdot\left(x - \frac{ib\nu}{2a}\right)^2\right\} \tag{F.1}$$

となるが，右辺の積分は，被積分関数を $\exp(-az^2)$ とおいたときに，z を複素数として図 F.1 のような閉曲線での積分のうちの A から B までの積分である．Cauchy の定理より，

$$\begin{aligned}
0 &= \oint dz \exp(-az^2) \\
&= \int_A^B dz \exp(-az^2) + \int_B^C dz \exp(-az^2) + \int_C^D dz \exp(-az^2) + \int_D^A dz \exp(-az^2) \\
&= \int_A^B dz \exp(-az^2) + \int_C^D dz \exp(-az^2)
\end{aligned} \tag{F.2}$$

と書ける．ここで a の実部が正であれば区間 BC と DA においては積分が 0 となることを用いた．よって

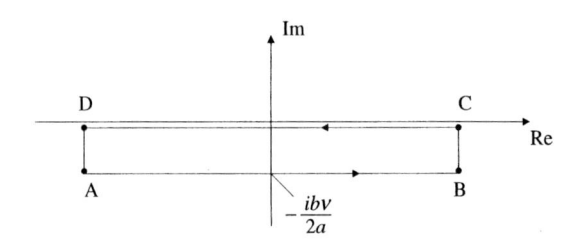

図 **F.1** 閉曲線での積分

$$\int_{-\infty}^{\infty} dx \exp\left\{-a\cdot\left(x - \frac{ib\nu}{2a}\right)^2\right\} = \int_A^B dz \exp\left(-az^2\right) = -\int_C^D dz \exp\left(-az^2\right) \tag{F.3}$$

となる．さらに

$$\int_{-\infty}^{\infty} dz \exp\left(-az^2\right) = \sqrt{\iint_{-\infty}^{\infty} dxdy \exp\{-a(x^2+y^2)\}}$$
$$= \sqrt{\int_0^{2\pi} d\theta \int_0^{\infty} rdr \exp\left(-ar^2\right)} = \sqrt{\frac{\pi}{a}} \tag{F.4}$$

式 (F.1),(F.3),(F.4) より

$$\int_{-\infty}^{\infty} dx \exp\left(-ax^2\right)\exp\left(ib\nu x\right) = \sqrt{\frac{\pi}{a}}\exp\left(-\frac{b^2\nu^2}{4a}\right) \tag{F.5}$$

となる[*1]．

F.2 フーリエ変換の合成積の定理

関数 $g(x), f(x)$ およびそれらのフーリエ変換 $\tilde{g}(\nu), \tilde{f}(\nu)$ を考える．以下の関係式が成り立つ．

$$\begin{aligned}\tilde{g}(\nu) &= \int_{-\infty}^{\infty} dx \exp\left(-i2\pi\nu x\right)g(x) \\ \tilde{f}(\nu) &= \int_{-\infty}^{\infty} dx \exp\left(-i2\pi\nu x\right)f(x) \\ g(x) &= \int_{-\infty}^{\infty} d\nu \exp\left(+i2\pi\nu x\right)\tilde{g}(\nu) \\ f(x) &= \int_{-\infty}^{\infty} d\nu \exp\left(+i2\pi\nu x\right)\tilde{f}(\nu)\end{aligned} \tag{F.6}$$

$g(x)$ と $f(x)$ との合成積 (コンボリューション)

$$h(x) = g(x) \otimes f(x) \equiv \int_{-\infty}^{\infty} dx' g(x') f(x-x') \tag{F.7}$$

のフーリエ変換を考えると ($\otimes$ は合成積を意味する)，

[*1] より一般的な関係として，エルミート–ガウス分布のフーリエ変換がまたエルミート–ガウス分布になることは簡単に証明できる．エルミート–ガウス関数は 1 次元調和振動子のシュレディンガー方程式の固有関数である．この方程式の両辺をフーリエ変換すると再び同じ方程式になる．しかも調和振動子は縮退していないので，このことからエルミート–ガウス関数のフーリエ変換がエルミート–ガウス関数になることが証明される．

$$\tilde{h}(\nu) \equiv \int_{-\infty}^{\infty} dx \exp(-i2\pi\nu x) h(x)$$

$$= \int_{-\infty}^{\infty} dx \exp(-i2\pi\nu x) \int_{-\infty}^{\infty} dx' g(x') f(x - x')$$

$$= \iint_{-\infty}^{\infty} dx'' dx' \exp\{-i2\pi\nu(x' + x'')\} g(x') f(x'') \quad \text{(F.8)}$$

$$= \int_{-\infty}^{\infty} dx' \exp(-i2\pi\nu x') g(x') \int_{-\infty}^{\infty} dx'' \exp(-i2\pi\nu x'') f(x'')$$

$$= \tilde{g}(\nu) \tilde{f}(\nu)$$

となり，合成積のフーリエ変換は，フーリエ変換の積となる．

つぎに，$g(x)$ と $f(x)$ との積 $H(x) = g(x)f(x)$ のフーリエ変換を考えると，

$$\tilde{H}(\nu) = \int_{-\infty}^{\infty} dx \exp(-i2\pi\nu x) g(x) f(x)$$

$$= \int_{-\infty}^{\infty} dx \exp(-i2\pi\nu x) \int_{-\infty}^{\infty} d\nu' \exp(+i2\pi\nu' x) \tilde{g}(\nu') \int_{-\infty}^{\infty} d\nu'' \exp(+i2\pi\nu'' x) \tilde{f}(\nu'')$$

$$= \int_{-\infty}^{\infty} dx \exp(-i2\pi(\nu - \nu' - \nu'')x) \int_{-\infty}^{\infty} d\nu' \tilde{g}(\nu') \int_{-\infty}^{\infty} d\nu'' \tilde{f}(\nu'')$$

$$= \int_{-\infty}^{\infty} d\nu' \, \delta(\nu - \nu' - \nu'') \tilde{g}(\nu') \int_{-\infty}^{\infty} d\nu'' \tilde{f}(\nu'')$$

$$= \int_{-\infty}^{\infty} d\nu' \, \tilde{g}(\nu') \tilde{f}(\nu - \nu')$$

$$= \tilde{g}(\nu) \otimes \tilde{f}(\nu) \quad \text{(F.9)}$$

となり，積のフーリエ変換は，フーリエ変換の合成積となる．ここで，式 (F.11) を用いた．

F.3 デルタ関数のフーリエ変換表示

以下のようにデルタ関数のフーリエ変換表示が導かれる．

$$\iint_{-\infty}^{\infty} dx d\nu \exp\{-ia2\pi\nu(x - x_0)\} f(x)$$

$$= \frac{1}{a} \iint_{-\infty}^{\infty} dx d\nu \exp\{-i2\pi\nu(x - x_0)\} f(x)$$

$$= \frac{1}{a} \int_{-\infty}^{\infty} dx \exp(-i2\pi\nu x) f(x) \int_{-\infty}^{\infty} d\nu \exp(+i2\pi\nu x_0) \quad \text{(F.10)}$$

$$= \frac{1}{a} \int_{-\infty}^{\infty} d\nu \, \tilde{f}(\nu) \exp(+i2\pi\nu x_0)$$

$$= \frac{1}{a} f(x_0)$$

となる．よって，

$$a \int_{-\infty}^{\infty} d\nu \exp\left\{-ia2\pi\nu(x-x_0)\right\} = \delta(x-x_0) \tag{F.11}$$

となる．

F.4 comb 関数のフーリエ変換

周期 P でデルタ関数が並んだ comb 関数 $\mathrm{comb}_P(x)$ を考える．周期関数なので，フーリエ展開で表される．

$$\mathrm{comb}_P(x) \equiv \sum_{j=-\infty}^{\infty} \delta(x-jP) = \sum_{m=-\infty}^{\infty} C_m \exp\left(-i2\pi\frac{m}{P}x\right) \tag{F.12}$$

C_m は

$$C_m = \int_{-P/2}^{P/2} \mathrm{comb}_P(x) \exp\left(+2\pi\frac{m}{P}x\right) dx = \int_{-P/2}^{P/2} \delta(x) \exp\left(+i2\pi\frac{m}{P}x\right) dx = 1 \tag{F.13}$$

と表される．よって，

$$\mathrm{comb}_P(x) = \sum_{m=-\infty}^{\infty} \exp\left(-i2\pi\frac{m}{P}x\right) \tag{F.14}$$

となる．

つぎに，comb 関数のフーリエ変換 $\widetilde{\mathrm{comb}}_P(\nu)$ を考えてみる．

$$\begin{aligned}
\widetilde{\mathrm{comb}}_P(\nu) &\equiv \int_{-\infty}^{\infty} \mathrm{comb}_P(x) \exp\left(-i2\pi\nu x\right) dx \\
&= \sum_{j=-\infty}^{\infty} \int_{-\infty}^{\infty} \delta(x-jP) \exp\left(-i2\pi\nu x\right) dx \\
&= \sum_{j=-\infty}^{\infty} \exp\left\{-i2\pi(jP)\nu\right\}
\end{aligned} \tag{F.15}$$

となる．式 (F.15) を式 (F.14) と比較すると，$\widetilde{\mathrm{comb}}_P(\nu)$ は周期 $1/P$ の comb 関数であることがわかる．すなわち，

$$\widetilde{\mathrm{comb}}_P(\nu) = \mathrm{comb}_{1/P}(\nu) \tag{F.16}$$

と書き表せる．

G. 幾何光学的 OTF

現在のように計算機の能力が高まってくると，収差が大きい場合でも波動光学的 OTF によって短時間に精度よく評価することができ，幾何光学的 OTF の必要性は薄れている[*1]．しかしながら，幾何光学的 OTF は伝統的に使われており，今後も継続的に使われるであろう．それゆえ，この適用限界を理解しておくことは重要である．また，単に幾何光学的 OTF の問題に限るだけでなく，幾何光学そのものの限界を理解する上で意味があろう[1]．

幾何光学的 OTF の理論的根拠は宮本によって示されている[2]．瞳座標を (ξ, η)，波面収差を $W(\xi, \eta)$ とおく．像面上の空間周波数を $(\nu_{0\xi}, \nu_{0\eta})$ とすると，対応する瞳座標 (ν_ξ, ν_η) は方向余弦そのものなので，$(\nu_\xi, \nu_\eta) = \lambda \cdot (\nu_{0\xi}, \nu_{0\eta})$ となる．式 (2.15) および式 (2.48) より，波動光学的 OTF(Wave OTF, WOTF) は瞳の自己相関によって，

$$\text{WOTF}(\nu_{0\xi}, \nu_{0\eta}) = \frac{1}{\pi a^2} \iint_{\xi^2+\eta^2 \leq a^2, (\xi+\nu_\xi)^2+(\eta+\nu_\eta)^2 \leq a^2} d\xi d\eta \exp\{ik[(W(\xi+\nu_\xi, \eta+\nu_\eta) - W(\xi, \eta)]\} \quad (\text{G}.1)$$

と表される．a は開口数である．カットオフ周波数は像面上で $\nu_{0c} = 2a/\lambda$ であり，瞳座標換算で $\nu_c = 2a$ である．

3.1 節に説明してあるように，横収差 (D_y, D_z) は波面収差を瞳座標で微分すればよく，図 G.1 を参照して，

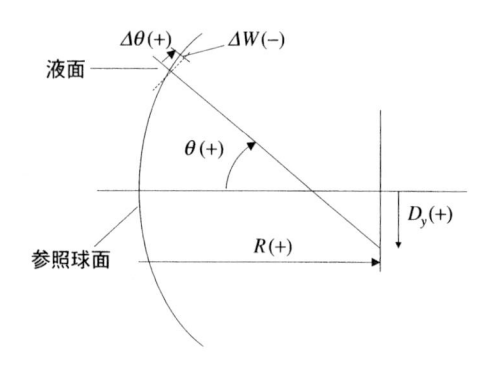

図 G.1 波面収差と横収差の関係

[*1] 収差が大きいときには瞳内のサンプリングを多くする必要があり，計算時間がかかる．

G. 幾何光学的 OTF

$$D_y(\xi,\eta) = -\frac{\Delta W}{R\Delta\theta}\cdot R\cdot\frac{1}{\cos\theta} = -\frac{\Delta W}{\Delta(\sin\theta)} = -\frac{\Delta W}{\Delta\xi} = -\frac{\partial}{\partial\xi}W(\xi,\eta)$$

$$D_z(\xi,\eta) = -\frac{\partial}{\partial\eta}W(\xi,\eta)$$
(G.2)

となる.そこで,もしも波面収差の差分を微分で置き換えることができるならば,以下のように幾何光学的 OTF(Geometrical OTF, GOTF) を導くことができる.

$$\begin{aligned}
\text{WOTF}(\nu_{0\xi},\nu_{0\eta}) &= \frac{1}{\pi a^2}\iint_{\xi^2+\eta^2\leq a^2,(\xi+\nu_\xi)^2+(\eta+\nu_\eta)^2\leq a^2} d\xi d\eta \\
&\quad \times \exp\{ik[W(\xi+\nu_\xi,\eta+\nu_\eta)-W(\xi,\eta)]\} \\
&\cong \frac{1}{\pi a^2}\iint_{\xi^2+\eta^2\leq a^2}d\xi d\eta\,\exp\left\{ik\left[\frac{\partial}{\partial\xi}W(\xi,\eta)\cdot\nu_\xi+\frac{\partial}{\partial\eta}W(\xi,\eta)\cdot\nu_\eta\right]\right\} \\
&= \frac{1}{\pi a^2}\iint_{\xi^2+\eta^2\leq a^2}d\xi d\eta\,\exp\{-ik(D_y\nu_\xi+D_z\nu_\eta)\} \\
&\equiv \text{GOTF}(\nu)
\end{aligned}$$
(G.3)

ここで,1 行目から 2 行目に変形するときに 2 つの条件を用いている.第 1 に $\nu_\xi,\nu_\eta \ll \nu_c = 2a$ (a は開口数) であることから積分範囲を開口全面と近似し,次に差分量が小さいので波面収差の微分と差分を等しいと近似して被積分関数を置き換えている.この第 2 の条件は,波面収差に細かなうねりがあった場合には成立しない.波面収差のうねりのピッチを瞳座標で表し,ν_u とおく.このとき OTF を計算する周波数 ν_ξ,ν_η に比べて,このうねりピッチが十分に大きくなくてはならない.すなわち,

$$|\nu_\xi| \ll |\nu_u| \quad \text{and} \quad |\nu_\eta| \ll |\nu_u|$$
(G.4)

が GOTF 成立の必要条件である.

この式の意味は次のように考えることができる (図 G.2 を参照).うねりの参照球面上でのピッチを d とする.うねりの半周期あたりでは波面は傾いていてもその中での波面収差の変動は無視できる (無収差と見なせる).この半周期の大きさの開口による回折を考えてみると,像面上におおよそ $(\lambda/d)\cdot R = \lambda/\nu_u$ の大きさに拡がる.これは幾何光学的には 1 点に集光すべきものが,拡がることを示している.OTF を考えている空間周波数の像面上実座標でのピッチは $P = 1/\nu_{0\xi} = \lambda/\nu_\xi$ である.波面のうねりの半周期あたりで作られる回折拡がりが,考えている像面周期に比べて十分に小さければ幾何光学的 OTF が正しいと考えられるであろう.この条件は,$|\lambda/\nu_u| \ll |\lambda/\nu_\xi|$ であり,式 (G.4) と一致する.

図 G.3 には $F/2$(開口数 $a = 0.25$), $f = 1$ mm のレンズの絞り付近のレンズ面に輪帯状の正弦波うねりを載せたときの MTF が示されている.波長 546 nm で評価

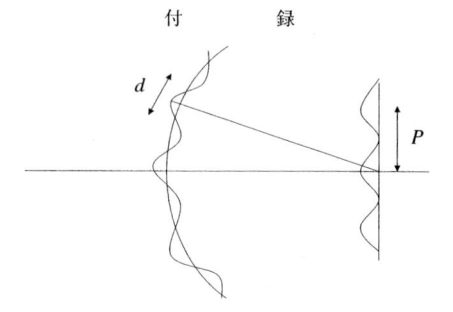

図 **G.2** 波面収差のうねりと考えている物体空間周波数
幾何光学的 OTF が成立するのは，細かな波面収差のうねりに対して，収差変動がないと考えられる範囲からの回折拡がりが，今考えている像面上のパターンピッチに比べて十分小さいときである．

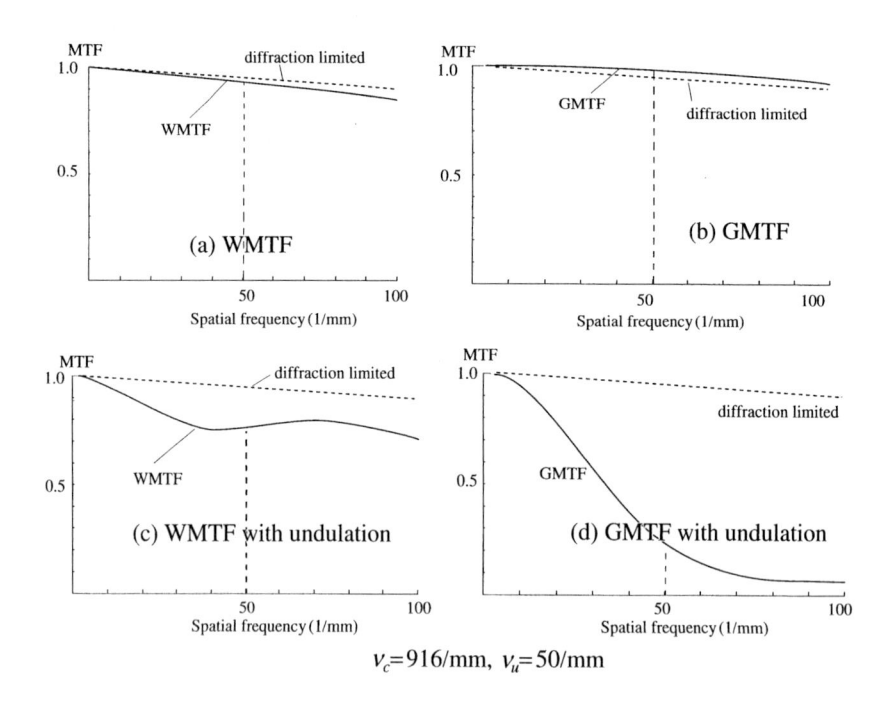

v_c=916/mm, v_u=50/mm

図 **G.3** 幾何光学的 MTF と波動光学的 MTF の比較

している．(a) 設計上の WMTF，(b) 設計上の GMTF，(c) うねりを載せたときの WMTF，(d) うねりを載せたときの GMTF である．半径方向に 9 周期の輪帯状の正弦波うねりを考え，大きさは ±63.2 nm である．またうねりの載っているガラスの屈折率は 1.64 である．GMTF は設計評価には有効であるが，微小なうねり誤差があるような場合には無意味であることがわかる．うねりに相当する像面上の実の空間周波数は

$$\frac{\nu_u}{\lambda} = \frac{a/9}{\lambda} = 50/\text{mm} \tag{G.5}$$

を得る．a は開口数である．(c) と (d) を比べてみると，GMTF は周波数 50 本/mm では正しくなく，より低い周波数でのみ有効なことがわかる．

文　　献

1) 渋谷眞人ほか：光学, 32-4(2003), 253-259.
2) K. Miyamoto：*J.Opt.Soc.Am.*, 48(1958), 57.

H.　ガウスビームの伝搬公式

ガウスビームの伝搬公式において，幾何光学的像点からビームウエスト位置がずれることはよく知られているが，この物理的あるいは定性的な説明はほとんどの教科書には明記されていない．これはフレネルナンバーが小さいからであって，ガウス分布していることは本質的ではない[*1]．フレネルナンバーが小さければガウス分布していなくても同様の現象が起こるのである．

図 H.1 に示すように，焦点距離 f のレンズの前方 d_1 の位置に，波長 λ, ウエスト半径 ω_1 のビームウエストがあるとする．このガウス分布 $U(x,y) = \exp\{-(x^2+y^2)/\omega_1^2\}$ のフランホーファー回折像は

$$\begin{aligned}U_3(\xi,\eta) &= C \iint_{-\infty}^{\infty} dxdy \exp\left(-\frac{x^2+y^2}{\omega_1^2}\right) \exp\{-ik(\xi x + \eta y)\} \\ &= C\exp\left(-\frac{k^2\omega_1^2}{4}\right)(\xi^2+\eta^2)\end{aligned} \tag{H.1}$$

となる (付録 F.1 参照)．ξ, η は回折角の正弦である．フランホーファー回折拡がり $\pm\theta$ は，

$$\pm\theta = \pm\frac{\lambda}{\pi\omega_1} \tag{H.2}$$

[*1] ガウスビームがガウス分布のまま伝わるのはガウス分布のフーリエ変換がガウス分布であるからであり，その意味ではガウス分布は重要であるが，幾何光学的な共役関係からずれるのはフレネルナンバーが小さいからであってガウス分布であることはまったく関係ない．

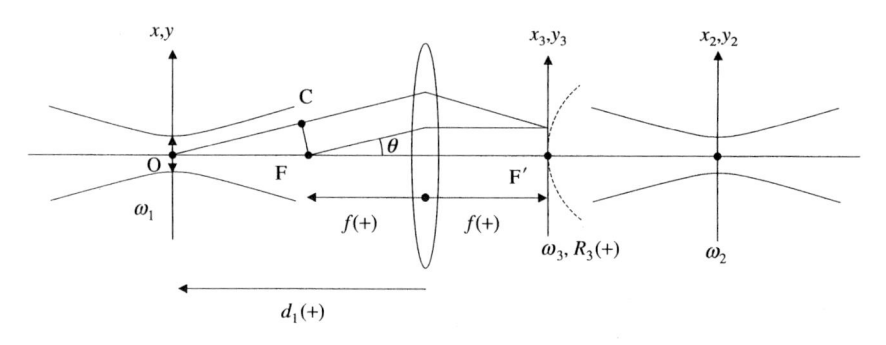

図 H.1 後側焦点面に作られるガウス分布

となる[*1]．

さらにこのフラウンホーファー回折像がレンズの後側焦点に作られる．後側焦点面上の x, y 座標を添え字 3 で，レンズ通過後のビームウエストの座標を添え字 2 で示すことにする．ビームウエスト位置が前側焦点位置からずれているために波面収差 $\phi = \mathrm{OC} - \mathrm{OF} = \{-(d_1 - f)/2\}(\xi^2 + \eta^2)$ が発生するので，

$$
\begin{aligned}
U_3(x_3, y_3) &= C \exp\left\{-\frac{k^2 \omega_1^2}{4}\left(\xi^2 + \eta^2\right)\right\} \exp\left\{-ik\left[\frac{d_1 - f}{2} \cdot (\xi^2 + \eta^2)\right]\right\} \\
&= C \exp\left\{-\frac{\pi^2 \omega_1^2}{\lambda^2 f^2}\left(x_3^2 + y_3^2\right)\right\} \exp\left\{-ik\left[\frac{d_1 - f}{2f^2} \cdot (x_3^2 + y_3^2)\right]\right\} \quad \text{(H.3)} \\
&= C \exp\left(-\frac{x^2 + y^2}{\omega_3^2}\right) \exp\left\{-ik\left[\frac{1}{2R_3} \cdot (x_3^2 + y_3^2)\right]\right\}
\end{aligned}
$$

となる．ここで $x_3 = f\xi$, $y_3 = f\eta$ の関係を使った．ω_3 は後側焦点位置でのガウスビーム分布幅，R_3 は波面の曲率半径である．それゆえ，

$$
\begin{aligned}
\omega_3^2 &= \frac{f^2 \lambda^2}{\pi^2 \omega_1^2} \\
R_3 &= \frac{f^2}{d_1 - f}
\end{aligned} \quad \text{(H.4)}
$$

の関係が成り立つ．

次に自由空間中の伝搬を考える．ビームウエスト $U(x_0, y_0) = \exp\left\{-\left(x_0^2 + y_0^2\right)/\omega_0^2\right\}$ から距離 z 伝搬したときの分布 $U(x, y)$ を考える．フレネル回折の式 (B.11)(付録 B.4 参照) を用いて

[*1] 正しくは $\pm \sin\theta$ と書くべきであるが，回折角が小さいとして通常用いられている表記を踏襲した．

$$U(x,y) = \frac{-i}{\lambda z} \iint_{-\infty}^{\infty} dx_0 dy_0 \, \exp\left(-\frac{x_0^2+y_0^2}{\omega_0^2}\right)$$
$$\times \exp\left\{ikz\left[1+\frac{(x-x_0)^2+(y-y_0)^2}{2z^2}\right]\right\}$$
$$= \frac{-i\pi/(\lambda z)}{1/\omega_0^2 - i\pi/(\lambda z)} \exp(ikz)$$
$$\times \exp\left\{ik\cdot\frac{x^2+y^2}{2z[1+\pi^2\omega_0^4/(\lambda^2 z^2)]}\right\} \exp\left\{-\frac{x^2+y^2}{\omega_0^2[1+\lambda^2 z^2/(\pi^2\omega_0^4)]}\right\}$$
$$= \frac{-i\pi/(\lambda z)}{1/\omega_0^2 - i\pi/(\lambda z)} \exp(ikz) \exp\left(ik\cdot\frac{x^2+y^2}{-2R}\right) \exp\left(-\frac{x^2+y^2}{\omega^2}\right) \tag{H.5}$$

となる．よって

$$R = -z\left(1+\frac{\pi^2\omega_0^4}{\lambda^2 z^2}\right)$$
$$\omega^2 = \omega_0^2\left(1+\frac{\lambda^2 z^2}{\pi^2\omega_0^4}\right) \tag{H.6}$$

を得る．R の符号は左に凸のときを正とする．この式を z と ω_0 について解くと

$$z = -\frac{R}{1+\{\lambda R/(\pi\omega^2)\}^2}$$
$$\omega_0^2 = \frac{\omega^2}{1+\pi^2\omega^4/(\lambda^2 R^2)} \tag{H.7}$$

となる．

式 (H.7) において，$\omega_0 \to \omega_2, R \to -R_3, \omega \to \omega_3, z \to d_2 - f$ と置き換え，さらに式 (H.4) を用いるとレンズによるビームウエストの結像関係 (ω_1 から ω_2 への変換) が次のように表される．

$$\frac{1}{\omega_2^2} = \left(\frac{\pi\omega_1}{\lambda f}\right)^2 + \frac{1}{\omega_1^2}\left(1-\frac{d_1}{f}\right)^2$$
$$d_2 - f = \frac{f^2(d_1-f)}{(d_1-f)^2+\pi^2\omega_1^4/\lambda^2} \tag{H.8}$$

この式は，ビームウエストの結像関係が幾何光学的関係と異なることを示している．しかしながら，ω_1 が小さくなると，

$$\frac{1}{\omega_2^2} = \frac{1}{\omega_1^2}\cdot\left(1-\frac{d_1}{f}\right)^2$$
$$d_2 - f = \frac{f^2}{d_1-f} \tag{H.9}$$

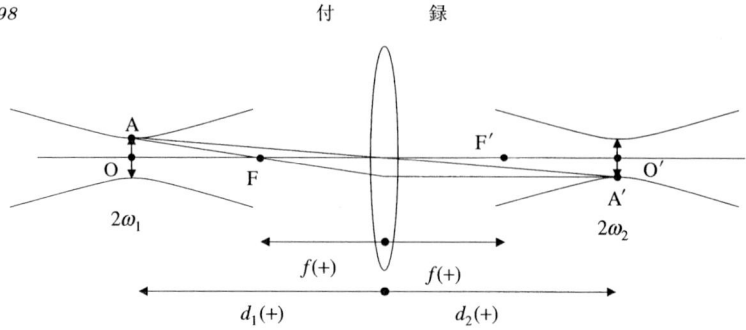

図 H.2 ビームウエストの結像

となり，幾何光学的関係に一致する．ω_1 が小さくなると，回折拡がりが大きくなり，レンズ面でのビームサイズが大きくなるために，実効的なフレネルナンバーが大きくなるからである．

次のように説明することもできる．図 H.2 には幾何光学的な関係としてビームウエストが結像している．このときに元のビームウエスト中心 O から結像したビームウエスト中心 O' までの光軸に沿った光路長と，元のビームウエスト半径の位置 A から結像した半径の位置 A' までの光路長を比較し，その差が波長より十分に小さい条件を求めると，

$$\Delta L = \mathrm{AA}' - \mathrm{OO}' = (\mathrm{AF} + \mathrm{FA}') - (\mathrm{OF} - \mathrm{FO}') = \mathrm{AF} - \mathrm{OF}$$
$$= \sqrt{(d_1 - f)^2 + \omega_1^2} - (d_1 - f) \approx \frac{1}{2} \cdot \frac{\omega_1^2}{d_1 - f} \ll \lambda \quad (\mathrm{H}.10)$$
$$\omega_1^2 \ll \lambda(d_1 - f)$$

となり，式 (H.8) が式 (H.9) に一致することになる．ビームウエストからビームウエストへの結像におけるフレネルナンバーが大きくなることで幾何光学的関係と一致するのである[1]．

また，ω_1 が大きくなると，

$$\omega_2 = \frac{\lambda f}{\pi \omega_1}$$
$$d_2 = f \quad (\mathrm{H}.11)$$

となり，平行光束が後側焦点に集光していることになる．

レーザー共振器を扱う場合には，レーザービームの伝播の解析は式 (H.8) に基づくのが基本である．しかし，レーザービームを応用する光学系を設計する場合には，こ

---

[1] すでに述べた点像振幅分布がアイソプラナチックとなる条件の考え方と同じである．

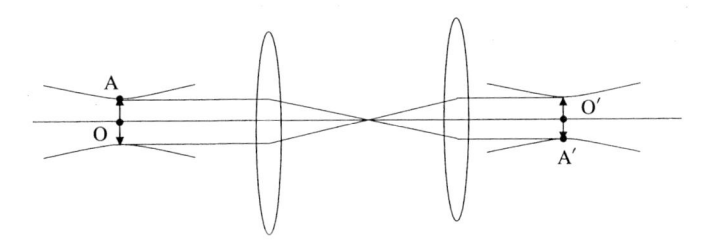

図 H.3　アフォーカル光学系におけるビームウエストの結像

の式を用いないですむように，光束幅を広くしたり，十分に小さなビームウエストとすることが望ましい．そのようにしないと，複雑なビーム引き回し系を設計するのは困難になる．

アフォーカル光学系においては，図 H.3 からわかるように，ビームウエストの幾何光学的物像の関係において，ビームウエスト中心間の光路長 OO′ とビームウエスト周辺間の光路長 AA′ が同じであるので，常に幾何光学の関係で考えてよい．それゆえ，アフォーカル光学系を用いてビーム引き回しをすることは有効である．

I.　点像強度と波面収差二乗平均

点像強度の低下量が波面収差 $W(\xi, \eta)$ の二乗平均に比例することを示す．いま式 (2.18) を原点 $x = 0, y = 0$ について計算すると式 (2.15) から

$$\mathrm{ASF}(0,0) = \iint_a \exp\{-ikW(\xi,\eta)\}d\xi d\eta \tag{I.1}$$

となる．積分範囲の a は瞳内で積分することを示す．特に円形開口である必要はない．波面収差があまり大きくないと仮定して 2 次近似

$$\exp(it) = 1 + it - \frac{1}{2}t^2 \tag{I.2}$$

を用い，無収差時に点像強度が 1 になるように瞳の面積で規格化すると[*1)]，式 (I.1) から点像中心強度 $I(0,0)$ は

[*1)] このように無収差時の値で規格化した点像強度をストレル強度 (Strehl intensity) と呼ぶ．式 (2.54) 参照．なお，一般にストレル強度という用語は像面内での点像強度の最大値を指すため，非対称な収差がある場合は必ずしも原点における強度ではない．

$$I(0,0) = \frac{1}{\left(\iint_a d\xi d\eta\right)^2} |\text{ASF}(0,0)|^2$$

$$= \frac{1}{\left(\iint_a d\xi d\eta\right)^2} \left|\iint_a \left(1 + ikW - \frac{1}{2}k^2W^2\right) d\xi d\eta\right|^2 \quad (\text{I.3})$$

$$= 1 - k^2\overline{W^2} + k^2(\overline{W})^2$$

となる．ここで W の 3 次以上の項は無視し，記号 $\overline{W^n}$ の定義を

$$\overline{W^n} = \frac{\iint_a W^n d\xi d\eta}{\iint_a d\xi d\eta} \quad (\text{I.4})$$

とした．波面収差 W の自乗平均 W_{rms}^2 の定義は

$$W_{\text{rms}}^2 = \overline{W^2} - (\overline{W})^2 \quad (\text{I.5})$$

であり，また，波面収差 W を実寸でなく波長単位で表すことにすれば，式 (I.3) の係数 k は 2π で置き換えることができるから，結局

$$I(0,0) = 1 - (2\pi W_{\text{rms}})^2 \quad (\text{I.6})$$

となる．つまり原点における点像強度の低下量は波面収差の二乗平均 W_{rms}^2 に比例する．点像強度ピークが 0.9 の場合は W_{rms} は約 50 mλ, 0.8 の場合は約 70 mλ であり，後者の値はマレシャル (Marechal) の基準と呼ばれ，回折限界性能を保証する標準的な値として用いられている[*1]．しかし波面収差がこの値をクリアしたからといって結像が無条件に無収差扱いできるわけではなく，用途によってはまったく不十分な場合もあるので注意を要する．

J. デフォーカス収差関数の導出と焦点深度

簡単な収差の波面収差関数を解析的に求める例題として，デフォーカス収差を考える．

図 J.1 は便宜上像面の y 軸 (瞳面の η 軸) に沿った断面を示しているが，光学系に偏心がなければデフォーカス収差は光軸に対称であるから図では横収差を Δy でなく Δr, 瞳座標を η でなく ρ で記してある．ここで

$$r^2 = x^2 + y^2, \quad \rho^2 = \xi^2 + \eta^2 \quad (\text{J.1})$$

である．なお光軸上のデフォーカス量 Δz は符号を含み，z 軸方向を正にとる (図で

[*1] 70 mλ でなく $\lambda/14$ と記する場合もある．

J. デフォーカス収差関数の導出と焦点深度

は Δz は正となる).これは,理想像面に対して実際の像面が Δz だけ z 軸の正の方向に移動した状態である.横収差 Δr(図では正)は

$$\Delta r = \Delta z \tan\alpha = \Delta z \cdot \frac{\rho}{\sqrt{1-\rho^2}} \tag{J.2}$$

ここで $\rho = \sin\alpha$ であるから

$$\Delta r = -\Delta z \cdot \frac{\partial}{\partial \rho}\sqrt{1-\rho^2} \tag{J.3}$$

となる.したがって式 (3.3),(3.4),(J.3) からデフォーカスの波面収差 $W_{\mathrm{def}}(\xi,\eta)$ は

$$W_{\mathrm{def}}(\xi,\eta) = \Delta z \cdot \sqrt{1-\xi^2-\eta^2} \tag{J.4}$$

で与えられる.ただし図 J.1 からわかるように,式 (J.4) の右辺は,Δz という下駄[*1)]を穿いているから,これを引いて

$$W_{\mathrm{def}}(\xi,\eta) = -\Delta z\left(1 - \sqrt{1-\xi^2-\eta^2}\right) \tag{J.5}$$

とするのが一般的である.式 (J.5) で開口数が十分小さい,すなわち $\rho \ll 1$ と仮定して根号の部分に近似を使うと

$$W_{\mathrm{def}}(\xi,\eta) = -\frac{1}{2}\Delta z\left(\xi^2+\eta^2\right) \tag{J.6}$$

となってこれが一般的な収差関数のデフォーカス項に対応する部分である.ここで媒質の屈折率が n である場合は,瞳座標を n で割り,収差全体に n を掛ければよい[*2)].これによって式 (J.5),(J.6) はそれぞれ

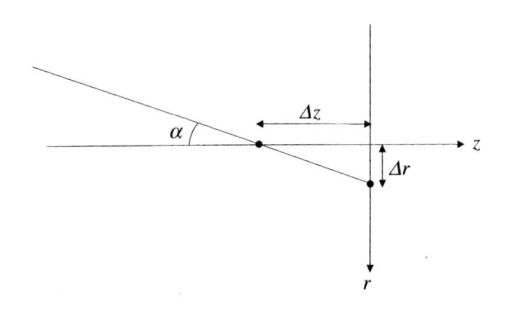

図 J.1 デフォーカス収差

[*1)] 光が光軸に沿って進んだ分を表す定数項に対応する.
[*2)] 屈折率 n の媒質中は開口数も波長も $1/n$ になった世界である.開口数を n で割り,収差全体に n を掛けることの意味はここから明らかであろう.

$$W_{\text{def}}(\xi, \eta) = -n\Delta z \left(1 - \sqrt{1 - \frac{\xi^2 + \eta^2}{n^2}}\right) \tag{J.7}$$

$$W_{\text{def}}(\xi, \eta) = -\frac{1}{2n}\Delta z(\xi^2 + \eta^2) \tag{J.8}$$

となる. この収差に対応するストレール強度 $I_{\text{def}}(0,0)$ を考えると, 式 (I.3), (I.4), (I.5), (J.8) から次のように求まる.

$$I_{\text{def}}(0,0) = 1 - \left(\frac{\pi A}{\sqrt{3}}\right)^2 \tag{J.9}$$

ただし

$$A = \frac{a^2}{2n\lambda}|\Delta z| \tag{J.10}$$

である.

焦点深度は, 上述のデフォーカスによる波面収差が許容値を超えない条件から得られる. 波面収差の許容値としてはレイリー (Rayleigh) の基準 (波面収差最大値が 1/4 波長以下) とマレシャルの基準 (波面収差の RMS が 1/14 波長以下, すなわちストレール強度が 0.8 以上) があるが, デフォーカス収差の場合は両者の定義がほぼ同条件となる. 式 (J.5) で与えられる波面収差は原点 $(\xi, \eta) = (0, 0)$ で 0 になり, 瞳の端 $\xi^2 + \eta^2 = a^2$ で絶対値最大となる. ここで a は光学系の開口数であり, 図 J.1 では像面の移動によるデフォーカスを考えているので像側の開口数を代入するが, 物体が移動してデフォーカスが生じる場合は物体側の開口数を用いる. レイリーの基準を用いると, 式 (J.5) の右辺に $\xi^2 + \eta^2 = a^2$ を代入して

$$\left| n\Delta z \left(1 - \sqrt{1 - \frac{a^2}{n^2}}\right) \right| < \frac{\lambda}{4} \tag{J.11}$$

となる. これをデフォーカス量 Δz について解けば

$$|\Delta z| < \frac{\lambda}{4n\left(1 - \sqrt{1 - a^2/n^2}\right)} \tag{J.12}$$

となってこれが正確な焦点深度を与える. ただし開口数 a が小さい場合は近似式 (J.6) を用いて

$$|\Delta z| < \frac{n\lambda}{2a^2} \tag{J.13}$$

となり, よく知られた焦点深度許容値になる. これからわかるとおり, 開口数が大きい光学系では式 (J.13) は精度がよくないことに注意した方がよい. 近似式 (J.13) から, 開口数が同じであっても媒質の屈折率が n である場合は 1 である場合に比べて焦点深度が n 倍に拡大される. 開口数が大きい場合は, 厳密な式 (J.12) を用いると拡

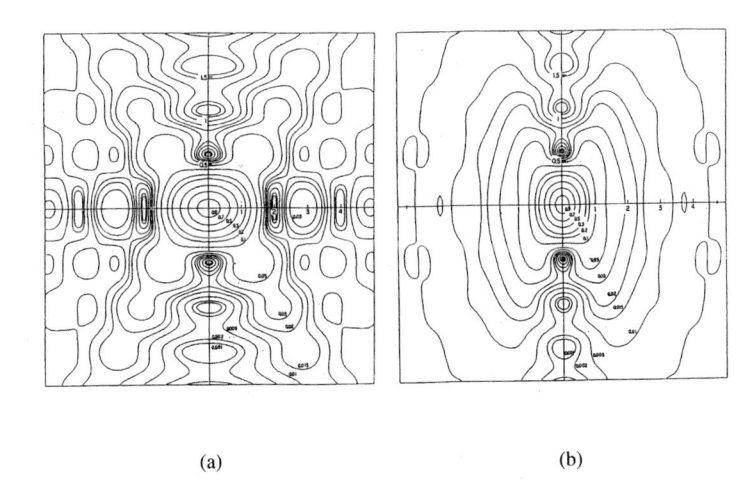

図 J.2 像面近傍での点像強度分布
光軸を含んだ断面で (a) は開口数 0.1, (b) は開口数 1.0 の場合.

大量はさらに大きくなる.たとえば $a = 0.95, n = 1.5$ の場合,式 (J.12) から得られる焦点深度は $a = 0.95, n = 1$ の場合の 2 倍以上になる[*1)].

式 (J.5),(J.6) の差は,像面近傍での 3 次元点像強度分布にも影響する.多くの教科書で紹介されているのは式 (J.6) をもとにしたものであり,本書でも図 1.9 で紹介しているが,光学系の像側開口数が大きくなると分布の形状も異なってくる.図 J.2 は式 (J.5) をもとに計算した 3 次元点像強度分布を,光軸を含んだ断面の等高線図で示している.開口数が低い (a) の場合は図 1.9 とほとんど同じであるが,開口数が高い極限 (空気中で 1.0) の場合を示す (b) では分布形状がまったく異なっていることがわかる.

K. 物体と像面の位置が移動したときの収差

付録 J で,デフォーカスの波面収差を導出した.ここではこの応用として,物体と像面の位置が,本来の位置から互いに近軸結像関係を満たしながら移動した場合に発生する収差を調べよう.今,図 K.1 のように物体から光学系までの距離が Δz だけ変

[*1)] 焦点深度の拡大効果は,物体と光学系または像と光学系の間が屈折率 n の媒質で満たされている場合に得られる.たとえば光ディスクでは物体が屈折率 n の透明基板中に存在するが,基板から光学系までは空気であり,デフォーカスは空気中の光路長変化によって発生する.よってこの場合の焦点深度は $n = 1$ として考えなくてはならない.

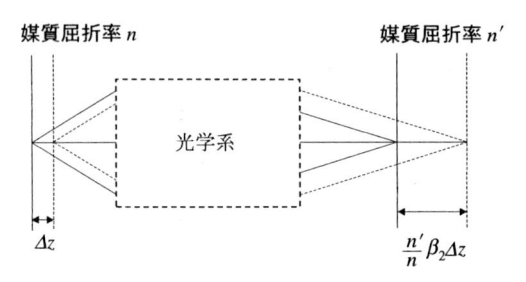

図 K.1 物体と像面が移動した場合

化した場合を考える．ここで物体側空間の屈折率は n，像側空間の屈折率を n' とする．

この場合，近軸光学の結像公式から，光学系の横倍率を β とすると像面は図 K.1 に示すとおり $(n'/n)\beta^2\Delta z$ だけ移動しなければならない[*1]．近軸光学の結像関係はこれで満足されるが，このとき収差が発生する．

光学系の入射瞳の瞳座標を (ξ, η)，射出瞳の瞳座標を (ξ', η') と仮定して，まず物体側で発生する収差 $W(\rho)$ を考える[*2]．式 (J.7) からこれは

$$W(\rho) = n\Delta z \left(1 - \sqrt{1 - \left(\frac{\rho}{n}\right)^2}\right) \tag{K.1}$$

となる．物体が移動したにもかかわらず像面を移動しないでいると式 (K.1) の収差をもろにくらうわけであるが，物体の移動に合わせて近軸結像関係を満足するように像面を $(n'/n)\beta^2\Delta z$ だけ移動すれば，像面側ではあらたに次の式 (K.2) で与えられるデフォーカス収差 W' が発生すると考えられる．

$$W'(\rho') = -\frac{n'}{n}\beta^2 n'\Delta z \left(1 - \sqrt{1 - \left(\frac{\rho'}{n'}\right)^2}\right) \tag{K.2}$$

瞳座標を開口数で規格化した後に物体側と像面側で発生する収差を足し算すると正味発生する収差 $\Delta W(\rho')$ が求まる．すなわち

$$\Delta W(\rho') = W'(\rho') + W(\rho) \tag{K.3}$$

となる．いま瞳座標の 2 次より高次の項を無視すれば，式 (K.1) と式 (K.2) に式 (J.8) の導出と同じ近似を用いることができる．このとき式 (K.3) の右辺は 0 になる．これは近軸光学の結像関係が満たされていることを示す．しかし 2 次より高次の項は 0 に

[*1] $(n'/n)\beta^2$ は光学系の縦倍率である．
[*2] ただし $\rho^2 = \xi^2 + \eta^2, (\rho')^2 = (\xi')^2 + (\eta')^2$ であり，結像系の倍率を β とすれば $\rho = |\beta|\rho'$ である．

はならない．これが物体と像面が本来の位置から (近軸光学の結像関係を保ちつつ) 移動したことによる収差である．ちなみに瞳座標の 4 次までを考慮して式 (K.1) と式 (K.2) の根号を展開し，収差に無関係な定数項を無視すると

$$\Delta W(\rho') = \frac{1}{8n}\beta^2\left(\frac{\beta^2}{n^2} - \frac{1}{(n')^2}\right)\Delta z(\rho')^4 \tag{K.4}$$

となって，3 次の球面収差の存在を確認できる．

式 (K.4) で与えられる 3 次収差は，光学系の倍率が $|\beta| = n/n'$ を満たす場合に 0 になるが，この条件は高次球面収差まですべて 0 になる条件である[*1]．したがってこのような倍率の光学系は物体と像面が本来の位置から移動しても，近軸光学の結像関係さえ保たれていれば収差が変化しにくい光学系であるといえる．なお，物体と像面の移動量が大きくなると光学系の横倍率が一定であるという仮定が成り立たなくなり，また光線がレンズを通過する位置も変化して新たな収差変化が生じる．このような事情から，物体と像面の移動量が大きいときはどのような場合においても光線追跡計算をやり直して波面収差計算を更新する必要がある．式 (K.4) は移動量が小さいときの発生収差の目安である．

L. 薄膜の収差

回折限界の性能を有する光学系の波面収差はピークでも $\lambda/4$ 以下，RMS では $\lambda/14$ 以下であるが，レンズの表面にはこれよりもずっと厚い反射防止膜がコーティングされていることがある．この反射防止膜をはじめとする光学薄膜も収差になんらかの寄与をしているはずである．

光学薄膜は単層膜から数十層に及ぶ多層膜までいろいろあるが，薄膜を通過する際の光の強度変化，位相変化の計算法はすでに確立している[1]．このうち位相変化は光路長の変化に相当する量であり，直接波面収差と関連する．ここでは薄膜通過時の光線の光路長計算[2]について述べる．

図 L.1 で，屈折率 n の基板上に膜厚 d の光学薄膜がコーティングされている．これに光線 S が左上方から入射した場合，点 P から点 Q までの光路長を考えよう．もし薄膜がなければ，図からわかるように光路長 L_1 は

$$L_1 = \overline{\text{PB}} + n\cdot\overline{\text{BQ}} \tag{L.1}$$

である．また，図の光学薄膜の透過光計算を別途行うと，この膜に角度 θ で入射する光が膜を通過する際，点 A から点 B までに発生する位相変化 φ が得られる．つまり

[*1] 近似を用いない式にこの条件を代入すれば容易にわかる．

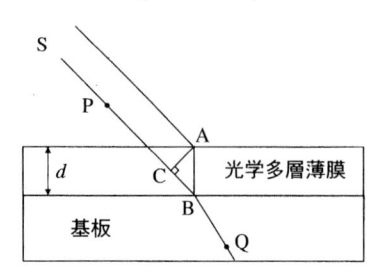

図 L.1 光学薄膜による収差の計算法

$$L_2 = \frac{\varphi}{k} = \frac{\varphi\lambda}{2\pi} \tag{L.2}$$

なる光路長 L_2 が点 A から B までに発生する．したがって，図の点 A と点 C が同位相であることを考えると，点 P から点 Q までの薄膜を含めた光路長として上に述べた L_1 と L_2 を単純に足し算すると図の点 C から点 B までの分を余分に勘定してしまうことになる．したがって，この分を差し引く必要がある．これらを考慮すると，薄膜を考慮した点 P から点 Q までの光路長 L は

$$L = L_1 + L_2 - \overline{\text{CB}} \tag{L.3}$$

で与えられる．

垂直入射の場合を除けば P 偏光と S 偏光に対して薄膜通過時の位相差 φ が異なるため，式 (L.2) の光路長 L_2 も P 偏光と S 偏光に対して異なる値をもつ．したがって光線追跡計算も，常に 2 つの直交する偏光成分を考慮した偏光光線追跡にする必要がある．

薄膜による位相差は，膜内での多重反射の干渉の結果として観測されるものであり，光線という幾何光学的概念とはもともと相容れない性質のものである．しかし，ここでは光線を空間的に局在する平面波，と便宜的に考えることによって薄膜の位相差を波面収差に取り込んだ．これは厳密な取り扱いではないが，収差評価としては十分に使えるものである[*1]．

文 献

1) M. Born and E. Wolf (草川 徹・横田英嗣訳)：光学の原理, 東海大学出版会 (1977), 1.6 節.
2) T. Bruegge：*Private technical note for Code-V* (1995).

[*1] 結像計算を計算機による離散的なフーリエ変換計算で行っているのも，近似としては同じ意味である．

M. RCW 法による厳密な回折計算

この手法は，電磁波の回折を扱う際の最も基本的な方法に準じているので，手順を覚えておくのは有意義である．まず，その概略を説明する．

図 M.1 に示すように，まず空間を 3 つに分ける．3 つとは入射側の空間 (図の領域 I)，格子内の空間 (領域 II)，出射側の空間 (領域 III) である．次にそれぞれの空間における光波の状態を記述する．入射側空間と出射側空間は自由空間であるから，これらの空間における光波を平面波の和の形で表す[*1)]．回折格子は周期構造をしているので，和に参加する平面波はもちろん回折光が出る方向だけに限られる．ただし，この和にはエバネッセント波も含む．通常は入射側空間からある角度で平面波が入射する場合を考えるので，入射平面波は 1 つだけであり，かつその係数 (複素振幅) も既知である．しかしそれ以外の平面波，つまり入射側空間に存在する反射波と出射側空間に存在する透過波については係数は未知である．最終的にはこれらの係数を算出することが RCW 法の目的である．

格子内の空間については，格子断面が矩形でない場合，まず図 M.2 のように複数の領域に区切って階段構造で近似する．次に区切った領域の 1 つに着目し，この領域での光波を記述する．この領域は自由空間ではなく，格子を構成する物質と空気が交互に周期構造をなす空間になっているから，光波の記述をするにあたってはこの空間におけるマックスウェル方程式の解となる波をまず求め，それらの和の形で表現しなければならない．詳細な形は後述するとして，とりあえずそのような波の和の形で表現できたとしよう．もちろん個々の波の係数はまだ未知である．同じような和の表現が，格子を区切って生じた領域の数の分 (図 M.2 では領域 II 内の 4 領域) だけできる．こ

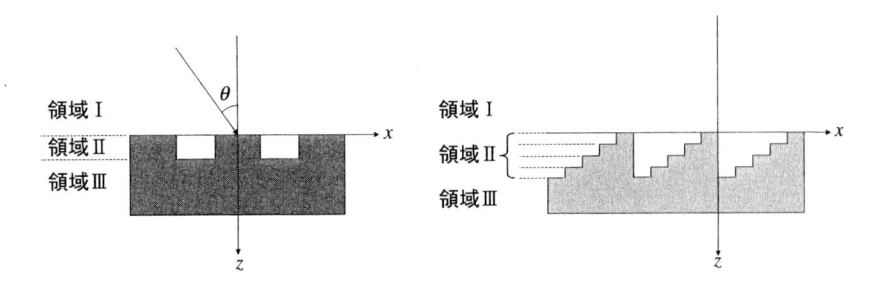

図 M.1　RCW 法による解析モデル
空間を 3 領域に分割する．

図 M.2　矩形以外の構造モデル
格子内を多数の矩形領域に分割する．

[*1)] 平面波は自由空間におけるマックスウェル方程式を満たしているので，ある意味ではこれでマックスウェル方程式を解いたことになる．

うして領域 I, II, III の3つの領域のすべてが未知の係数を有する光波の和で表現される．後は，隣り合う空間の間での境界条件を使って未知の係数をすべて求めるのである．ここまでの解析法は RCW 法に限らず多くの手法に共通したものである．したがって，最終的にはかなりサイズの大きな連立方程式を解くことになる．回折格子の周期が大きければそれだけ回折光の数も多くなり，未知の係数が多くなるから，計算の負担が大きくなることは容易に想像がつく．

概要がわかったところで，RCW 法による TE モードの入射光の回折計算を説明する．TE モードは図 M.1 で，電場が紙面 (すなわち xz 平面) に垂直な場合であり，一般に S 偏光と呼ばれる偏光状態に対応する．これと正反対に，磁場が紙面に垂直な場合が TM モード (P 偏光) であり，解析方法は若干異なる．

TE モードにおいては，光の電場は明らかに y 成分だけであるから，この成分だけに注目し，電場はスカラーで表す．まず入射側空間を考えよう．

まず入射波 E_{in} については図 M.1 のように入射角 θ で格子に入射すると仮定するから

$$E_{\text{in}} = \exp\{i(k_{x0}x + k_{z0}z)\} \tag{M.1}$$

で与えられる．ここで

$$k_{x0} = k\sqrt{\varepsilon_{\text{I}}}\sin\theta \tag{M.2}$$

$$k_{z0} = k\sqrt{\varepsilon_{\text{I}}}\cos\theta \tag{M.3}$$

もちろん，$k = 2\pi/\lambda$ である．ε は比誘電率で添え字 I は入射側空間の値であることを示す．通常は空気であることが多いからその場合は 1 を代入すればよい．次に反射波 E_{ref} については複数の反射回折光の和であるから，

$$E_{\text{ref}} = \sum_j R_j \exp\{i(k_{xj}x - k_{zj\text{I}}z)\} \tag{M.4}$$

で与えられる．ただし

$$k_{xj} = k_{x0} - jK \tag{M.5}$$

$$k_{zj\text{I}} = \sqrt{k^2\varepsilon_{\text{I}} - k_{xj}^2} \tag{M.6}$$

$$K = \frac{2\pi}{P} \tag{M.7}$$

ここで P は格子の周期である．式 (M.4) は正反射光を 0 次とし，さらに j 次の回折光が加わった状態を表している．反射波の振幅係数 R_j は未知である．回折光の次数 j の範囲は，厳密には $-\infty$ から ∞ までとしなければならないが，実際の計算では適当な次数で打ち切らねばならない．格子の周期にもよるが，通常は進行波となるすべての次数に，さらなる高次光 (エバネッセント光) をいくつか付加する．考慮する次数の範囲は計算精度や計算速度に大きな関係があるので，場合に応じて慎重に選ぶ必要

がある.さて E_{in} と E_{ref} の和が入射側空間の全電場 E_{I} を表すことになるから,

$$E_{\text{I}} = E_{\text{in}} + E_{\text{ref}} \tag{M.8}$$

出射側空間については透過波 E_{III} が存在し,これも回折光の和の形で表される.すなわち出射側空間の比誘電率を ε_{III},格子の厚みを d として

$$E_{\text{III}} = \sum_j T_j \exp\{i[k_{xj}x + k_{zj\text{III}}(z-d)]\} \tag{M.9}$$

となる.ただし透過波の振幅係数 T_j は未知であり,また,

$$k_{zj\text{III}} = \sqrt{k^2 \varepsilon_{\text{III}} - k_{xj}^2} \tag{M.10}$$

である.次に格子中の電場 E_{II} であるが,まずこれを仮に

$$E_{\text{II}} = \sum_j S_{jl}(z) \exp\{i(k_{xjl}x + k_{z0l}z)\} \tag{M.11}$$

と表すことにする[*1].添え字の l は格子領域を図 M.2 のように分割した際の上から l 番目の領域に対応していることを示す.分割数が N であるとすれば l は 1 から N までの値をとる.ここで $S_{jl}(z)$ は l 番目の格子領域における波動方程式

$$\nabla^2 E_{\text{II}} + k^2 \varepsilon(x,z) E_{\text{II}} = 0 \tag{M.12}$$

を満たさねばならない.途中は省略するが,このような関数 $S_{jl}(z)$ は

$$S_{jl}(z) = \sum_m C_{ml} w_{jml} \exp(\lambda_m l z) \tag{M.13}$$

で与えられる.ただし C_{ml} は未知の係数で,λ_{ml}, w_{jml} はそれぞれ後で述べる係数行列 $\mathbf{A}$ の固有値,固有ベクトルである.

式 (M.11) を式 (M.12) に代入すると,

$$\frac{d^2 S_{jl}(z)}{dz^2} + 2ik_{z0l}\frac{dS_{jl}(z)}{dz} = \left(k_{kjl}^2 + k_{x0}^2\right) S_{jl}(z) - k^2 \sum_p \varepsilon_p(z) S_{j-pl}(z) \tag{M.14}$$

となり,変数 p は考慮する回折光の総数 s だけ変化する.ここで $\varepsilon_p(z)$ は格子領域の比誘電率 $\varepsilon(x,z)$ を x についてのフーリエ級数で表した場合の係数であり,

---

[*1] x 方向については電場の周期性からこのような形に書けることが予見できるが,z 方向に対してはこの段階では未知である.結果的にこの表記によって有限な数の回折光に対しては式 (M.12) を満たせるということがあとでわかる.その意味ではこの仮定が RCW 法の独創的な部分であるといえる.

$$\varepsilon(x,z) = \sum_p \varepsilon_p(z) \exp(ipKx) \tag{M.15}$$

で与えられるものである．式 (M.14) は連立方程式を表すが，この式を

$$S_{1jl}(z) = S_{jl} \tag{M.16}$$

$$S_{2jl}(z) = \frac{dS_{jl}}{dz} \tag{M.17}$$

を用いて書き直すと，

$$\dot{S} = \boldsymbol{A}S \tag{M.18}$$

という形に書ける．ここで $\dot{S}$, S はいずれも $2s$ 次元のベクトルであり，

$$\dot{S}^t = (\dot{S}_{11l}, ..., \dot{S}_{1sl}, \dot{S}_{21l}, ..., \dot{S}_{2sl}) \tag{M.19}$$

$$S^t = (S_{11l}, ..., S_{1sl}, S_{21l}, ..., S_{2sl}) \tag{M.20}$$

である．式 (M.18) の $2s \times 2s$ 行列 $\boldsymbol{A}$ の固有値，固有ベクトルが式 (M.13) に登場するのである．

このようにして 3 つの空間における光波がすべて記述されたので，あとは未知数を決定するだけである．これには境界において電磁場の接線成分が連続であるという条件を用いる．

今，TE モードで入射する光を考えているので電場は紙面に垂直な y 成分しかなく，これは境界において接線成分となる．すなわち，ここまでの式で現れた E は境界で連続でなければならない．一方磁場は紙面内にあるため，x 成分が接線成分となる．マクスウェル方程式から磁場の x 成分 H_x は $H_x = -(i/\omega\mu)\partial E_y/\partial z$ であるから，境界面においては電場 E を z で偏微分したものが連続である．この連続条件を E_I, E_II, E_III を表す式に用いれば，入射側空間と格子の間の境界条件は $z = 0$ において

$$\delta_{j0} + R_j = \sum_{m=1}^{2s} C_{m1} w_{jm1} \tag{M.21}$$

$$(\delta_{j0} - R_j)k_{zj\mathrm{I}} = \sum_{m=1}^{2s} C_{m1} w_{jm1}(k_{z01} + i\lambda_{m1}) \tag{M.22}$$

となる．同様に格子と出射側空間の境界条件は $z = d$ において

$$T_j = \sum_{m=1}^{2s} C_{ml} w_{jml} \exp(\lambda_{ml} d) \tag{M.23}$$

$$T_j k_{zj\mathrm{III}} = \sum_{m=1}^{2s} C_{ml} w_{jml}(k_{z0l} + i\lambda_{ml}) \exp(\lambda_{ml} d) \tag{M.24}$$

である．格子内の第 l 層と第 $l+1$ 層の境界条件は $z=ld/N$ において

$$\sum_{m=1}^{2s} C_{ml} w_{jml} \exp\left\{(\lambda_{ml} - ik_{z0l})\frac{ld}{N}\right\} \\ = \sum_{m=1}^{2s} C_{ml+1} w_{jml+1} \exp\left\{(\lambda_{ml+1} - ik_{z0l+1})\frac{ld}{N}\right\} \tag{M.25}$$

$$\sum_{m=1}^{2s} C_{ml} w_{jml}[\lambda_{ml} - ik_{z0l}] \exp\left\{(\lambda_{ml} - ik_{z0l})\frac{ld}{N}\right\} \\ = \sum_{m=1}^{2s} C_{ml+1} w_{jml+1}[\lambda_{ml+1} - ik_{z0l+1}] \exp\left\{(\lambda_{ml+1} - ik_{z0l+1})\frac{ld}{N}\right\} \tag{M.26}$$

である．これで必要な式はすべて揃った．まず入射側空間と格子の境界条件をみると，回折光の数と同じ s 個の未知数 R_j と，$2s$ 個の未知数 C_{q1} があるが，式 (M.21),(M.22) はいずれも s 個の方程式である．よって $2s$ 個の未知数 C_{q1} が消去できる．次に格子内第 1 層と第 2 層の境界条件も合計 $2s$ 個の方程式で与えられるが，ここでの未知数は C_{q1} を消去したため s 個の R_j と $2s$ 個の C_{q2} である．ここでも C_{q2} を消去する．このように順次係数 C_{ql} を消去していくと，最後に格子と出射側空間の境界条件式は s 個の R_j と s 個の T_j だけを含む．境界条件は合計 $2s$ 個の方程式であるから，すべての R_j と T_j が求められる．これで回折波の振幅係数を求めるという目的は達成されるが，R_j と T_j がわかれば格子内のすべての層の C_{ql} が求まるので，格子内の電場の分布も計算が可能になる．なお実際の行列計算アルゴリズムについては原論文を参照されたい．TM モードの計算についてはふれないが，RCW 法の原著論文[1] の手法のほかに，計算速度向上の工夫を提案した別論文[2] の方法もある．

文　　献

1) M.G. Moharam and T.K. Gaylord：J. Opt. Soc. Am., 72-10(1982), 1385–1392.
2) P. Lalanne and G.M. Morris：J. Opt. Soc. Am. A, 13-4(1996), 779–784.

N.　FDTD 法による厳密な回折計算

FDTD(Finite-Difference Time-Domain) 法は，RCW 法と対極をなす電磁波の伝搬解析手法である．微分形式で与えられているマックスウェル方程式を徹底的に差分化し，計算機によって逐次計算してゆくものである．このアルゴリズムを用いた最初の論文[1] は 1966 年に発表されているが，当時とは比較にならないくらいに計算機が進歩した現在，FDTD 法の重要性は飛躍的に高まっている．

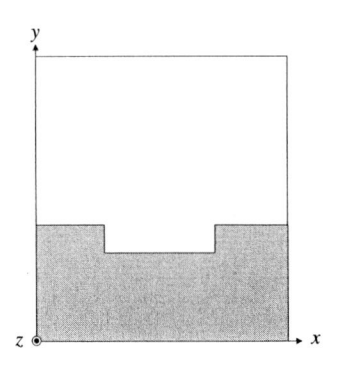

図 N.1 FDTD 法の計算領域

FDTD 法が用いるマックスウェル方程式は，下記の 2 つである．

$$\nabla \times \boldsymbol{E}(\boldsymbol{r},t) = -\frac{\partial \boldsymbol{B}(\boldsymbol{r},t)}{\partial t} \tag{N.1}$$

$$\nabla \times \boldsymbol{H}(\boldsymbol{r},t) = \frac{\partial \boldsymbol{D}(\boldsymbol{r},t)}{\partial t} + \boldsymbol{J}(\boldsymbol{r},t) \tag{N.2}$$

式 (N.1) は電磁誘導の法則であり，磁束密度 $\boldsymbol{B}$ の時間変化が渦状の電場を発生させることを示している．また，式 (N.2) はアンペールの法則で，電流 (または電気変位の時間変化) の周りに渦状の磁界が発生することを示している．マックスウェル方程式にはさらに

$$\nabla \cdot \boldsymbol{D}(\boldsymbol{r},t) = \rho(\boldsymbol{r},t) \tag{N.3}$$

$$\nabla \cdot \boldsymbol{B}(\boldsymbol{r},t) = 0 \tag{N.4}$$

で表されるガウスの法則がある．式 (N.3) は電荷がない限り電気変位が湧き出さないこと，また式 (N.4) は磁束密度がいかなる場合も湧き出さないこと (すなわち磁気単極が存在しないこと) を示している．FDTD 法の計算ではこれらガウスの法則は使わないが，初期条件でガウスの法則が満たされていれば，それ以降も自動的に満たされる[*1]．

式 (N.1),(N.2) から FDTD 法の差分表現を求めよう．今，RCW 法の場合と同じように，2 次元空間内の TE モードの光の伝搬を考えることにする．

図 N.1 において座標系の取り方が RCW 法の場合と異なっているが，FDTD 法の論文や著書の多くが図 N.1 に示す座標を用いているので，ここでもその慣習に従う．この座標系においては，TE モードの電場 $\boldsymbol{E}$ は紙面に垂直な z 成分のみであり，磁場

[*1] これは式 (N.1),(N.2) の両辺の発散をとれば理解できよう．$\nabla \cdot \boldsymbol{D}$ の時間変化は ρ の時間変化に一致することがわかる．

H は紙面内の x 成分と y 成分だけである．よって，式 (N.2) は

$$\frac{\partial H_y}{\partial x} - \frac{\partial H_x}{\partial y} = \frac{\partial D_z}{\partial t} + J_z \tag{N.5}$$

となる．また，式 (N.1) からは

$$\frac{\partial E_z}{\partial y} = -\frac{\partial B_x}{\partial t} \tag{N.6}$$

$$\frac{\partial E_z}{\partial x} = \frac{\partial B_y}{\partial t} \tag{N.7}$$

が得られる．物質方程式

$$\boldsymbol{B} = \mu \boldsymbol{H} \tag{N.8}$$

$$\boldsymbol{D} = \varepsilon \boldsymbol{E} \tag{N.9}$$

と FDTD 法特有の表記法

$$F(x,y,z,t) = F(i\Delta x, j\Delta y, k\Delta z, n\Delta t) = F^n(i,j,k) \tag{N.10}$$

を用いて式 (N.5),(N.6),(N.7) を差分化する．ここで $\Delta x, \Delta y, \Delta z, \Delta t$ はそれぞれ空間と時間の分割グリッド幅である．今考えているのは 2 次元の解析であるから，図 N.1 に示した空間内が幅 $\Delta x, \Delta y$ のグリッドで全域にわたって分割される．空間と時間の分割幅は計算結果の収束や精度にも大きく関係するが，これについては明確な指標があり，

$$c \cdot \Delta t \leq \frac{1}{\sqrt{(1/\Delta x)^2 + (1/\Delta y)^2 + (1/\Delta z)^2}} \tag{N.11}$$

を満たさなければならない．式 (N.11) を Courant の安定条件という．

さて，簡単のためとりあえず計算範囲には誘電体しか存在しないものと仮定し，電流密度 $\boldsymbol{J}$ が常に 0 であるとすると，式 (N.5),(N.6),(N.7) の差分表現として

$$\begin{aligned}E_z^{n+1}(i,j) =& E_z^n(i,j) + \frac{1}{\varepsilon(i,j)}\frac{\Delta t}{\Delta x}\left\{H_y^{n+\frac{1}{2}}\left(i+\frac{1}{2},j\right) - H_y^{n+\frac{1}{2}}\left(i-\frac{1}{2},j\right)\right\} \\ &- \frac{1}{\varepsilon(i,j)}\frac{\Delta t}{\Delta y}\left\{H_x^{n+\frac{1}{2}}\left(i,j+\frac{1}{2}\right) - H_x^{n+\frac{1}{2}}\left(i,j-\frac{1}{2}\right)\right\}\end{aligned} \tag{N.12}$$

$$H_x^{n+\frac{1}{2}}\left(i,j+\frac{1}{2}\right) = H_x^{n-\frac{1}{2}}\left(i,j+\frac{1}{2}\right) - \frac{1}{\mu(i,j+1/2)}\frac{\Delta t}{\Delta y}\{E_z^n(i,j+1) - E_z^n(i,j)\} \tag{N.13}$$

$$H_y^{n+\frac{1}{2}}\left(i+\frac{1}{2},j\right) = H_y^{n-\frac{1}{2}}\left(i+\frac{1}{2},j\right) + \frac{1}{\mu(i,j+1/2)}\frac{\Delta t}{\Delta x}\{E_z^n(i+1,j) - E_z^n(i,j)\} \tag{N.14}$$

が得られる．上式から，時刻 $(n+1)\Delta t$ の電場は，時刻 $n\Delta t$ の電場と時刻 $(n+1/2)\Delta t$ の磁場から求められることがわかる．同様に時刻 $(n+1/2)\Delta t$ の磁場は，時刻 $(n-1/2)\Delta t$ の磁場と時刻 $n\Delta t$ の電場から求められる．よって初期値として計算する全空間に時刻 0 の電場と時刻 $(1/2)\Delta t$ の磁場を与えておけば，そこから任意の時刻が経過した後の電磁場を計算することができるのである．なお，空間を占める物質の情報として誘電率と透磁率を全空間に与えておく必要があることはもちろんである．これらの物性値をどのように空間に分布させるかによって，任意の形状の物体における回折計算が可能になる．また，式 (N.12),(N.13),(N.14) では簡単のため電流密度 0 としたが，計算範囲に誘電体以外の物質も存在する場合は当然この仮定はできない．この場合には誘電率，透磁率の他に伝導率の分布も与えておく必要がある．

　FDTD 法において，分割したグリッドに与える電磁場は実数でもよいし複素数でもよい．ただし後述する回折光の振幅分布計算時に多少の扱いの差がある．

　FDTD 法における計算は有限な範囲に限られるので，計算範囲の最外周には特別な考慮が必要である．図 N.1 の x 軸方向の端では，吸収境界条件または周期境界条件が用いられる．前者は仮想的な光吸収物体を配置して光をなくしてしまう方法であり，後者は x 軸の右端が左端に連続していると仮定する方法である[*1)]．y 軸方向の端には一般に吸収境界条件が用いられる．

　さて，結像計算に厳密な電磁場の回折計算結果を用いる場合に必要なのは，4.2 節で述べたように物体からの回折光の複素振幅である．FDTD 法でこれを求める際の手順を簡単に説明する．

　まず物体への入射光として平面波を仮定する．垂直入射平面波の場合は，$\Delta t = 0$ において図 N.1 の上端近くの横 1 列のグリッドに同位相の入射電場 (TM モードの場合は入射磁場) を与え，時刻 $(1/2)\Delta t$ にグリッド幅の半分だけ下方にずれた位置のグリッドに対応する入射磁場 (TM モードの場合は電場) を与える．このように電場と磁場を与えることで入射光源からの光は図の下方にのみ伝搬する．下方のグリッドに時刻 $(1/2)\Delta t$ の磁場を入れるかわりに，上方のグリッドに逆相の磁場を入れても同じである．この後 FDTD 法による計算を開始するが，光源からは連続して光が送られてくるので，上記のグリッドに継続して時間的に変化する入射場を与え続ける．斜め入射の場合はグリッドに位相が少しずつ異なる入射場を与える．

　FDTD 計算を継続すると光波は入射光源として仮定した画面上端近くのグリッドから刻々と下方に伝搬し，物体で反射・回折して，反射波は再び画面内を上方に向かって伝搬する．反射回折光が知りたい場合は，物体から適当に離れた場所において横 1 列のグリッドにおける電場 (TM モードの場合は磁場) の値を取り出す．ただしこのグリッドの位置が入射光源の位置より下方にある場合は入射光と反射光の電場の和に

[*1)] すなわち計算範囲全体が周期構造の単位胞になっているという仮定である．これが成立するために斜め入射の光の入射角に対しては境界での連続条件を満たすための制約が生じる．

なっているので，入射光を差し引かねばならない．引き算を避けるために反射光を取り出すグリッドの位置を入射光源位置より上にしてもよいし，入射光は既知なので別途計算して差し引いてもよい．電場が各グリッドに複素数で与えられている場合には，このようにして取り出した横1列のグリッドにおける電場の値をそのままフーリエ変換すれば回折光の振幅が求められる[*1]．電磁場が実数で与えられている場合には時刻の異なる複数のデータからまず各グリッドにおける反射光の位相を確定し，その後フーリエ変換を行う．求められた振幅の位相部分には反射光を取り出した位置と物体の距離に応じて補正を加える必要がある．

最後に，得られた振幅についての規格化について述べる．入射平面波の入射角の余弦を ζ_s，i 次透過回折光の振幅を T_i，光軸となす角の余弦を ζ_i，j 次反射回折光の振幅を R_j，光軸となす角の余弦を ζ_j，とすると，一般的なベクトル回折計算においては物体による吸収がない場合，下記のエネルギー保存則が満たされている．

$$\zeta_s = \sum_i |T_i|^2 \zeta_i + \sum_j |R_j|^2 \zeta_j \tag{N.15}$$

ここで透過光と反射光の次数 i,j はすべての伝搬光にわたってとる．入射光源が式 (N.15) を満たすように考慮してある場合はよいが，そうでない場合は回折光の振幅が式 (N.15) を満たすように規格化する必要がある[*2]．

文　　献

1) K.S. Yee : *IEEE Trans.*, AP14-3(1966), 302-307.

O. ベクトル回折による結像計算の具体例

式 (4.39)〜(4.44) を用いて具体的な結像解析をしてみよう．今，図 O.1 に示すような P 偏光状態における 2 光束干渉を考える．図で実線で示した正弦波は電場の x 成分による干渉縞，点線で示した正弦波は z 成分による干渉縞であり，両者は互いに位相が反転している．よってこれらを足して得られる全電場エネルギー密度による干渉縞のコントラストは低下することが予想される．

2 光束干渉を生じる瞳上の振幅分布を次のように仮定する．このような状態は，位相差 $\lambda/2$ の位相回折格子をコヒーレント照明することで得られる．

[*1] 磁場から求めても同一の回折波が得られる．
[*2] この規格化によってベクトル回折を用いた結像公式における補正項が変わってくる．これについては 4.5 節で詳述．

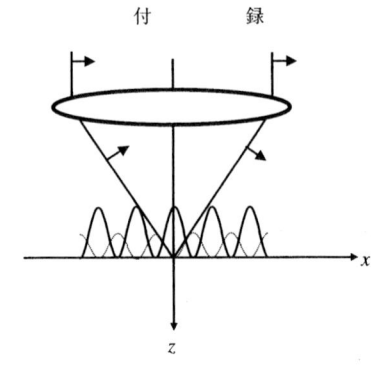

図 O.1 P 偏光状態における 2 光束干渉

$$\tilde{E}(\xi,\eta) = \begin{matrix} (1,0)^t & (\xi = \pm\xi_0) \\ (0,0)^t & (\xi \neq \pm\xi_0) \end{matrix} \tag{O.1}$$

式 (O.1) は, 2 光束が $\sin\theta = \pm\xi_0$ を満たす角度 θ で P 偏光状態で像面に入射する場合である. これを式 (4.39)～(4.44) に代入する. 瞳面での振幅から出発しているので式 (4.39) の補正項 $\sqrt{\zeta}$ は必要ない[*1)]. ただし式 (4.43) の ζ には

$$\zeta_0 = \sqrt{1-\xi_0^2} \tag{O.2}$$

で与えられる ζ_0 を代入する. このとき 2 光束干渉縞の強度分布 $I_P(x)$ は次のように求められる.

$$I_P(x) = |E_x(x)|^2 + |E_z(x)|^2 = 4\zeta_0\left(\cos^2 k\xi_0 x + \frac{\xi_0^2}{\zeta_0^2}\sin^2 k\xi_0 x\right) \tag{O.3}$$

式 (O.3) で ξ_0 の値を変化させてみる. まず ξ_0 の絶対値が十分に小さいとすると $\zeta_0 \approx 1$ であるから

$$I_P(x) = 2(1 + \cos 2k\xi_0 x) \quad (\xi_0 \approx 0) \tag{O.4}$$

次に $\theta = \pi/4$, すなわち $\xi_0 = \zeta_0 = 1/\sqrt{2}$ の場合は

$$I_P(x) = 2\sqrt{2} \quad \left(\xi_0 = \frac{1}{\sqrt{2}}\right) \tag{O.5}$$

となって縞のコントラストは完全に消失する. これは図 O.1 からもわかるとおり干渉縞を構成する電場の x 成分と z 成分が逆相であり, かつ両者の振幅が等しくなるからである. 次に S 偏光の場合を考える. このためには, 式 (O.1) を次のように変えればよい.

[*1)] 式 (4.39) の補正項 $\sqrt{\zeta}$ は投影光学系の瞳面での振幅を是正するためのものである.

O. ベクトル回折による結像計算の具体例

$$\tilde{\boldsymbol{E}}(\xi,\eta) = \begin{matrix}(0,1)^t & (\xi = \pm\xi_0) \\ (0,0)^t & (\xi \neq \pm\xi_0)\end{matrix} \qquad (\text{O.6})$$

このとき2光束干渉縞の強度分布 $I_S(x)$ は

$$I_S(x) = |E_y(x)|^2 = \frac{4}{\zeta_0}\cos^2 k\xi_0 x \qquad (\text{O.7})$$

となり, $\xi \approx 0$ なら

$$I_S(x) = 2(1+\cos 2k\xi_0 x) \qquad (\xi_0 \approx 0) \qquad (\text{O.8})$$

$\xi_0 = 1/\sqrt{2}$ なら

$$I_S(x) = 2\sqrt{2}(1+\cos 2k\xi_0 x) \qquad \left(\xi_0 = \frac{1}{\sqrt{2}}\right) \qquad (\text{O.9})$$

となる. S偏光では入射角が変わってもコントラストに変化がないが, これは図 O.1 からも容易に理解できる. 一方強度分布の平均値については, 式 (O.4),(O.5),(O.8),(O.9) から $\xi_0 \approx 0$ の場合と $\xi_0 = 1/\sqrt{2}$ の場合で $\sqrt{2}$ 倍の増加が認められる. これはエネルギー保存則に矛盾しているようにみえるが, 像面を通過するエネルギーの保存を表すポインティングベクトルの z 方向成分を考えればいずれも同じ値になる. これを確かめよう. 像面に達する2光束の電場は

$$E_y(x,z) = \sqrt{\frac{1}{\zeta_0}}\exp\left\{ik(\pm\xi_0 x + \zeta_0 z)\right\} \qquad (\text{O.10})$$

であり, 式 (4.56) から磁場は

$$H_x(x,z) = -\sqrt{\frac{\varepsilon}{\mu}}\zeta_0 E_y(x,z) \qquad (\text{O.11})$$

と求められる. E_y と H_x についてそれぞれ2光束の和をとり, $z=0$ とおいて式 (4.53) に代入すれば

$$S_z = 2\sqrt{\frac{\varepsilon}{\mu}}\cos^2 k\xi_0 x \qquad (\text{O.12})$$

となって振幅は ζ_0 に依存しないことがわかる. したがって像面を横切るエネルギーは光束の入射角によらず一定であるが, 像面での電場エネルギー密度は入射角が大きいほど高くなる[*1)].

回折光が像面に入射するときの入射角によって像強度 (電場エネルギー密度) が変わることを物体と像の関係から考えてみる. いま等倍の結像を考え, 物体は結像光学

[*1)] ただし像をなんらかの感光物質によって検出する場合は, 感光物質表面の屈折で生じる振幅変化 (冬の効果) を考慮しなければならない.

系を通過可能な 2 つの回折光のみを出射する回折格子であるとする．これら 2 つの回折光が結像光学系を通過後に像面に形成する電磁場は，物体面における電磁場に等しくならねばならない[*1]．このことから，物体である回折格子上の電場エネルギー密度の平均値も，出射する回折光の角度，すなわち格子ピッチに依存して変化していなければならないことになる．実際にこのような現象が生じていることは FDTD 法を用いて計算すれば確認できる．誘電体でできた位相回折格子において 0 次回折光がほぼ無視でき，かつ ±1 次回折光が同じ程度の振幅になるように位相差を調節する．このような格子に一定の光を入射させた場合，格子直後の電場エネルギー密度平均値は格子ピッチが小さくなるほど高くなっている．

P. 3 次元結像

光学結像では一般に像面内の 2 次元結像を考えるが，物体の厚み方向の情報も含めた 3 次元の結像特性を論じた研究[1] もある．ここではその基本となる光学系の 3 次元周波数帯域について簡単に述べる．

3 次元の周波数帯域について述べる前に，2 次元の帯域について再度考えてみる．物体の光軸に垂直な面内空間周波数を $\boldsymbol{\mu}_o = (\mu_{ox}, \mu_{oy})$ とする．ここで μ_x, μ_y の単位は周期の逆数に波長 λ を掛けたものとする．すなわち μ_x, μ_y 方向の周期を P_x, P_y とすると

$$\mu_{ox} = \frac{\lambda}{P_x}$$
$$\mu_{oy} = \frac{\lambda}{P_y} \tag{P.1}$$

である．照明光の方向余弦の面内成分を $\boldsymbol{\mu}_s = (\mu_{sx}, \mu_{sy})$ とすると，物体通過後に回折光の方向余弦の面内成分 $\boldsymbol{\mu}_D = (\mu_{Dx}, \mu_{Dy})$ は

$$\boldsymbol{\mu}_D = \boldsymbol{\mu}_s + \boldsymbol{\mu}_o \tag{P.2}$$

となる．光学系を通過できる条件は光学系の物体側開口数を a とすると

$$|\boldsymbol{\mu}_D| \leq a \tag{P.3}$$

である．式 (P.3) からコヒーレント結像 ($|\boldsymbol{\mu}_s| = 0$) の場合の通過帯域は

$$|\boldsymbol{\mu}_o| \leq a \tag{P.4}$$

[*1] 結像光学系通過時の収差や光損失，および物体面で発生する近接場光の影響を無視できるという前提である．

であり，照明の大きさが結像光学系の開口数と同じ ($|\boldsymbol{\mu}_s| \leq a$) 場合は

$$|\boldsymbol{\mu}_o| \leq 2a \tag{P.5}$$

となる．式 (P.2),(P.3) をそのまま使用すると，照明をさらに大きくすると通過周波数帯域も (P.5) より拡がるように思えるが，照明光の方向余弦が開口数を超えてしまうと 0 次回折光が瞳を通過できなくなるため，像面上には対応する空間周波数の干渉縞が形成されない．したがって照明をいくら大きくしても式 (P.5) で与えられる帯域制限は変わらない．以上は通常の 2 次元光学結像においてすでに明白になっていることである．

3 次元結像の周波数帯域も以上に述べた考え方と同様な方法で導ける．ただし 3 次元の場合，物体による回折はブラッグ回折であると考える[*1)] から，照明光，物体周波数分布，回折光を表すベクトルはいずれも 3 次元ベクトル $\boldsymbol{\rho}_s, \boldsymbol{\rho}_o, \boldsymbol{\rho}_D$ となり，便宜上面内成分をまとめて μ で表すことにすると，

$$\begin{aligned}\boldsymbol{\rho}_s &= (\mu_s, \eta_s) \\ \boldsymbol{\rho}_o &= (\mu_o, \eta_o) \\ \boldsymbol{\rho}_D &= (\mu_D, \eta_D)\end{aligned} \tag{P.6}$$

と書ける．これらのうち，$\boldsymbol{\rho}_s$ と $\boldsymbol{\rho}_D$ は回折前後の光波を表すベクトルであり，その長さは 1 でなければならない[*2)]．すなわち $|\boldsymbol{\rho}_s| = |\boldsymbol{\rho}_D| = 1$ である．これら 3 つのベクトルの関係は形式上式 (P.2) と同じであり，

$$\boldsymbol{\rho}_D = \boldsymbol{\rho}_s + \boldsymbol{\rho}_o \tag{P.7}$$

となる．光学系を通過できる条件は物体側開口数 a によって決まるから 2 次元の場合と同様に横成分だけが関与する．すなわち $\boldsymbol{\rho}_o$ の横成分 μ_o について

$$|\mu_o + \mu_s| \leq |a| \tag{P.8}$$

である．深さ方向成分 η_o についてはベクトルの長さの条件から

$$\eta_o = \eta_D - \eta_s = \sqrt{1 - (\mu_o + \mu_s)^2} - \sqrt{1 - \mu_s^2} \tag{P.9}$$

[*1)] 横方向にも奥行き方向にも空間周波数を有する，分厚い物体による回折をブラッグ回折 (Bragg diffraction) という．これと区別して回折格子のように厚みがほとんど無視できる物体による回折はラマン–ナス回折 (Raman–Nath diffraction) と呼ぶ．後者は回折光が出射する方向の条件式が式 (P.2) のように面内方向にしか課せられない．

[*2)] これらのベクトル (波動ベクトル) の長さは波長と媒質の屈折率で決まり，回折の前後で保存される．波動ベクトルの長さは一般に媒質の屈折率を n とすると $2n\pi/\lambda$ であるが，ここでは後の議論での整合性から規格化して 1 とおく．

となる.式 (P.8),(P.9) から,コヒーレント結像 ($|\mu_s| = 0$) の場合の通過周波数帯域は,図 P.1(a) に示すような形になる.照明の大きさが結像光学系の開口数と同じ ($|\mu_s| \leq a$) 場合の通過帯域は,μ_s が $-a$ から a まで変化するときの斜め照明コヒーレント結像の通過周波数帯域をすべて合わせたものであり,図 P.1(b) に示す領域となる.

図 P.1 において,η_o が 0 以外の値をとりえるのは μ_o が 0 以外の値をとる場合に限られる.これは,物体の深さ方向の構造は面内構造がなければ検知できないことを示している.面内構造がなく深さ方向にだけ構造のある物体とは,均一な多層膜のようなものであり,結像光学系に入射するのはこの多層膜をすべて通過した後の光であるから多層膜の構造がわからないのは当然である.

2 次元結像の周波数特性が OTF で与えられたように,3 次元結像でも OTF の導出がなされている.3 次元結像の OTF は 2 次元結像の OTF とは異なり,物体側と像側の両方にテレセントリックな光学系[*1]とコントラストの弱い (回折光同士の干渉が無視できる) 物体が前提である.また,対象とする空間が 3 次元なのでそこに含まれるエネルギーも無限大であることから,3 次元結像の OTF は原点で無限大となる.これらの難点から 3 次元 OTF が実際の光学系の評価に直接用いられることは少ない[*2]が,周波数帯域を示す図 P.1 を理解しておくことは有用である.

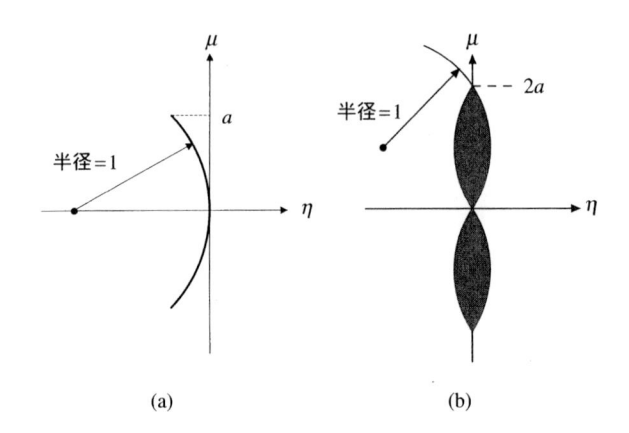

図 **P.1** 3 次元結像における光学系の通過周波数帯域
(a) コヒーレント照明時,(b) 照明の大きさが結像光学系の開口数と同じとき.

[*1)] 主光線が光軸と平行になっている光学系をテレセントリック光学系という.
[*2)] もともと OTF は像がアイソプラナチックとなる領域で定義されるものであるから,等倍の両側テレセントリック光学系以外はこの定義に反しているともいえる.例外として走査光学系で物体が移動して像が形成されるものは常にアイソプラナチズムが成立する.

文献

1) N. Streibl : *J. Opt. Soc. Am. A*, 2-2(1985), 121–127.

Q. 量子計数確率

式 (5.11) から式 (5.16) までの流れは，量子干渉による超解像を理解する上での重要な概念を含んでいる．この考え方について，あまり厳密ではないが，古典光学的な感覚で理解できるような説明を行う．

式 (5.11) は一見するとジョーンズベクトルとジョーンズ行列による偏光状態変化の式に似ている．実際，光路中において光学素子が作用する状況を記述した点では同じである．ジョーンズベクトルのようにみえる部分は，その2成分が振幅ではなく演算子 (オペレータ) である．光学素子の作用を表す行列は，2つの演算子 (それに対応する光子) が直交する偏光状態にあり，かつ同一の光路を飛行しているならばジョーンズ行列そのものになる．ただし式 (5.11) においてはこの限りではなく，2成分は異なる光路に対応している．

消滅演算子 $\hat{a}$ は第2量子化によって，振幅を演算子に格上げしたものであり，振幅そのものではないが，基本的に振幅のようなものだと考えて差し支えない．式 (5.13) から明らかなように，消滅演算子は光子数確定状態の光に作用し，光子を1個消滅させることで光の振幅に相当する値を与えるものであり，それ自身が振幅探査演算子の性格をもっている．しかもこの探査オペレータは光子を1個だけ吸収するので，振幅に対するリニアカウンターとなる．

光子の状態を記述した関数にこの演算子を作用させ，得られた関数に左からそのエルミート共役を乗じれば光子数の期待値が得られる．すなわち絶対値の二乗をとれば光子数が得られる．光子数は強度と同じ意味であり，振幅の二乗が強度という古典光学の常識に一致する．式 (5.11) で最終的に得られた2個の光子を示す演算子を入射光の状態関数に作用させれば振幅相当量が得られる．以上の議論から，式 (5.11) を「古典的に」眺めることが可能になった．

次に式 (5.16) であるが，光子数演算子の期待値を計算するのに入射光の初期状態関数 ψ_i で光子数オペレータ $\hat{n}$ (消滅演算子とその共役演算子である演算子の積である) をはさんでいる．光子の吸収確率の計算に光子の初期状態だけがでてきて，吸収後を示す終状態が現われていないのは不思議であるが，この理由は以下のとおりである．

実際の過程は，消滅演算子 $\hat{a}$ が入射光 (始状態) ψ_i に作用し，終状態 ψ_f に遷移すると考えられる．この確率振幅の二乗をすべての終状態 ψ_f について和をとったものが光子計数の期待値 P である．これを式で書き下すと次のようになる．

$$P = \sum_f \langle\psi_f|\hat{a}|\psi_i\rangle^* \langle\psi_f|\hat{a}|\psi_i\rangle$$
$$= \sum_f \langle\psi_i|\hat{a}^\dagger|\psi_f\rangle \langle\psi_f|\hat{a}|\psi_i\rangle \tag{Q.1}$$

ここで状態関数の基底 $|\psi_f\rangle$ として光子数確定状態をとると，完全系 (規格直交しかつすべての状態が表される基底) であるので，

$$\sum_f |\psi_f\rangle\langle\psi_f| = \sum_n |n\rangle\langle n| = 1 \tag{Q.2}$$

であり，このとき式 (Q.1) は下式の形に書ける．

$$P = \langle\psi_i|\hat{a}^\dagger \hat{a}|\psi_i\rangle \tag{Q.3}$$

索　引

aliasing　84
Apollon の円　30
ASF　39
ASF_s　70
ATF(Amplitude Transfer Function)　42

Clausius の式　182, 184
comb 関数　191
$\cos^4$ 則　186
Courant の安定条件　213

Entangled Photon　165
EPSF　68

F ナンバー　9
FDTD(Finite-Difference Time-Domain) 法　116, 117, 119, 121, 137, 211, 212, 214, 218
FRINGE Zernike 多項式　95, 99
$f\sin\theta$ レンズ　6, 179

Gerchberg–Saxton 法　106
Green の定理　14

Helmholtz 方程式　14
Helmholtz–Lagrange の不変式　182, 184
Herchel の条件　33

LSF(Line Spread Function)　53

MTF　54

OTF(Optical Transfer Function)　52, 150

Parseval の公式　115
Planck の輻射則　183, 186
PTF　54

RCW 法　116, 117, 119, 121, 207, 208, 211, 212
resolution enhancement technology　146

sinc 関数　86
Standard Zernike 多項式　95, 99
Straubel の式　185

TCC(Transmission Cross Coefficient)　48, 68, 81
TE モード　119, 120, 135, 136, 208, 210, 212
TM モード　119, 208, 211

van Cittert–Zernike の定理　45, 46

Zernike 多項式　94, 95, 97–100, 102, 103

アイソプラナチック　25, 28, 60, 64, 172
アッベ (Abbe) の結像理論　20, 26
アッベの正弦条件　28, 29
アフォーカル光学系　199
アンペールの法則　212

索　引

位相回復　106
位相差顕微鏡　71, 78
位相シフトマスク　144, 146, 149
インクリネーションファクター　5, 18, 21, 23, 38, 173, 174, 176
インコヒーレント結像　52
インコヒーレント光源　43
インコヒーレント照明　47, 50
インフォメーションボリューム (Information Volume)　55

唸り　2

エネルギー保存則　115, 134, 135, 137, 138, 215
エバネッセント (evanescent) 光　115, 208

折り返しひずみ　84

開口数　12, 187
ガウス分布　188, 195
可干渉距離　44
カットオフ周波数　39, 42, 53, 144
可飽和吸収体　161
干渉計　103
完全拡散　61
完全拡散面光源　61
完全結像　26, 32

規格化 FRINGE Zernike 多項式　95
幾何光学的 OTF　192
擬似周波数特性　86
擬似信号　86
輝度　61, 183
輝度不変の法則　183
吸収境界条件　214
球面収差　100, 103
共焦点走査型蛍光顕微鏡　153–155
極カー効果　162
キルヒホッフ回折積分　14
近接場顕微鏡　159, 160
近接場光　115, 156–160

空間的コヒーレンス　181

蛍光顕微鏡　153–155
傾斜係数　5
結像レンズ　131
ケーラー照明　43, 57, 181, 187
限界周波数　39
厳密結合波法　116

光学薄膜　205
光子数演算子　166, 221
光子数状態　166
合成積　37, 189
光線追跡　90, 93, 94, 110
光路長　90, 91, 93
コヒーレント結像　35
コヒーレント照明　149
コヒーレントに照明　35
コマ収差　100, 102, 103
コレクターレンズ　74, 78, 131, 132
コンデンサーレンズ　57
コンボリューション　189

3 次元 OTF　220
3 次収差　100
参照球面　38, 91, 92
参照球面半径　22

シェアリング干渉　103
時間領域差分法　116
磁気的超解像　162
軸外物点のアイソプラナチック条件　32
絞り面　20, 22
射影関係　6
弱回折近似　49, 68
射出参照球面　22
射出瞳　12, 22, 35, 117
シャック–ハルトマン (Shack-Hartmann) 法　105
斜入射照明法　144, 146
周期境界条件　214
準単色光　44

索　　引

焦点深度　56, 202
照度　187
消滅演算子　165, 166, 221
上流光源　62
ジョーンズ行列　109, 110, 117, 118, 221
ジョーンズベクトル　109, 110, 130, 131, 221

スティグマチック　31
ストレール (Strehl) 強度　55
ストレール強度　98, 202
スペックルパターン　62

正弦条件　10, 20, 102
生成演算子　166
セクショニング　156
線像強度分布　53
全電場エネルギー密度　215

相関のある光子　165
相互強度　45, 51
相互透過係数　81
走査型結像光学系　73
走査型顕微鏡　73
相反定理　17, 21, 77, 172
像面湾曲　100
ゾンマーフェルト (Sommerfeld) の近似　16

タイプ I　74
タイプ II　75
対物レンズ　74
縦倍率　34

超解像　144
直交関数系　98

停留位相法　178
デフォーカス　100, 201–203
デフォーカス収差　200, 202
デルタ関数　8, 190
テレセントリック　60, 126, 220
電磁誘導の法則　212

点像強度分布関数　52
点像振幅分布　39
点像分布　172
電場エネルギー密度　126, 127, 130
点物体　18, 23, 61
電流密度　213

トワイマン–グリーン干渉計　103

ナイキスト周波数　84
斜め照明　40

入射参照球面　22
入射瞳　22, 35

波数　2
波数ベクトル　2
波動光学的 OTF　192
ハーフトーン位相シフトマスク　151
波面収差　38, 192
ハロ　68, 72
半導体製造用露光装置　144
半導体露光装置光学系　60

光磁気ディスク　162
光ディスク　161, 163
光ディスクピックアップ光学系　73
光リソグラフィー　163, 164
微小釣り合い　183
非線形多重露光　163
ピックアップ光学系　145
非点収差　100, 102, 103
瞳関数　38, 89, 109, 110, 117, 118, 120
瞳座標　12, 89, 92–94, 97, 100, 117, 119, 124
ビームウエスト　195
比誘電率　126, 208

複素コヒーレンス度　46
物質方程式　213
部分コヒーレント OTF　49
部分コヒーレント結像　45

部分コヒーレント照明　45, 50
冬の効果　10, 137, 141, 142
ブラッグ回折　219
フランホーファー (Fraunhofer) 回折　3–5
フランホーファー回折像　195
フランホーファー領域　6
フーリエ結像論　25
フリンジスキャン　103
フレネル回折　13, 176, 177
フレネルゾーンプレート　65
フレネルナンバー　65, 195
フレネルレンズ　65

平面波展開　17
偏光光線追跡　110, 206

ホイヘンスの原理　57
ホイヘンス–フレネルの原理　4
ポインティングベクトル　122, 123, 126, 134, 136, 140, 141, 217
飽和吸収　161

マイクロレンズアレイ　105, 106
マックスウェル方程式　116, 125, 136, 160, 211, 212
マレシャル (Marechal) の基準　55, 200, 202

もつれ光子　165

有効点像分布　68

横収差　93, 94, 192
4極照明　147

ラマン–ナス回折　219

臨界照明　57, 187
輪帯照明　147

レイリー (Rayleigh) の基準　202

歪曲収差　100

著者略歴

渋谷 眞人
1953年　埼玉県に生まれる
1977年　東京工業大学大学院理工学研究科
　　　　修士課程修了
　　　　日本光学工業株式会社
　　　　（現（株）ニコン）を経て
現　在　東京工芸大学工学部教授
　　　　博士（工学）
著　書　「超解像の光学」（共著，
　　　　学会出版センター，1999）

大木 裕史
1954年　愛知県に生まれる
1979年　東京工業大学大学院理工学研究科
　　　　修士課程修了
現　在　（株）ニコン コアテクノロジーセンター
　　　　光学技術本部光技術開発部
　　　　ゼネラルマネジャー，ニコンフェロー
　　　　工学博士
著　書　「超解像の光学」（共著，
　　　　学会出版センター，1999）
　　　　「最新光学技術ハンドブック」（共編，
　　　　朝倉書店，2002）

光学ライブラリー1
回折と結像の光学

定価はカバーに表示

2005年11月25日　初版第1刷
2018年 9月25日　　　　第11刷

著　者　渋　谷　眞　人
　　　　大　木　裕　史
発行者　朝　倉　誠　造
発行所　株式会社　朝　倉　書　店
　　　　東京都新宿区新小川町 6-29
　　　　郵便番号　　　162-8707
　　　　電　話　03(3260)0141
　　　　Ｆ Ａ Ｘ　03(3260)0180
　　　　http://www.asakura.co.jp

〈検印省略〉

　　　　　　　　　　　　　　　　中央印刷・渡辺製本

© 2005〈無断複写・転載を禁ず〉

ISBN 978-4-254-13731-6 C 3342　　Printed in Japan

JCOPY ＜(社)出版者著作権管理機構 委託出版物＞
本書の無断複写は著作権法上での例外を除き禁じられています．複写される場合は，そのつど事前に，(社)出版者著作権管理機構（電話 03-3513-6969，FAX 03-3513-6979，e-mail: info@jcopy.or.jp）の許諾を得てください．

好評の事典・辞典・ハンドブック

物理データ事典	日本物理学会 編 　B5判 600頁
現代物理学ハンドブック	鈴木増雄ほか 訳 　A5判 448頁
物理学大事典	鈴木増雄ほか 編 　B5判 896頁
統計物理学ハンドブック	鈴木増雄ほか 訳 　A5判 608頁
素粒子物理学ハンドブック	山田作衛ほか 編 　A5判 688頁
超伝導ハンドブック	福山秀敏ほか編 　A5判 328頁
化学測定の事典	梅澤喜夫 編 　A5判 352頁
炭素の事典	伊与田正彦ほか 編 　A5判 660頁
元素大百科事典	渡辺 正 監訳 　B5判 712頁
ガラスの百科事典	作花済夫ほか 編 　A5判 696頁
セラミックスの事典	山村 博ほか 監修 　A5判 496頁
高分子分析ハンドブック	高分子分析研究懇談会 編 　B5判 1268頁
エネルギーの事典	日本エネルギー学会 編 　B5判 768頁
モータの事典	曽根 悟ほか 編 　B5判 520頁
電子物性・材料の事典	森泉豊栄ほか 編 　A5判 696頁
電子材料ハンドブック	木村忠正ほか 編 　B5判 1012頁
計算力学ハンドブック	矢川元基ほか 編 　B5判 680頁
コンクリート工学ハンドブック	小柳 洽ほか 編 　B5判 1536頁
測量工学ハンドブック	村井俊治 編 　B5判 544頁
建築設備ハンドブック	紀谷文樹ほか 編 　B5判 948頁
建築大百科事典	長澤 泰ほか 編 　B5判 720頁

価格・概要等は小社ホームページをご覧ください．